高等职业教育农业部“十二五”规划教材

项目式教学教材

李立山　主编

中国农业出版社

北京

内 容 简 介

本教材中涵盖了猪的品种、类型、猪选育杂交、猪的生物学特性和行为方式、各类猪的饲养管理技术、无公害肉猪、有机猪生产和特味猪肉生产技术、猪群健康、发酵床养猪技术和猪场经营管理等内容。为了适应高职高专教学改革，满足学生就业需要，教材中引入了一些国内外科学实用的养猪生产技术，并设计了19个实训项目。本教材既可以提高学生基本理论水平，又能增强实践能力，可作为高职高专畜牧兽医专业的教材，也可供广大畜牧兽医工作者参考，用于指导养猪生产实践。

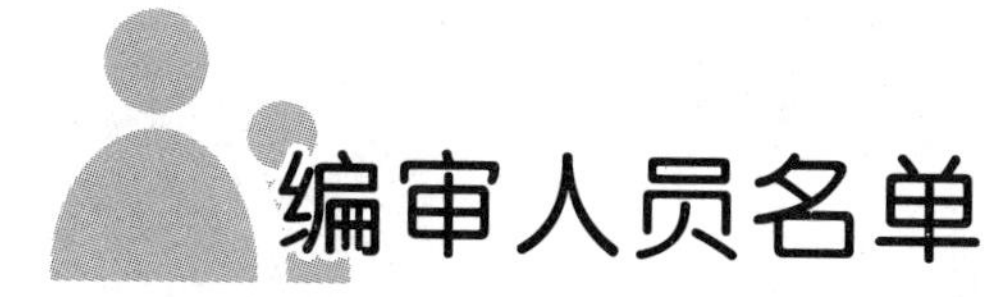

编审人员名单

主　编　李立山

副主编　苏成文　周春宝　魏晓碧

编　者（以姓名笔画为序）

丁兆忠　刘　燕　苏成文　李立山

宋显章　周春宝　周淑芹　郭秀山

樊兆斌　魏晓碧

主　审　王希彪

前　言

本教材是在贯彻教育部《关于全面提高高等职业教育教学质量的若干意见》文件精神，依据农业部科技教育司、全国农业职业院校教学工作指导委员会和全国农业职业技术教育研究会《全国高等农业职业教育畜牧兽医专业教学指导方案》的有关要求，依据高职高专服务区域经济发展、以就业为导向的培养方向，突出实践能力、增强职业能力的培养目标，汲取了我国在高职高专课程建设经验，结合我国养猪生产实际并着眼于未来养猪技术发展编写而成的。

本教材从强化实践能力培养、提高学生分析问题解决问题能力、适合于职业岗位及职业资格需要、指导生产的角度出发，编写了模拟生产现场的情景化习题；按照生产环节及能力目标组织教材内容，使本教材方便学生阅读、教师讲授及生产技术人员参考；全书设计19个实训操作内容，以充分满足实践能力培养需要，并且每个实训操作后面均附有实训考核标准便于老师考核。为使本教材适合于现代化养猪生产技术需要，符合优质、高效和可持续发展的理念，调整了教材内容：删除了与《畜牧场设计与畜舍环境调控技术》课程相重复的猪场建设与工厂化养猪内容；首次将猪场管理、特色猪肉生产、猪群健康、发酵床养猪生产技术、猪场废弃物无公害化处理、猪群保险、动物福利等内容编入高职高专教材；修订了落后于生产的数据及技术。全书名词术语统一，并与国际接轨。使得本版教材更贴近于生产和实用，保持教材内容的先进性。

本教材模块一中的项目一至七、知识链接一和模块二中的知识准备、项目一、二、知识链接二由李立山（辽宁医学院畜牧兽医学院）编写，模块三中的项目一、二、知识链接一以及附录3由苏成文（山东畜牧兽医职业学院）编写，模块一知识链接三由周春宝（江苏畜牧兽医职业技术学院）编写，模块一知识链接二由魏晓碧（四川农业大学水产学院）编写，模块一知识链接四和模块二知识链接一由周淑芹（黑龙江农业工程职业学院）编写，模块三知识链接二、三由郭秀山（北京农业职业学院）编写，模块四由宋显章（温州科技职业学院）编写，樊兆斌（辽宁医学院畜牧兽医学院）编写了模块一实训一、二、三、四、十和模块三实训以及附录1、2，刘燕（河南农业职业学院）编写了模块一实训五、八、九、十一和模块二实训一、二，丁兆忠（沧州职业技术学院）编写了模块一实训六、七、模块二实训三、四、五和模块四实训；全书由李立山统稿完成。

本教材由东北农业大学王希彪教授主审，对书稿提出了许多宝贵意见和建议，提升了教材质量；编写过程中得到沈阳正成牧业有限公司总经理、高级畜牧师王淑敏同志，原种猪场场长、高级畜牧师梁作之同志的支持，在此一并表示感谢。

由于编者水平有限，难免有不妥之处，恳请广大读者及同行指出，以便修改。

编　者

2011年2月

目　录

模块一　种猪生产

知识要求

了解后备猪生产、质量性状的遗传与选择、种公猪的种类与重要性、母猪配种前的种类、胚胎生长发育规律、分娩接产准备工作内容、母乳的成分和作用、母猪泌乳机制、影响母猪泌乳因素。

熟悉种用体况、繁殖体况、假死、开食、僵猪和配种方式等有关概念。

掌握种公猪、配种前母猪、妊娠母猪、产前、产后母猪和泌乳母猪的饲养管理以及母猪分娩接产、配种方法的具体实施内容。

技能要求

学会现代猪种识别、后备猪的选择、繁殖性状性能测定、生长性状性能测定、胴体性状测定、配种计划拟定、发情鉴定、人工授精、妊娠诊断、预产期计算、仔猪接产等技术。

项目一　后备猪生产

一、后备猪的生长发育规律

1. 体重的增长　体重是指身体各部位及组织生长的综合度量指标。体重的增长因品种类型不同而异。在正常的饲养管理条件下，体重的绝对增长（指一定时间内的增长量，如日增重）随年龄的增加而增大，而相对增长率（指初重占末重的比率）却随年龄的增长而降低，到成年时稳定在一定水平，老年时多会出现肥胖的个体。长白猪的体重增长变化见表 1－1。

表 1－1　长白猪的体重增长

（李立山．养猪与猪病防治．2006）

项　目			月　龄														
			1	2	3	4	5	6	7	8	9	10	11	12	13	14	成年
公猪	体重（kg）	1.50	10	22	39	57	80	100	120	140	155	170	185	200	210	220	350
	平均日增重（g）		283	400	567	600	767	600	667	667	500	500	500	500	333	333	300
	生长强度（%）	100	567	120	77	46	40	25	20	17	11	10	9	8	5	5	6
母猪	体重（kg）	1.50	9	20	37	55	75	95	113	130	145	160	175	190			300
	平均日增重（g）		250	367	567	600	667	667	600	567	500	500	500	500			
	生长强度（%）	100	500	112	85	49	36	27	20	15	12	10	9	9			6

2. 猪体组织的生长　猪体的骨骼、肌肉、脂肪生长顺序和强度，随年龄的增长而出现规律性变化。即在不同的时期和不同阶段各有侧重。以瘦肉型猪为例，骨骼从出生到 4 月龄相对生长速度最快，以后较稳定；肌肉一直在生长，但 4～5 月龄以后生长速度稍有减慢；脂肪 6 月龄以前生长较慢，6 月龄以后生长速度加快。

二、后备猪的培育原则

（一）后备猪培育的意义及要求

后备猪培育是指 5 月龄至初次配种前 2 周的饲养管理（体重 60kg 左右开始到 130kg 左右）。此阶段饲养管理对后备猪的培育起着十分重要的作用，也将直接影响到将来种猪的体质健康、生产性能以及终生的繁殖性能。有些生产厂家，将后备猪等同于生长肥育猪饲养管理，结果导致体质较差、初次发情配种困难、泌乳力偏低等不良后果。出现这种现象的原因有两种：一是有些种猪销售厂家片面追求出售体重而欺骗用户；二是有些厂家缺乏后备猪培育技术。培育后备猪无论是后备公猪还是后备母猪，均要求所培育的猪体质健康，具有本品种典型的外貌特征，能够充分利用饲料营养发挥生产性能潜力，适应性强。要求母猪正常发情配种；公猪性欲强，精液品质好。

（二）后备猪培育

1. 掌握好营养水平 后备猪不同于生长肥育猪，生长肥育猪生长速度越快越好，生长寿命只有5～6个月龄，摄取的各种营养物质主要用于体重增长。而后备猪将来它要做种使用2～4年，种猪摄取的各种营养物质将定期以精液、发情排卵、配种、妊娠、分娩、泌乳等产品形式进行生产。因此，这就要求后备猪必须有一个结实的体质。以适于将来种用的需要。实践证明，后备猪生长速度过快会使将来体质不结实，种用效果不理想，特别是后备母猪会影响终生的繁殖和泌乳，其主要后果是后备母猪发情配种困难，究其原因是由于在整个培育期过度消耗遗传生长潜力。鉴于以上情况，应通过限量饲喂的饲养方式来培育后备猪，控制其生长速度，虽然生长速度慢一些，但体质健康结实。我国瘦肉型后备猪饲养标准，根据体重及年龄的要求是：每千克饲粮中含有可消化能12.13～12.55MJ，粗蛋白质水平14%～16%。在蛋白质水平控制上，处于同一体重阶段的后备公猪，应比后备母猪高1%～2%。如果蛋白质或氨基酸不足会导致后备猪肌肉生长受阻，脂肪沉积速度加快而导致身体偏肥，体质下降，影响将来繁殖生产。矿物质不足不仅影响骨骼生长发育，而且也会影响公母猪的性成熟及配种妊娠和产仔。实践证明，后备猪由20kg起其饲粮中钙、磷含量均应高于不做种猪用的生长猪，只有这样才能保证后备猪在限饲情况下得到充足钙、磷，增加骨密度，有利于将来繁殖。因此，饲粮中要求钙0.95%，总磷0.80%。后备猪育成阶段日粮量占其体重的4%左右，70～80kg以后占体重3%～3.5%。全期日增重控制在450g左右。总之，后备母猪在8月龄，体重应控制在130kg左右；后备公猪9～10月龄，体重控制在110～120kg。

在培育后备猪过程中，为了锻炼胃肠消化功能，增强适应性，可以使用一定数量的优质青绿饲料，要求饲粮粗纤维水平控制在8%左右。生产实践证明，使用苜蓿鲜草或草粉饲喂后备母猪，在以后的繁殖和泌乳等方面均会表现出优越性。不要使用低劣的粗饲料，同时要特别注意矿物质、维生素的供给，保证后备猪整个身体得到充分的发育。

2. 注意管理

（1）分群。后备猪应按品种、性别、体重、体质强弱、采食习性等进行分群饲养，育成阶段每栏可饲养8～10头，60kg以后每栏饲养4～6头。饲槽要准备充足，防止个别胆小后备猪抢不上槽，影响生长，降低全栏后备猪的整齐度。每栏的饲养密度不要过大，防止出现咬尾、咬耳、咬架等现象。后备公猪达到性成熟后，开始爬跨其他公猪，造成栏内其他公猪也跟着骚动，影响采食和生长，如遇到这种情况应马上实行单栏饲养。

（2）运动。为了增强后备猪的体质，在培育过程中必须安排适度运动。有条件的养殖场最好进行放牧运动，使后备猪充分接触土壤，春夏秋三季节放牧可采食一些青草野菜，补充体内营养蓄积。不能放牧的养殖场可以搞场区内驱赶运动，驱赶运动时一则要求公、母猪分开运动；二则后备猪公猪间后期应避免见面，防止相互爬跨和争斗咬架。有些封闭式饲养的养殖场，如果既不能放牧又不能驱赶运动时，可以适当降低后备猪栏内密度，在栏内强迫其行走运动。

（3）调教。饲养人员应经常接触后备猪，使得“人猪亲和”，为以后调教和使用打下基础。后备公猪5月龄以后每天可进行睾丸按摩10min左右，配种使用前2周左右安排后备公猪进行观摩配种和采精训练；后备母猪后期认真记录好初次发情时间，便于合理安排将来参加配种时间。总之应将后备公、母猪调教成无恶癖，便于使用和管理的种猪。

(4) 定期称重。为了使后备猪稳步均匀地生长发育，后备猪应每月进行一次称重，检验饲养效果，及时调整饲粮和日粮。根据各个品种培育要求进行饲养和培育，以达到种用要求。称重不要过频，以免影响采食和生长发育。

(5) 其他方面。后备猪在配种前 3～5 月龄时要进行驱虫和必要的免疫接种工作。

项目二　种公猪生产

知识准备

(一) 种公猪的选择与种类

1. 种公猪的选择　现代养猪生产要选择生长速度快、饲料转化率高、背膘薄的品种或品系作为配种公猪，从而提高后代的生长速度和胴体品质。其外形要求身体结实强壮、四肢端正、腹线平直、睾丸大并且对称、乳头6对以上并且排列整齐，无异常乳头。不要选择有运动障碍、站立不稳、直腿、高弓背的公猪，以免影响配种。

2. 种公猪种类　种公猪分为纯种和杂种。在现代养猪生产中，可根据其后代的用途进行合理选择。纯种公猪产生的后代可以用于种用和商品肉猪生产，而杂种公猪产生的后代只能用于商品肉猪生产。过去一般多使用纯种公猪进行种猪生产和商品肉猪生产，而现在一些生产者利用杂种公猪进行商品肉猪生产应用效果较好。杂种公猪与纯种公猪相比较前者具有适应性强、性欲旺盛（性冲动迅速）等优点，因此日益被养猪生产者所接受。

近几年来，在我国养猪生产中常用的纯种公猪有：长白猪、大白猪、杜洛克猪、皮特兰猪等。杂种公猪常用长大、杜汉、皮杜等。在国外，一些养猪生产者采用汉杜的杂种公猪与大长的杂种母猪交配，生产四元杂交商品肉猪。在国内，近几年来一些养猪生产者为了提高商品肉猪的生长速度和胴体瘦肉率，一般多选用皮杜杂种公猪与长大杂种母猪进行配种生产四元杂交商品肉猪。生产实践证明，利用杂种公猪进行商品肉猪生产，其后代的生长速度和胴体瘦肉率均得到较大的提高。有一点应引起注意，几年来，生产实践中发现含汉普夏血统的商品肉猪，出现了肌肉颜色较浅等问题，影响人们对猪肉的外观选择。

(二) 种公猪在养猪生产中的重要性

公猪在养猪生产中，虽然饲养的头数比母猪要少，但是公猪在养猪生产中所起的作用却远远超过母猪。这是因为在本交季节性配种的情况下，1头公猪1年要承担20～30头母猪的配种任务，按照每头母猪每年产仔2窝计算，每窝产仔10～12头，则1头公猪1年可以产生400～700头后代；如果实行人工授精，1头公猪每周采精2次，每次射精量300～400mL，精液进行1倍稀释，母猪年产仔2.2窝，母猪每次发情配种输精2次，按每次输精30～50mL计算，则1头公猪1年至少可以完成200头左右母猪的输精任务，这样一来，1头公猪1年可以产生4 000头左右的后代，而1头母猪无论是本交还是人工授精，1年只能产生20～30头的后代。因此民间有“母猪好，好一窝，公猪好，好一坡”的说法。与此同时，公猪种质的质量还将直接影响着后代的生长速度和胴体品质，使用生长速度快、胴体瘦肉率高的公猪其后代生长速度快、生长周期短，从猪舍折旧、饲养管理人员劳动效率、猪生产期间维持需要的饲料消耗等诸多方面均降低了养猪生产综合成本；肉猪胴体瘦肉率高在市场销售过程中，其价格和受欢迎程度均优于胴体瘦肉率低的猪。胴体瘦肉率高的肉猪每千克的价格一般要高于普通肉猪0.4元左右，这样一来，1头肉猪可增加收入35～50元。基于上述情况，选择种质好的公猪并实施科学饲养管理是提高养猪生产水平和经济效益的重要基础。

任务一　种公猪饲养

（一）种公猪的生产特点及营养需要

1. 种公猪生产特点　种公猪的产品是精液，种公猪具有射精量大，本交配种时间长的特点。正常情况下每次射精量300～400mL，个别高产者可达500mL，精子数量400亿～800亿。每次本交配种时间，一般为5～10min，个别长者达15～20min，本交配种时间长，公猪体力消耗较大。公猪精液中干物质占2%～3%，其中蛋白质为60%左右，精液中同时还含有矿物质和维生素。因此应根据公猪生产需要满足其所需要的各种营养物质。

2. 种公猪营养需要　配种公猪营养需要包括维持、配种活动、精液生成和自身生长发育需要。所需主要营养包括能量、蛋白质（实质是氨基酸）、矿物质、维生素和水等。各种营养物质的需要量应根据其品种、类型、体重、生产情况而定。

（1）能量需要。一般瘦肉型品种，成年公猪（体重120～150kg）在非配种期的消化能需要量是每头25.1～31.3MJ/d；配种期消化能需要量是32.4～38.9MJ/d。青年公猪由于自身尚未完成生长发育，还需要一定营养物质供自身继续生长发育，应参照其标准上限值。北方冬季，圈舍温度不到15～22℃时，应在原标准基础上增加10%～20%；南方夏季天气炎热，公猪食欲降低，按正常饲养标准营养浓度进行饲粮配合时，公猪很难全部采食所需营养。鉴于这种情况，可以通过增加各种营养物质浓度的方法使公猪尽量将所需营养摄取到，满足公猪生产生长需要。值得指出的是能量供给过高或过低对公猪均不利。能量供给过低会使公猪身体消瘦，体质下降，性欲降低，导致配种能力降低，甚至有时根本不能参加配种；能量供给过高，造成公猪过于肥胖，自淫频率增加或者不爱运动，性欲不强，精子活力降低，同样影响配种能力，严重者也不能参加配种。对于后备公猪而言，日粮中能量不足，将会影响睾丸和其他性器官的发育，导致后备公猪体型小、瘦弱、性成熟延缓。从而增加种猪饲养成本，缩短公猪使用年限，并且导致射精量减少、本交配种体力不支、性欲下降、不愿意运动等不良后果；但能量过高同样影响后备公猪性欲和精液产生数量，后备公猪过于肥胖、体质下降，行动懒惰，影响将来配种能力。

（2）蛋白质、氨基酸需要。公猪饲粮中蛋白质数量和质量、氨基酸水平直接影响公猪的性成熟、身体素质和精液品质。对于成年公猪来说，蛋白质水平一般以14%左右为宜，不要过高或过低。过低会影响其精液中精子的密度和品质；过高不仅增加饲料成本，浪费蛋白质资源，而且多余蛋白质会转化成脂肪沉积体内，使得公猪体况肥胖影响配种，同时也增加了肝肾负担。在考虑蛋白质数量同时，还应注重蛋白质质量，即要考虑一些必需氨基酸的平衡，特别是玉米-豆粕型日粮，赖氨酸、蛋氨酸、色氨酸尤为重要。目前国外先进的作法是以计算氨基酸含量来平衡饲料中含N物营养。根据美国NRC（1998）建议，配种公猪日粮中赖氨酸水平为0.60%，其他氨基酸可以参照美国NRC（1998）标准酌情添加。

（3）矿物质需要。矿物质对公猪精子产生和体质健康影响较大。长期缺钙会造成精子发育不全，活力降低；长期缺磷会使公猪生殖机能衰退；缺锌造成睾丸发育不良而影响精子生成；缺锰可使公猪精子畸形率增加；缺硒会使精液品质下降，睾丸萎缩退化。现代养猪生产大多数实行封闭饲养，公猪接触不到土壤和青饲料，容易造成一些矿物质缺乏，应注意添加相应的矿物质饲料。美国 NRC（1998）建议，公猪日粮中钙为 0.75%，总磷 0.60%，有效磷 0.35%，其他矿物质应参照美国 NRC（1998）标准酌情添加。

（4）维生素需要。维生素营养对于种公猪也十分重要，在封闭饲养条件下更应该注意维生素的添加，否则，容易导致维生素缺乏症。日粮中长期缺乏维生素 A，会导致青年公猪性成熟延迟、睾丸变小、睾丸上皮细胞变性和退化，降低精子密度和质量；但维生素 A 过量时可出现被毛粗糙、鳞状皮肤、过度兴奋、触摸敏感、蹄周围裂纹处出血、血尿、血粪、腿失控不能站立及周期性震颤等中毒症状。日粮中维生素 D 缺乏会降低公猪对钙磷的吸收，间接影响公猪睾丸产生精子和配种性能。公猪日粮中长期缺乏维生素 E 会导致成年公猪睾丸退化，永久性丧失生育能力。其他维生素也在一定程度上直接或间接地影响着公猪的健康和种用价值，如 B 族维生素缺乏，会出现食欲下降、皮肤粗糙、被毛无光泽等不良后果，因此，应根据饲养标准酌情添加给予满足。

NRC 提供的数据，只是一般情况下最低必需量，在实际生产中可酌情增加。一般维生素添加量应是标准的 2～5 倍。

（5）水的需要。除了上述各种营养物质外，水也是公猪不可缺少的营养物质，如果公猪缺水将会导致食欲下降、体内离子平衡紊乱、其他各种营养物质不能很好地被消化吸收，甚至影响健康发生疾病。因此，必须按照其日粮 2～4 倍量或者按照其体重的 10%左右提供充足、清洁、卫生、爽口的饮水。

（二）种公猪饲养

1. 总体要求　种公猪只有实行科学饲养，才能充分发挥其种用价值，否则将会影响繁殖性能。养好种公猪最重要的一点是种公猪应该经常保持良好的种用体况，使其身体健康、精力充沛、性欲旺盛、能够产生数量多、品质好的精液。所谓种用体况是指公猪不过肥不过瘦，七、八成膘。其判定方法是外观上既看不到骨骼轮廓（髋骨、脊柱、肩胛和肋骨等）又不能过于肥胖，用手稍用力触摸其背部，可以触摸到脊柱为宜；也可以在早晨饲喂前空腹时根据其腰角下方、膝褶斜前方凸凹状况来判定，一般七、八成膘的公猪应该是扁平或略凸起，如果凸起太高说明公猪过于肥胖；如果此部位凹陷，说明公猪过于消瘦，过肥过瘦均会影响种公猪使用。有些养殖场由于饲养水平过高或者运动强度不够，造成公猪过于肥胖，一则影响睾丸产生精子功能；二则体重偏大行动不灵活，影响本交配种，最后过早淘汰。反之，公猪过于消瘦也会影响公猪精子产生，身体素质降低，最终导致性欲低下，不能参加本交配种，最后的转归将是淘汰。

2. 饲粮配合　在公猪的饲粮配合过程中，要严格选择饲料的原料，严禁使用劣质饲料原料。如发霉变质、虫蛀、含杂质的玉米、麸子及豆粕。玉米的使用比例一般为 60%左右，蛋白质饲料主要有豆粕（饼）、鱼粉、水解羽毛粉等。一般豆粕（饼）在饲粮中的使用比例为 15%～20%，鱼粉视其蛋白质含量和品质而定，使用比例为 3%～8%。一般多使用蛋白质含量高、杂质少、应用效果好的进口鱼粉，添加比例为 3%～5%。质量较好的水解羽毛粉可以控制在 2%～3%以内，至于血粉、肉骨粉其利用率不十分理想，应当慎用。在配种期间不要给种公猪饲喂生鸡蛋，以免影响种公猪对饲料中生物素的吸收利用，同时也要注意感染沙门氏菌的风险。更不要使用生鱼粉，防止造成种公猪组胺中毒。与此同时，还要了解鱼粉含盐量，一般质量好的鱼粉含盐量为1%～2%，劣质鱼粉可能达到10%～20%，所以，使用劣质鱼粉容易引发种公猪食盐中毒。对于棉子粕、菜子粕的使用，一是要在使用前做好除毒和减毒工作；二是要控制使用数量，以免由于棉子粕、菜子粕使用不当造成种公猪中毒，或者影响公猪的身体健康和种用性能。

在公猪饲粮配合过程中，可以使用氨基酸添加剂来平衡公猪的日粮，玉米-豆粕型日粮主要注意添加赖氨酸、蛋氨酸、苏氨酸和色氨酸，具体添加量参照美国NRC（1998）酌情执行。这样会使公猪对各种氨基酸的利用更加科学合理，减少资源浪费。

钙、磷的添加最好使用磷酸氢钙（钙21%～23%，磷18%左右）和石粉（钙35%～38%），磷酸氢钙不但钙磷利用率高，而且还能防止同源动物传染病发生。骨粉钙磷往往含量不稳定，并且由于加工不当会造成利用率降低，特别是夏季容易发霉、氧化而产生异味，影响公猪的食欲和健康等。磷酸氢钙在配合饲料中使用比例为1.5%～2%，石粉1%左右，在选购磷酸氢钙时，要选择低氟低铅的，防止氟、铅含量过高造成蓄积性中毒，影响公猪身体健康。一般要求氟磷比要小于1/100，铅含量低于50mg/kg，其他矿物质饲料均应注意有毒有害物质的残留以免影响公猪身体健康和种用性能。另外公猪日粮中食盐的含量应控制在0.3%～0.4%。维生素的补充多使用复合维生素添加剂，但要注意妥善保管，防止过期和降低生物学价值。

3. 饲喂技术 公猪的日粮应根据其年龄、体重、配种任务、舍内温度等灵活掌握喂量。正常情况下，体重150 kg左右的成年公猪，舍内温度15～22℃时，配种期间成年公猪的日粮量为每头2.5～3.0kg；非配种期间日粮量为2kg左右；为了使种公猪顺利地完成季节配种任务，保证身体不受到损害，生产实践中多在季节配种来临前2～3周提前进入配种期饲养。

对于青年公猪，为了满足自身生长发育需要，可增加日粮给量10%～20%。种公猪每日应饲喂2～3次，其饲料类型多选用干粉料或生湿料。通过日粮也可以控制体重增长，特别是采用本交配种的猪场更应注意这一点，防止公猪体重过大，母猪支撑困难影响配种，从而造成公猪过早淘汰，增加种公猪更新成本。

种公猪饲养过程中，不要使用过多的青绿多汁饲料，以免降低公猪对能量、蛋白质等营养物质的实际摄入量，并容易形成“大肚子”而影响公猪身体健康和本交配种。稻壳粉和秸秆粉，不但本身不能被消化吸收反而降低其他饲料中营养物质的消化吸收，在公猪日粮中使用时会造成营养缺乏，降低种用价值，应严禁使用。

要保证公猪有充足、清洁、卫生和爽口的饮水，爽口的饮水要求冬天不过凉；夏季凉爽。水的味道应该是，无异味的，饮水卫生标准要与人相同。每头种公猪每天饮水量为10～12L，其饮水方式通过饮水槽或自动饮水器供给，最好是选用自动饮水器饮水，饮水器安装高度为55～65cm（与种公猪肩高等同），水流量至少为1 000mL/min；使用饮水槽饮水，每天至少更换3次。

任务二 种公猪管理

1. 分群 公猪在6月龄，体重70～80kg时即可以达到性成熟，这时应进行公、母猪分群饲养，防止乱交滥配，同时，分群后的公猪多数实行单圈栏饲养，公猪单圈栏饲养每头所需要面积至少 2m×2m。单圈栏饲养虽然浪费一定建筑面积，但是可以防止公猪间相互爬跨和争斗咬架；同时也便于根据实际情况随时调整饲粮和日粮。当公猪间出现咬架现象时，应用木板隔开或用水冲公猪的眼部，然后将公猪驱赶分开。

2. 运动　为了控制好公猪膘情、增进体质健康、提高精子活力，公猪应进行一定量的运动。运动形式有驱赶运动、自由运动和放牧运动三种。驱赶运动适于工厂化养猪场，在场区内沿场区工作道每天上、下午各运动一次，每次运动时间为 1～2h，每次运动里程 2km，具体时间要安排在一天内适于人猪出行的最佳时期，遇有雪、雨等恶劣天气应停止运动，还要注意防止冬季感冒和夏季中暑。如果不进行驱赶运动，应安排公猪自由运动，理想的户外运动场至少 7m×7m，保证公猪具有一定的运动面积。有放牧条件的可以进行放牧运动，公猪既得到了锻炼又可以采食到一些青绿饲料，从而补充一部分营养物质，对于提高公猪精液品质，增强体质健康十分有益。缺乏运动容易造成公猪肥胖，体质衰退加快，配种性能降低，公猪过早淘汰，无形中增加种猪购入或培育成本。

3. 公猪采精训练　实行人工授精的猪场，应在公猪使用前进行采精训练。具体做法是：使用金属或木制的与母猪体形相似、大小相近的台猪，固定在坚实的水泥地上，台猪的猪皮应进行防虫蛀、防腐和防霉处理。最初几次采精训练前，在台猪的后端应涂上发情母猪尿液或阴道黏液，便于引诱公猪爬跨。采精前先将公猪包皮内残留尿液挤排出来，并用 0.1%的高锰酸钾水溶液或者 0.1%的过氧乙酸水溶液，将包皮周围进行消毒；然后将发情母猪赶到台猪的侧面，让被训练公猪爬跨发情母猪，当公猪达到性欲高潮时，立即将母猪赶离采精室，再引导公猪爬跨台猪。当阴茎勃起伸出后，进行徒手采精或使用假阴道采精；另外，也可以不借助假台猪进行采精，其方法是：用 0.1%的高锰酸钾水溶液或者 0.1%的过氧乙酸水溶液将包皮、睾丸及腹部皮肤擦洗消毒，先用一只手用力按摩睾丸 5～10min，然后再用这只手隔着腹部皮肤握住阴茎稍用力前后撸动 5min 左右，使阴茎勃起。阴茎勃起伸出后可用另一只手进行徒手或假阴道采精。注意不要损伤公猪阴茎，公猪射精完毕后，顺势将阴茎送回，防止阴茎接触地面造成擦伤或感染。

采精训练成功后应连续训练 5～6d，以巩固其建立起来的条件反射。训练成功的公猪，一般不要再进行本交配种。训练公猪采精时要有耐心，采精室要求卫生清洁、安静、光线要好、温度 15～22℃，要防止噪声和异味干扰。

4. 定期检查精液和称重　公猪在使用前 2 周左右应进行精液品质检查，防止因精液品质低劣影响母猪受胎率和产仔数。尤其是实行人工授精的养殖场应该作为规定项目来进行，以后每月要进行 1～2 次精液品质检查。对于精子活力 0.7 以下，密度 1 亿/mL 以下，畸形率 18%以上的精液不宜进行人工授精，限期调整饲养管理规程，如果调整无效应将种公猪淘汰。

青年公猪应定期进行体重称量，便于掌握其生长发育情况，使公猪在 16～18 月龄体重控制在 150～180kg。通过定期精液品质检查和体重称量，可以更加灵活地调整公猪营养水平，有利于公猪的科学饲养和使用。

5. 其他管理　如果公猪脾气很坏，应每隔 6 个月左右进行一次打牙。使用钢锯或建筑上用于剪钢筋的钢钳，在齿龈线处将獠牙剪断，防止公猪咬伤人和猪。公猪每天应进行刷拭猪体，时间 5～10min，这样既有利于皮肤卫生和血液循环，又有利于“人猪亲和”便于使用和管理。

公猪所居环境的适宜温度是15～22℃，相对湿度50%～80%，舍内空气新鲜，栏内清洁卫生。公猪在35℃以上的高温环境下精液品质下降，并导致应激期过后4～6周较低的繁殖力，甚至终生不育。使用遭受热应激的公猪配种，母猪受胎率较低，产仔数较少。为了减少热应激对公猪带来的不良后果，应采取一些减少热应激措施，具体办法有：避免在烈日下驱赶运动，猪舍和运动场有足够的遮光面积供公猪趴卧，天气炎热时向床面洒水或安装通风设施，并且注意饲料中矿物质和维生素的添加。公猪因运动不足易造成蹄匣变形，非混凝土地面饲养的公猪蹄匣无磨损而变尖变形后影响正常使用和活动，应该用刀或电烙铁及时进行修理蹄匣。

有些公猪上、下颌持续有节奏地拍打和口吐白沫，这种行为称为闹喉。生产实践发现，发生闹喉的公猪往往性欲较强。公猪开始出现闹喉时采食受到影响，变得“小心翼翼”（身体紧张、肩部发硬）并影响发育。但这种情况并不影响它们的配种能力，与其他公猪或与群体隔离后公猪就会安静下来。把饲料移走，在栏内放1头妊娠母猪或阉猪将有助于它重新采食。

除此之外，种公猪还应根据本地某些传染病的流行情况，科学地进行免疫接种，国外养猪技术先进国家的做法是定期对种公猪进行血清检测，随时淘汰阳性者。公猪每年至少进行2次驱虫，驱除体内外寄生虫，选用药物种类和剂量根据寄生虫种类而定，防止中毒。

6. 种公猪利用 公猪的配种能力和使用年限与公猪使用强度关系较大，如果公猪使用强度过大，将导致公猪体质衰退，降低配种成绩，造成公猪过早淘汰；但使用强度过小，公猪种用价值得不到充分利用，实质上是一种浪费。12月龄以内公猪，每周配种6～7次；12月龄以上的公猪每周配种10次。如果进行人工授精，12月龄以内公猪每周采精1～2次；12月龄以上的每周采精2～3次，每次采精300～400mL。值得指出的是避免青年公猪开始配种时与断奶后的发情母猪配种，以免降低公猪将来配种兴趣。种公猪其使用年限一般为3年左右，国外利用年限平均为2～2.5年。

7. 种公猪的更新淘汰 公猪一般使用2～3年，其更新淘汰率一般为35%～40%，因此，猪场应该有计划地培育或外购一些生产性能高、体质强健的青年公猪，取代那些配种成绩较低（其配种成绩低是指本年度或某一段时间内与配母猪受胎率低于50%），配种使用3年以上，或患有国家明令禁止的传染病或难以治愈和治疗意义不大的其他疾病的公猪（如口蹄疫、猪繁殖-呼吸障碍综合征、圆环病毒病和伪狂犬等）。现代养猪生产对于公猪所产生后代如果不受市场欢迎，造成销售困难时，也应考虑淘汰公猪，以便获得较大经济效益。通过对公猪的淘汰更新，既更新了血缘又能淘汰一些不符合种用要求的公猪。

项目三　母猪配种前生产

知识准备　母猪配种前的选择与种类

1. 母猪的选择　母猪应该食欲旺盛，能够正常发情，体质结实健康，四肢端正，活动良好，背腰平直或略弓，腹线开张良好。乳头6对以上，并且排列整齐，无瞎乳头、内凹乳头、外翻乳头等畸形。外阴大小适中无上翘。

2. 母猪配种前种类　母猪分为纯种和杂种，进行纯种繁殖的猪场，应选择相同品种但无亲缘关系的公母猪相互交配；生产杂种母猪的猪场，应选择经过配合力测定或经过多年生产实践证明，杂交效果较好的品种与公猪进行配套杂交生产；生产商品肉猪的猪场，根据生产需要，选择二元或三元杂种母猪进行生产，目前一般多选择长大杂种母猪。

按照母猪所处的生产时期分为两种，一种是仔猪断奶后至配种的经产母猪，也称空怀母猪；另一种是初情期至初次配种的后备母猪。

任务一　母猪配种前饲养

（一）母猪配种前营养需要

母猪空怀时间较短，往往参照妊娠母猪饲养标准进行饲粮配合和饲养，而后备母猪由初情期至初次配种时间一般为21～42d，不仅时间长，而且自身尚未发育成熟，如果营养供给把握不好，就会影响将来身体健康和终生繁殖性能，因此，后备母猪应按后备母猪饲养标准进行饲粮配合和饲养。总体原则是，后备母猪饲粮在蛋白质、氨基酸、主要矿物质供给水平上，应略高于经产母猪，以满足其自身体发育和的繁殖需要，见表1-2。其他营养物质需要量，可以参照美国NRC（1998）标准，酌情执行。

表1-2　后备母猪经产母猪饲粮中主要营养物质含量

（李立山．养猪与猪病防治．2006）

类　别	能量（MJ/kg）	蛋白质（%）	钙（%）	磷（%）	赖氨酸（%）
后备母猪	14.21	14～16	0.95	0.80	0.70
经产母猪	14.21	12～13	0.75	0.60	0.50～0.55

1. 能量需要　能量水平与后备母猪初情期关系密切。一般情况下，能量水平偏高可使后备母猪初情期提前，体重增大；能量水平低，后备母猪生长缓慢，初情期延迟；但能量水平过高，后备母猪体况偏胖，抑制初情期或造成繁殖障碍，不利于发情配种，导致母猪受胎率低，增加母猪淘汰率。对于经产母猪能量水平过高或过低同样影响其发情排卵，能量水平过低，使母猪在仔猪断奶后发情时间间隔变长或者不发情；过高能量水平，母猪同样不发情

或排卵少，卵子质量不好，甚至不孕等后果。因此，建议后备母猪日供给消化能 35.52MJ；经产母猪 28.42MJ。

2. 蛋白质、氨基酸需要 后备母猪的蛋白质水平、氨基酸的含量均高于经产母猪。如果后备母猪蛋白质、氨基酸供给不足，会延迟初情期到来，因此建议后备母猪粗蛋白质水平为 14%～16%，赖氨酸 0.7%左右；经产母猪蛋白质、氨基酸不足，同样影响母猪的发情和排卵，建议经产母猪的粗蛋白质水平为 12%～13%，赖氨酸 0.50%～0.55%。

3. 矿物质需要 经产母猪泌乳期间会有大量的矿物质损失，此时身体中矿物质出现暂时性亏损，如果不及时补充，将会影响母猪身体健康和继续繁殖使用；后备母猪正在进行营养蓄积，为将来繁殖泌乳打基础，如果供给不科学同样会影响身体健康和终生的生产性能。特别采用封闭式圈舍饲养时，母猪接触不到土壤和青绿饲料，没有任何外源矿物质补充，必须注意矿物质的供给，防止不良后果出现。后备母猪饲粮中的钙为 0.95%，总磷为 0.80%；经产母猪饲粮中钙为 0.75%，总磷为 0.60%。后备母猪钙、磷的含量均应高于经产母猪，如果后备母猪钙、磷摄入不足会对骨骼生长起到一定的限制，会使母猪患肢蹄病的几率增加。母猪缺乏碘、锰时，会出现生殖器官发育受阻、发情异常或不发情。其他矿物质缺乏后也会影响母猪的健康和繁殖生产，因此也应该添加。其供给量可参照美国 NRC（1998）妊娠母猪营养需要标准酌情执行，但要注重各种营养物质之间的平衡。

4. 维生素需要 维生素是否添加和添加的数量，将直接关系到母猪繁殖和健康，母猪有贮存维生素 A 的能力，它可以维持 3 次妊娠，在此以后如不及时补给，母猪会出现乏情、行动困难、后腿交叉、斜颈、痉挛等，严重时影响胚胎生长发育。母猪缺乏维生素 E 和硒时，造成发情困难。缺乏维生素 B_1、维生素 B_2、泛酸、胆碱时会出现不发情、“假妊娠”、受胎率低等。其他维生素虽然不直接影响母猪发情排卵，但会使母猪健康受到影响，最终影响生产。

5. 水的需要 由于配种前母猪饲粮中粗纤维含量往往较高，所以需要水较多，一般为日粮的 4～5 倍，即每日每头 12～15L，饮水不足将会影响母猪健康和生产。因此，要求常备充足、清洁、卫生、爽口的饮水。

（二）配种前母猪饲养

1. 配种前母猪总体要求 经产母猪空怀时间很短，一般只有 5～10d，而后备配种前母猪饲养时间，根据后备母猪开始配种的时期而定，如果在第 2 个发情期配种，其时间为 21d 左右；如果在第 3 个发情期配种，则时间为 42d 左右。无论是经产母猪还是后备母猪，其最终目标是通过科学的饲养和管理促使其正常发情、排卵和受孕。

公猪可以通过检查精液品质来评价饲养效果，母猪发情可以看到，但排卵是观察不到的，只能通过母猪体质膘情来推断饲养效果。生产实践中，要求母猪在配种前应具有一个良好的繁殖体况。所谓的繁殖体况是指母猪不肥不瘦，七、八成膘。具体地讲就是母猪外观看不到骨骼轮廓（髋骨、脊柱、肩胛骨、肋骨等），但也不能因肥胖出现“夹裆肉”，以用手稍用力触摸背部可以触到脊柱为宜，而所谓的“夹裆肉”是由于母猪过于肥胖，在两后大腿的内侧、阴门的下方形成两条隆起的皮下脂肪。至于外观能够看到脊柱及髋骨或肩胛骨甚至肋骨的母猪属于偏瘦，对于那些体长与胸围几乎相等，出现“夹裆肉”，手触不到脊柱的母猪应该说是偏肥了。另外一种判断方法是在早晨空腹时，根据母猪腰角下方、膝褶斜前方凸凹状况来判定，一般七、八成膘的母猪，此部位应该是扁平或略凸起。如果凸起太高，说明母猪过于肥胖；如果此部位凹陷，说明母猪过于消瘦。使用超声波测定母猪背膘厚，根据背膘厚来判定母猪饲养效果，判定母猪的膘情是否适宜配种。目前常用的杜、长、大等后备母猪适宜配种的背膘厚 P_2 一般为 18～20mm；经产母猪适宜配种的背膘厚 P_2 一般为 20～24mm（P_2 值是指最后一根肋骨的前端距离背中线 6.5cm 处测定值，包括皮厚）。母猪过于肥胖（24mm 以上），由于脂肪浸润卵巢或包埋在卵巢周围，会影响卵巢功能，引起发情排卵异常，但后备母猪偏瘦（14mm 以下），会使性成熟延迟，减少母猪使用年限；后备母猪过于消瘦（7mm 以下），会引起繁殖障碍。因此，过肥、过瘦都不利于繁殖，将来均会出现发情排卵和产仔泌乳异常等不良后果。特别是青年母猪第一次配种时的身体状况会显著影响其终生的生产性能，母猪的身体状况越好，它们终生的生产性能也就越佳（表 1－3）。

表 1－3　第一次配种时体重和 P_2 值不同的母猪的生产性能

（WH Close 等．母猪与公猪的营养．2003）

配种时体重（kg）	配种时 P_2（mm）	出生仔猪的头数	
		第 1 胎	第 1～5 胎①
117	14.6	7.1	51.0
126	15.8	9.8	57.3
136	17.7	10.3	56.9
146	20.0	10.5	59.8
157	22.4	10.5	51.7
166	25.3	9.9	51.3

注：①所有母猪都产 5 胎。

2. 饲粮配合　配种前母猪的饲养时间虽然只有 5～42d，但为了保证母猪能够正常地发情排卵参加配种，首先应根据后备母猪和经产母猪的饲养标准，结合当地饲料资源情况科学地配合饲粮，满足其能量、蛋白质氨基酸、矿物质和维生素的需要。在饲粮配合过程中要注意饲料原料的质量，不用或少用那些消化吸收较差的原料，如血粉、羽毛粉、玉米酒糟、玉米面筋等，有条件时可以使用 5%～10%的苜蓿草粉，有利于母猪繁殖和泌乳，据美国资料介绍，苜蓿对于母猪的终生生产成绩有利。值得指出的是对于瘦肉型猪种，在饲料配合过程中，不要过多使用传统养猪中常用的营养价值不高甚至没有营养价值的“劣质粗饲料”，否则会降低母猪繁殖性能，甚至造成母猪 2～3 胎以后发情配种困难。例如有些猪场，在封闭式饲养的条件下，配种前母猪饲粮中使用了 30%～50%的所谓“稻糠”的稻壳粉，结果是后备母猪第 1 胎繁殖基本正常，第 2 胎后便表现仔猪初生重小、泌乳力下降、仔猪下痢发生率增加，仔猪断奶后母猪不能在 5～10d 内发情配种，使母猪发情配种困难、母猪产后无乳等不良后果。而在传统粗放饲养中，一则地方猪种耐粗抗逆；二则母猪生产水平较低，所需营养物质相对较少；三则可以接触土壤和青草野菜，获得一定的营养补充，所以采用较多的劣质粗料，也较少出现繁殖问题。

3. 饲喂技术　配种前母猪的日粮，应根据母猪的年龄和膘情灵活掌握给量。经产空怀母猪一般每日每头给混合饲料 2kg 左右；后备母猪每日每头给混合饲料 2.5kg 左右。北方冬季圈舍温度达不到 15～22℃时，可以增加日粮给量 10%～20%。为了增加后备母猪排卵数，尤其是初配母猪排卵数，可以对后备母猪实施短期优饲。具体做法是：在配种前1～2周至配种结束，增加日粮给量2～3kg，这样不仅可以增加排卵数1～2枚，而且可以提高卵子质量。值得指出的是，配种结束立即停止增加日粮给量，防止胚胎早期死亡。

配种前母猪的饲养过程中，必须保证充足、清洁、卫生、爽口的饮水，建议每4～6头母猪安装一个饮水器，高度和水流量同于公猪。一般多安装在靠近粪尿沟一侧，防止饮水时洒在床面上。使用水槽饮水时，要求水槽保持清洁，饮水经常更换（每日至少3～4次）。

任务二　母猪配种前管理

1. 发情观察　配种前母猪管理中要认真观察发情，特别是后备母猪初次发情，征状不明显，持续时间较短，如不认真仔细观察容易漏配。因此一定认真观察并做好记录，以便于安排母猪配种。

2. 环境条件　配种前母猪多数群养，每头母猪所需要面积至少为$2m^2$（非漏缝地板）。要求舍内温度15～22℃，相对湿度50%～80%，舍内空气新鲜，栏内清洁卫生。舍内光线良好，一般猪舍的采光系数为1∶10；封闭式猪舍每天使用日光灯作为光源的照射时间10h为宜，光照度150～200lx。同时舍内地面不要过于光滑，防止跌倒摔伤和损伤肢蹄，床面如果是实体地面，其床面坡度3%～5%为宜，以利于冲刷和消毒，但坡度不要过大，坡度过大时，母猪趴卧疲劳增加体能消耗，或者增加脱肛和阴道脱出发生的几率。有条件的猪场，舍外应该设置运动场，增加母猪运动量、呼吸新鲜空气、接受阳光照射等，这一切都会利于母猪健康和胚胎生长发育。运动场的面积要求至少3.5m×5m。群养一般每栏饲养4～6头为宜，每栏内既不要饲养过多，又不要饲养过少。饲养过多往往会影响观察发情或出现强夺弱食现象；饲养过少会影响母猪的发情。母猪小群饲养既能有效地利用建筑面积，又能促进发情。当同一圈栏内有母猪发情时，由于爬跨和外激素刺激，可以诱导其他母猪发情。近年来，有些猪场采用空怀母猪单栏限位饲养，限位面积每头母猪至少0.65m×2m，这种饲养方式有利于提高圈舍建筑的利用率，便于人工授精操作和根据母猪年龄、体况进行饲粮的配合和日粮定量来调整膘情。采用此种饲养方式时，最好在母猪尾端饲养公猪有利于刺激母猪发情，同时要求饲养员必须认真仔细观察发情，才能确保降低母猪空怀率。但是单栏面积过小，母猪活动受限，只能站立或趴卧，缺少运动，会导致肢蹄病的增加。因此，建议母猪所居的单栏面积为0.75m×2.2m，便于母猪趴卧及前后运动，从而减少肢蹄病的发生。

3. 免疫接种与驱虫

（1）免疫接种。配种前母猪免疫接种，可以减少或避免某些传染病的发生。每个猪场应根据流行病学调查结果（查找以往发病史）、血清学检查结果等适时适量地进行传染病疫苗接种。无传染病威胁的猪场可接种灭活苗或不接种，以免出现疫苗的不良反应影响生产。对于传染病血清学检测阳性养殖场，一是淘汰种猪、消毒污染环境，空栏6～12个月后，进猪前再消毒一次才能进行生产；另一种做法是对国家允许的传染病，对母猪进行弱毒疫苗的免疫接种，防止传染病发生和扩散。

（2）驱虫。母猪每年至少进行两次驱虫，如果环境条件较差或者某些寄生虫多发地区，应酌情增加驱虫次数。驱虫所需药物种类、剂量和用法应根据寄生虫实际发生情况或流行情况来决定，要防止出现中毒。

4. 更新淘汰　正常情况下母猪产后第7～8胎淘汰，所以年更新率为30%左右，因此猪场应有计划地选留培育或购入一些适应市场需求、生产性能高、外形好的后备母猪去补充母猪群，但遇到下列情形之一者应随时淘汰：

（1）产仔数低于7头。

（2）连续两胎少乳或无乳（营养、管理正常情况下）。

（3）断奶后两个情期不能发情配种。

（4）食仔或咬人。

（5）患有国家明令禁止的传染病或难以治愈和治疗意义不大的其他疾病（如口蹄疫、猪繁殖-呼吸障碍综合征、圆环病毒病等）。

（6）肢蹄损伤。

（7）后代有畸形（如疝气、隐睾、脑水肿等）。

（8）母性差。

（9）体型过大，行动不灵活，压、踩仔猪。

（10）后代的生长速度和胴体品质指标均低于猪群平均值。

5. 母猪繁殖障碍及解决方法

（1）母猪繁殖障碍的原因。母猪繁殖障碍的主要问题是指母猪不能正常发情排卵，其原因归纳为以下两个方面：

①疾病性繁殖障碍。主要是由于卵泡囊肿、黄体囊肿，永久性黄体而引起的。卵泡囊肿会导致排卵功能丧失，但仍能分泌雌激素，使得母猪表现发情持续期延长或间断发情；黄体囊肿多出现在泌乳盛期母猪、近交系母猪、老年母猪中，母猪表现乏情；持久性黄体导致母猪不发情。另外，卵巢炎、脑肿瘤和一些传染病等，如温和型猪瘟和猪繁殖-呼吸障碍综合征等都会造成母猪不能发情排卵。

②营养性繁殖障碍。母猪由于营养不合理也会造成繁殖障碍，如长期营养水平偏高或偏低，导致母猪过度肥胖或消瘦，母猪发情和排卵失常；母猪长期缺乏维生素和矿物质，特别是维生素A、维生素E、维生素B_2、硒、碘、锰等，使母猪不能如期发情排卵。

（2）解决母猪繁殖障碍的方法。母猪出现繁殖障碍，首先要分析查找原因，通常是根据繁殖障碍出现的数量、时间、临床表现等进行综合分析。封闭式饲养管理条件下，首先要考虑营养因素，其次考虑疾病或卵巢功能问题。如果是营养方面的原因，要及时调整饲粮配方，对于体况偏肥的母猪应减少能量给量，可以通过降低饲粮能量浓度或日粮给量来实现，可同时适当增加运动；体况偏瘦的母猪应增加能量供给，同时保证饲粮中蛋白质的数量和质量，封闭式饲养要特别注意矿物质和维生素的使用，满足繁殖母猪所需要的各种营养物质；如果是疾病原因造成的母猪繁殖障碍，有治疗可能的应该积极治疗，否则应及时淘汰；卵巢功能引起的繁殖障碍，只有持久性黄体较易治愈，一般可使用前列腺素$F_{2\alpha}$或其类似物处理，使黄体溶解后，母猪在第二次发情时即可配种受孕。

后备母猪初次发情配种比较困难，为了促进母猪发情排卵，可以通过诱情办法来解决，具体做法是：每天早晨饲喂后或傍晚饲喂后将体质强壮、性欲旺盛的公猪与不发情母猪放在同一栏内一段时间，每次30min左右，通过公猪爬跨和外激素刺激可以促进母猪发情，一般经过1周左右即可诱导母猪发情。许多猪场为了促进后备母猪发情，在后备母猪6～7月龄，体重达到70～80kg时，安排与公猪接触，利用公猪爬跨和外激素刺激促进母猪发情。

如果接触1～2周，无母猪发情应更换公猪，最好是成年公猪。此种做法不要过早实行，防止后备母猪对公猪产生“性习惯”而不发情。通过以下几种做法也能刺激母猪发情排卵：

①母猪运输或转移到一个新猪舍，在应激刺激作用下可使母猪发情排卵。

②重新组群。

③将正在发情时期的母猪与不发情母猪同栏饲养。

④封闭式饲养条件下的母猪安排几日户外活动，接触土壤采食青草野菜。

对于目前市场上出售的各种催情药物均属于激素类，在没有搞清楚病因之前不要盲目使用，以免造成母猪内分泌紊乱，或者出现母猪只发情不排卵，即使母猪配了种也不能受孕。

项目四　配种技术

(一) 公猪、母猪的初配适龄

1. 公猪初配适龄　公猪虽然达到性成熟，但身体尚未成熟，此时不能参加配种，只有公猪身体基本成熟时才能参加配种，否则将会影响公猪身体健康和配种效果。公猪过早使用会导致未老先衰，并且会影响后代的质量；过晚使用会使公猪有效利用年限减少。瘦肉型品种或含瘦肉型品种血缘的公猪，开始参加配种的年龄为8～9月龄，体重100～120kg。有些猪场公猪使用过早或者配种强度过大，导致公猪体质严重下降，出现了消瘦、性欲减退，甚至不能参加本交配种，最后淘汰，增加了种猪更新成本。

2. 母猪初配适龄　母猪性成熟时身体尚未成熟，还需要继续生长发育，因此，此时不宜进行配种。过早配种不仅影响第一胎产仔成绩和泌乳，而且也影响将来的繁殖性能；过晚配种会降低母猪的有效利用年限，相对增加种猪成本。一般适宜配种时间为：引进品种或含引进品种血液较多的猪种（系）主张220～230日龄，体重130～140kg，在第二或第三个发情期实施配种；地方品种猪6月龄左右，体重70～80kg时开始参加配种。但在实际生产中，个别猪场对养猪生产技术掌握得不好，往往母猪第一次发情就配种，导致产仔数较少，一般只有7头左右，并且出现产后少乳或无乳，也有些养殖场外购后备母猪由于受运输、环境、饲料、合群等应激影响，到场后1周左右出现发情于是安排配种，结果同样出现了产仔数少、产后无乳等情况，其原因主要是由于发情排卵不正常、乳腺系统发育欠佳等引起的。加拿大，在杂种母猪70kg、纯种母猪80 kg左右时（165日龄）开始每天一次与一头或几头公猪接触，使得母猪初情期提前，便于提早安排母猪配种减少母猪饲养成本，同时有利于同期发情控制便于工艺流程安排。

(二) 母猪发情鉴定

1. 母猪的发情表现　母猪发情时表现为兴奋不安、哼叫、食欲减退。未发情的母猪食后上午均喜欢趴卧睡觉，而发情的母猪却常站立于圈门处或爬跨其他母猪。将公猪赶入圈栏内，发情母猪会主动接近公猪。母猪外阴部表现潮红、水肿，有的有黏液流出。

2. 母猪的发情鉴定　具体方法见实训操作七：发情鉴定。

(三) 配种实施

1. 配种时间　母猪发情周期一般为19～23d，平均21d。母猪发情持续时间为40～70h，排卵时间在后1/3，而初配母猪要晚4h左右。其排卵的数量因品种、年龄、胎次、营养水平不同而异。一般初次发情母猪排卵数较少，以后逐渐增多。营养水平高可使排卵数增加。现代引进品种母猪在每个发情期内的排卵数一般为20枚左右，排卵持续时间为6h；地方品种猪每次发情排卵为25枚左右，排卵持续时间10～15h。

精子在母猪生殖道内保持受精能力时间为10～20h，卵子保持受精能力时间为8～12h。母猪发情持续时间一般为40～70h，但因品种、年龄、季节不同而异。瘦肉型品种发情持续时间较短，地方猪种发情持续时间较长。青年母猪比老龄母猪发情持续时间要长，春季比秋冬季节发情持续时间要短。具体的配种时间，应根据发情鉴定结果来决定，一般大多在母猪发情后的第2～3天。老龄母猪要适当提前做发情鉴定，防止错过配种的最佳时期；青年母猪可在发情后第3天左右做发情鉴定。母猪发情后每天至少进行2次发情鉴定，以便及时配种。本交配种应安排在静立反射产生时；而人工授精的第一次输精应安排在静立反射（公猪在场）产生后的12～16h，第二次输精安排在第一次输精后12～14h。

2. 配种方式

（1）单次配种。母猪在一个发情期内，只配种一次。这种方法虽然省工省事，但配种时间掌握不好会影响受胎率和产仔数，实际生产中应用较少。

（2）重复配种。母猪在一个发情期内，用1头公猪先后配种2次以上，其时间间隔为8～12h。生产中多安排2次配种，具体时间多安排在早晨或傍晚前，夏季早晨尽量早，傍晚尽量晚；冬季早晨尽量晚，傍晚尽量早，有利于猪的配种活动。这种配种方法可使母猪输卵管内经常有活力较强的精子及时与卵子受精，有助于提高受胎率和产仔数，这种配种方式多用于纯种繁殖场。

（3）双重配种。母猪在一个发情期内，用两头公猪分别交配，其时间间隔为5～10min，此法只适于商品生产场，这样做的目的是可以提高母猪受胎率和产仔数。

3. 配种方法

（1）人工辅助交配。应选择地势平坦、地面坚实而不光滑的地方作配种栏（场），配种场（栏）地面应使用人工草皮、橡胶垫子、水泥砖、木制地板或在水泥地面上放少量沙子、锯屑以利于公、母猪的站立。配种栏的规格一般为长4.0m，宽3.0m。配种栏（场）周围要安静无噪声、无刺激性异味干扰，防止公、母猪转移注意力。公母猪交配前，首先将母猪的阴门、尾巴、臀部用0.1%高锰酸钾水溶液或者0.1%过氧乙酸水溶液擦洗消毒。将公猪包皮内的尿液挤排干净，使用同样的消毒剂将包皮周围消毒。配种人员带上经过消毒的橡胶手套或一次性塑料手套，准备好配种的辅助工作。当公猪爬跨到母猪背上时，用一只手将母猪尾巴拉向一侧，另一只手托住公猪包皮，将包皮口紧贴在母猪阴门口，这样便于阴茎进入阴道。公猪射精时肛门闪动，阴囊及后躯充血，一般交配时间为10min左右。当遇到公猪与母猪体重差距较大时，可在配种栏（场）地面临时搭建木制的平台或土台，其高度为10～20cm。如果公猪体重、体格显著的大于母猪，应将母猪赶到平台上，而将公猪赶到平台下。当公猪爬到母猪背上时，由两人抬起公猪的两前肢，协助母猪支撑公猪完成配种；反过来如果母猪体重、体格显著的大于公猪，应将公猪赶到台上，而将母猪赶到台下进行配种。应该注意的问题：地面不要过于光滑；把握好阴茎方向，防止阴茎插进肛门；配种结束后不要粗暴对待公、母猪。公、母猪休息10～20min后，将公、母猪各自赶回原圈栏，此时公猪注意避免与其他公猪见面接触，防止争斗咬架，然后填写好配种记录表，一式两份，一份办公室存档，另一份现场留存，用于配种效果检查和生产安排；或将配种资料存入计算机，并打印一份，便于现场生产及配种效果检查。

（2）人工授精。具体方法见实训操作八：人工授精。

4. 配种制度　配种制度根据市场需要、养殖场生产条件、生产水平和种猪状况，可将母猪的配种情况划分为常年配种和季节配种两种。配种计划详见实训操作六。

（1）常年配种。常年配种就是一年四季的任何时期都有母猪配种。这样做可以充分利用圈舍及设备，均衡地使用种猪，均衡地向市场提供种猪、仔猪或商品肉猪，但常年配种、均衡生产需要有一定的生产规模，规模过小时，则达不到降低成本的目的。

（2）季节配种。将母猪配种时间安排在有利于仔猪生长发育的季节里，减少保温防暑投资，但种猪利用不均衡，圈舍设备利用不合理，一般适合在北方生产规模较小的猪场采用。

项目五 妊娠母猪生产

知识准备 胚胎生长发育规律及影响因素

（一）胚胎生长发育规律

精子与卵子在输卵管上1/3壶腹部完成受精后形成合子。一般情况下，猪胚胎在输卵管内停留2d左右，然后移行到子宫角内，此时猪胚胎已发育到4细胞阶段，在子宫角内游离生活5～6d，胚胎已达到16～32细胞（桑葚胚）。受精后第10天，胚胎直径可达2～6mm，第13～14天胚胎开始与子宫壁疏松附着（着床），在第18天左右着床完成。着床以前胚胎营养来源是在输卵管内靠卵子本身，在子宫角内靠子宫乳供养。第4周左右胚胎具备与母体胎盘进行物质交换的能力，而胚胎在没有利用胎盘与母体建立交换物质的联系之前是很危险的时期，此时胚胎死亡率占受精合子的30%～40%。胚胎前40d主要是组织器官的形成和发育，生长速度很慢，此时胚胎重量只有初生重的1%左右。妊娠41～90d，胚胎生长速度比前40d要快一些，90d时胚胎重量可达550 g，91d到出生，生长速度达到高峰。仔猪初生重的60%～70%在此期间内生长完成。可见妊娠后期是个关键时期，母猪的饲养管理将直接影响仔猪初生重见表1-4。

表1-4 不同日龄胚胎的生长情况

（李立山．养猪与猪病防治．2006）

妊娠时期（d）	胚胎重量（g）	占初生重比例（%）	胚胎长度（cm）
30	2	0.15	1.5～2
60	110	8	8
90	550	39	15
114	1 300～1 500	100	25

胚胎所处的时期不同，其化学成分也有所不同。42日龄胚胎与112日龄胚胎比较，干物质增长2.1倍，粗蛋白1.6倍，脂肪1.8倍，矿物质2.8倍，钙6.2倍，磷3.8倍，铁12.9倍，详细资料见表1-5。

表1-5 不同日龄胚胎体内化学成分

（李立山．养猪与猪病防治．2006）

胚胎日龄（d）	个体胎重（g）	干物质（%）	粗蛋白（%）	粗脂肪（%）	矿物质（%）	钙（%）	磷（%）	铁（%）
42	15.78	8.15	6.38	0.52	1.23	0.153	0.142	0.002 4
77	388.00	10.35	7.38	0.64	2.25	0.540	0.292	0.003 8
112	1 303.00	17.05	10.09	0.95	3.42	0.950	0.545	0.031 0

（二）影响胚胎生长发育因素

母猪每次发情排卵为20～30枚，而完成受精形成合子，乃至成为胚胎的仅有17～18个，但真正形成胎儿出生的却仅有10～15头。造成这种情况的原因，主要是胚胎各时期的死亡。统计资料表明，胚胎死亡在胎盘形成以前占受精合子的25%左右，胎盘形成以后胚胎死亡数占受精合子的12%～15%（表1-6）。

妊娠36d以内死亡的胚胎被子宫吸收了，因此见不到任何痕迹。而妊娠36d以后死亡的胚胎不能被子宫吸收，形成木乃伊胎或死胎。引起胚胎死亡或者母猪流产的因素有以下几个方面：

1. 遗传因素　公猪或母猪染色体畸形可以引起胚胎死亡，对这种情况应进行实验室遗传学检查，淘汰染色体畸形种猪。研究表明，猪的品种不同其子宫乳成分也不同，对合子的滋养效果不同。梅山猪子宫乳中蛋白质、葡萄糖的含量显著高于大白猪，这可能是梅山猪胚胎的存活率较高的原因之一（梅山猪高达100%，而大白猪仅有48%）。另外近亲繁殖使得胚胎的生活力降低，从而导致胚胎中途死亡数量增加或者胚胎生存质量下降，弱仔增多，产仔数降低。

表1-6　生殖各阶段典型的胚胎死亡

（加拿大阿尔伯特农业局畜牧处等．养猪生产．1998）

生殖阶段	数目	生殖阶段	数目
排出卵子	17.0	妊娠75d胚胎	10.4
受精卵子	16.2	妊娠100d胚胎	9.8
妊娠25d胚胎	12.3	分娩的活仔猪	9.4
妊娠50d胚胎	11.2	每窝断奶的仔猪	8.0

2. 营养因素　母猪日粮中维生素A、维生素E、维生素D、维生素B_1、维生素B_2、维生素B_6、维生素B_{12}、泛酸、叶酸、胆碱、硒、锰、碘、锌等不足都会导致胚胎死亡、胚胎畸形、仔猪早产、仔猪出生后出现“劈叉症”、母猪“假妊娠”等。母猪在妊娠前期能量水平过高，母猪过于肥胖，引起子宫壁血液循环受阻，导致胚胎死亡。也有人认为，母猪过于肥胖卵巢分泌孕酮受到影响，导致胚胎数量减少，从而出现老百姓所说的“母猪过肥化崽子”的现象。

3. 环境因素　母猪妊娠期间所居住环境温度，对胚胎发育也有一定的影响。当环境温度超过32℃，通风不畅，湿度较大时，母猪将出现热应激，引起母猪体内促肾上腺素和肾上腺素骤增，从而抑制脑垂体前叶促性腺激素的分泌和释放，母猪卵巢功能紊乱或减退。高温条件下容易导致子宫内环境发生不良变化，造成胚胎附植受阻，胚胎存活率降低，产仔数减少，木乃伊胎、死胎、畸形胎增加。这种现象常发生在每年7、8、9这三个月份配种的母猪群中，所以建议猪场：一是在饲料中添加一些抗应激物质如维生素C、维生素E、硒、镁等；二是注意母猪所居住环境的防暑降温，加强舍内通风换气工作，以便减少繁殖损失。

4. 疾病因素　某些疾病对母猪的繁殖形成障碍，导致死胎、木乃伊胎或流产等。临床上出现母猪“假妊娠”，死胎、木乃伊胎增加，弱仔、产后即死和母猪流产等不良后果，如：猪瘟、猪繁殖-呼吸障碍综合征、猪圆环病毒病、日本乙型脑炎、衣原体病、猪肠病毒感染、猪脑心肌炎感染、猪流感、猪伪狂犬病、猪细小病毒病、口蹄疫、巨细胞病毒感染、布鲁氏菌病、李氏杆菌病、链球菌病、钩端螺旋体病、嗜血支原体病及弓形虫病等。

5. 其他方面　母猪铅、汞、砷、有机磷、霉菌、龙葵素中毒，药物使用不当、疫苗反应、核污染、公猪精液品质不佳或配种时机把握不准等，均会引起胚胎畸形，导致胎儿死亡甚至流产。

任务一 妊娠母猪饲养

(一) 妊娠母猪的特点和营养需要

1. 妊娠母猪的特点 母猪在整个妊娠期间要完成子宫、胎衣、羊水的增长，胚胎的生长发育，乳腺系统的发育，对于身体尚未成熟的青年母猪还要进行自身继续生长发育。子宫、胎衣、羊水的增长在妊娠12周以前较为迅速，12周以后增长变慢。据测定，母猪妊娠末期，子宫重量是空怀时子宫的10～17倍，母猪不同妊娠时期子宫、胎衣、羊水增长情况见表1-7。

表1-7 妊娠不同时期子宫、胎衣、羊水的增长

(宋育．猪的营养．1995)

妊娠天数 (d)	胎衣		胎水		子宫	
	g	47d百分比 (%)	g	47d百分比 (%)	g	47d百分比 (%)
47	800	100	1 350	100	1 300	100
63	2 100	263	5 050	374	2 450	189
81	2 550	319	5 650	419	2 600	200
96	2 500	313	2 250	207	3 441	265
108	2 500	313	1 890	140	3 770	290

胚胎生长主要集中在妊娠期的最后四分之一时间内。对于青年母猪自身还要继续生长发育，青年母猪在妊娠期间自身体重增长为5～10kg，经过2次妊娠和泌乳，可以完成其体成熟的生长发育。

2. 妊娠母猪的营养需要 妊娠母猪营养需要应根据母猪品种、年龄、体重、胎次有所不同。

(1) 能量需要。1998年NRC推荐的妊娠母猪消化能为25.56～27.84MJ/d。母猪消化能需要量降低是基于多方面研究结果而定的，但最主要降能因素是由于经过多年的生产实验发现，妊娠母猪能量供给过多会影响母猪繁殖成绩和将来的泌乳，乃至整个生产。众多研究结果表明，过高的能量水平会降低胚胎的存活。安德森（Anderson）总结30次试验结果指出，高能量日粮［ME 38.08MJ/（d·头）］增加胚胎死亡。配种后4～6周胚胎的存活率为67%～74%，而低能量日粮［ME 20.90MJ/（d·头）］存活率77%～80%。同时多年研究发现，仔猪初生重大小，主要取决于能量水平，特别是妊娠后期能量水平高低对仔猪初生重影响较显著，如果母猪日粮能量ME 20.90MJ/（d·头）以下，会降低仔猪初生重；但当日粮能量超过ME 25MJ/（d·头）时，初生重增加并不明显。

一般来说，能量水平对产仔数不会造成直接影响，但高能量可使胚胎前期死亡，而能量水平偏低母猪会动用体内脂肪和饲料中蛋白质来维持能量需要。母猪体况偏瘦，会影响将来发情和排卵，并且排卵数量和卵子质量降低，最终将间接影响产仔数。

妊娠母猪能量水平对将来泌乳影响较大，妊娠期间能量水平过高，母猪体重增加过多，母猪泌乳期间体重就会损失过多，不但浪费饲料增加饲养成本，而且还会出现泌乳母猪产后食欲不旺，泌乳性能下降，母猪过度消瘦，并且断奶后发情配种也将受到影响。鉴于上述情况，合理掌握妊娠母猪营养水平，控制母猪妊娠期间增重比较重要，从而以最经济饲养水平科学饲养妊娠母猪，得到最佳的生产效果（表1-8）。

（2）蛋白质、氨基酸需要。蛋白质和氨基酸对母猪的产仔数、仔猪初生重和仔猪将来的生长发育影响不大，但蛋白质水平过低时将会影响母猪产仔数和仔猪初生重，妊娠母猪可以利用蛋白质和氨基酸储备来满足胚胎生长和发育。有人试验，在整个妊娠期间饲喂几乎无蛋白质饲粮，则仔猪初生重下降 20%～30%；当蛋白质水平降到 2g/d 时，仔猪初生重降低 0.22kg。母猪长期缺乏蛋白质、氨基酸，母猪繁殖力下降，卵巢功能失常，不发情或发情不规律，排卵数量减少或不排卵；母猪产后泌乳量下降，仔猪容易患下痢等病。仔猪断奶后母猪不能及时发情配种等不良后果，这种现象在 3 胎以后母猪中比较常见，因为头 2 胎母猪动用了体内蛋白质和氨基酸贮备，来满足妊娠和泌乳需要。为了使母猪正常进行繁殖泌乳，并且身体不受损，保证正常产仔 7～8 胎，NRC（1998）建议，妊娠母猪粗蛋白质水平为 12%～12.9%。对于玉米-麸子-豆粕型日粮，赖氨酸是第一限制性氨基酸，在配制日粮时不容忽视，不要片面强调蛋白质水平，导致母猪各种氨基酸真正摄取量很少，不能满足妊娠生产的需要。NRC（1998）推荐赖氨酸水平为 0.52%～0.58%，其他氨基酸的需要，可以参照 NRC（1998）标准酌情执行。

表 1-8　妊娠母猪不同饲养水平对体重的影响

（宋育．猪的营养．1995）

营养水平（100kg 体重）	配种体重（kg）	产后体重（kg）	妊娠期增重（kg）	断奶时体重（kg）	哺乳期失重（kg）	总净增重（kg）
高 1.8kg/d	230.2	284.1	53.9	235.8	48.3	+5.6
低 0.87kg/d	229.7	249.8	20.1	242.2	7.4	+12.7

（3）矿物质需要。矿物质对妊娠母猪的身体健康和胚胎生长发育影响较大。前面已提到过无论是常量元素还是微量元素，缺乏的后果是母猪繁殖障碍，具体表现：发情排卵异常，母猪流产，畸形和死胎增加。现代养猪生产，母猪生产水平较高，窝产仔 10～12 头，初生重 1.2～1.7kg，年产仔 2～2.5 窝。封闭式猪舍，应该特别注意矿物质饲料的使用。美国 NRC（1998）推荐钙 0.75%，总磷 0.60%，有效磷 0.35%，氯化钠 0.35%左右。在考虑数量的同时还要考虑质量，配合日粮时要选择容易被吸收，重金属等杂质含量低的矿物质原料。因为母猪将繁殖 7～8 胎才能淘汰，存活时间 4 年左右，容易导致重金属蓄积性中毒，影响母猪繁殖生产。另外，其他矿物质元素可参照 NRC（1998）妊娠母猪矿物质需要标准酌情添加。

（4）维生素需要。妊娠母猪对维生素的需要有 13 种，日粮中缺乏将会出现母猪繁殖障碍乃至终生不育，可以根据 NRC（1998）妊娠母猪维生素需要量，配合饲粮时可酌情添加。

（5）水的需要。妊娠母猪日粮量虽较少，但为了防止其饥饿，增加饱腹感，粗纤维含量相对较高，一般为 8%～12%，所以对水的需要量较多，一般每头妊娠母猪日需要饮水 12～15L。供水不足往往导致母猪便秘，老龄母猪会引发脱肛等不良后果。

（二）妊娠母猪饲养

1. 总体要求　整个妊娠期间母猪的体重增加量，建议控制在 35～45kg 为宜，其中前期一半，后期一半。青年母猪第 1 个妊娠期增重达 45kg 左右为宜；第 2 个妊娠期增重 40kg 左右；第 3 个妊娠期以后，母猪妊娠期间增重 30～35kg 为宜。妊娠期间背膘厚增加 2～4mm 为宜，临产时背膘厚 P_2 一般为 20～24mm，过瘦、过肥均不利。妊娠母猪过肥易出现难产或产后食欲降低影响泌乳的后果。有关试验研究表明，妊娠期采食量提高1倍，则哺乳期采食量下降20%，并且哺乳期失重多。过瘦会造成胚胎过小或产后无乳，甚至还可以影响断奶后的母猪发情配种。鉴于上述情况，妊娠母猪提倡限制饲养，合理控制母猪增重，有利于母猪繁殖生产，母猪妊娠期日采食量与哺乳期日自由采食量和增重关系，见表1-9。

表1-9 母猪妊娠期日采食量与哺乳期日自由采食量和增重关系

（宋育．猪的营养．1995）

妊娠期日采食量（kg）	0.9	1.4	1.9	2.4	3.0
妊娠期共增重（kg）	5.9	30.3	51.2	62.8	74.4
哺乳期日自由采食量（kg）	4.3	4.3	4.4	3.9	3.4
哺乳期体重变化（kg）	6.1	0.9	−4.4	−7.6	−8.5

2. 饲粮配合 根据胚胎生长发育规律和妊娠母猪本身营养特点，依据饲养标准，结合当地饲料资源情况科学配合饲粮，注意各种饲料的合理搭配，保证胚胎正常生长发育。但是，有些养殖场为了节省精料，使用30%～50%以上的稻壳粉即所谓“稻糠”，饲喂妊娠母猪，导致母猪产后无乳、死胎增加或者断奶后不能按时发情配种，应引起注意。现代养猪生产，一则猪的生产水平较高；二则猪处于封闭饲养或半封闭饲养，接触不到土壤、青草和野菜，因此，所有营养只能靠人为添加供给，否则将影响生产水平的发挥，甚至不能繁殖生产。国外主张使用5%～10%的苜蓿草粉，苜蓿草粉中既有一定的蛋白质含量，又能饱腹，对母猪一生繁殖生产有益。近几年，国内外有些养殖场在母猪产前2～4周至仔猪断奶，向母猪饲粮中添加3%～7%动物脂肪，有利于提高仔猪初生重和育成率，有利于泌乳。

3. 饲喂技术 整个妊娠期本着“低妊娠、高泌乳”的原则，即削减妊娠期间的饲料给量，但要保证矿物质和维生素的供给。妊娠前1个月，由于胚胎比较脆弱易夭折，应加强饲养，特别是一些经产母猪，由于泌乳期间过度泌乳，导致其体况较瘦，应酌情提高饲养水平使其尽快恢复体况，保证胚胎正常生长发育。妊娠中期（40～90d）胎盘已经形成，胚胎对不良因素有一定的抵御能力。但也不能忽视此时期的饲养，若稍有大意也会造成胚胎生长发育受阻。妊娠后期（91d以后）胚胎处于迅速生长阶段。此时营养水平偏低，会影响仔猪的初生重，最终影响将来的仔猪育成。因此也应加强饲养，保证母猪多怀多产。

整个妊娠期间，严禁饲喂发霉变质饲料和过冷的饲料，并且控制粗饲料喂量。

鉴于上述情况，妊娠母猪的日粮量应根据母猪年龄、胎次体况体重灵活掌握。一般体重175～180kg的经产妊娠母猪背膘厚P_2为20～24mm时（包括皮厚），其三阶段的日粮为：前期2kg左右，中期2.1～2.3kg，后期3～3.5kg。现在有些国内外养殖场实行妊娠后期饲喂泌乳期饲粮。对于青年母猪，可相应增加日粮量10%～20%，以确保自身继续生长发育的需要；据测定妊娠母猪所居环境最佳温度是21～22℃，下限温度每降低1℃，母猪将增加日粮250g，因此，圈舍寒冷可增加日粮10%～30%。英国人惠特莫尔（Whittemore）1995年，将妊娠期母猪P_2值（mm）的变化与采食量简单地联系起来，$P_2=4.14F_i-9.3$（F_i：kg/d）。这样便于饲养者根据妊娠母猪背膘厚调整日粮，控制妊娠母猪体重的增长（本公式适用的环境温度是20℃，环境温度每降低1℃，F_i增加3.5%）。

生产实践证明妊娠母猪限制饲养归纳出以下几方面益处：①可以增加胚胎存活，特别是妊娠初期20～30d采取限制饲养，显著地提高了胚胎存活率和窝产仔数（表1-10）；②减少母猪难产；③减少母猪压死出生仔猪可能性；④减少母猪哺乳期失重；⑤有利于母猪泌乳期食欲旺盛；⑥降低养猪饲料成本；⑦减少乳房炎发病率；⑧减少肢蹄病发生率；⑨延长母猪使用寿命。

表 1-10　妊娠早期的采食量对青年母猪胚胎存活率的影响

（WH Close 等．母猪与公猪的营养．2003）

饲养水平（kg/d）		排卵数	胚胎总数	胚胎存活率（%）
1～3d	3～15d			
1.9	1.9	14.5	12.4	86
2.5	1.9	14.9	11.5	77
2.6	2.6	14.9	10.2	67

妊娠母猪限制饲喂方法有：

（1）单栏饲养法。利用单栏饲养栏单独饲喂，最大限度的控制母猪饲料摄入，节省一定的饲料成本，同时避免了母猪之间因抢食发生的咬架，减少机械性流产和仔猪出生前的死亡，但有些人反映由于限位栏面积过小，母猪无法趴下，长期站立，肢蹄病发生率增加，使母猪计划外淘汰率增加。

（2）隔日饲喂法。此饲养方法适于群养母猪，也就是将一群母猪一周的日粮集中 3d 喂饲，使用前应设计一个饲喂计划表，允许母猪在一周的 3d 中每日自由采食 8h，剩余 4d 不再投料，但要保证充足的饮水。

如每周一、周三、周五投放饲料 5.5～6.3kg，8h 自由采食。则每周合计喂料 16.5～18.9kg，平均每头母猪日粮为 2.3～2.7kg，此方法也能防止胆小体弱母猪吃不饱，造成一栏母猪体况不均或者影响胚胎生长发育。隔日饲喂法要求必须有一个宽阔的投料面积，使每头母猪都会有采食位置，以免咬架。另外饲喂时间不要过短，保证每头母猪一次采食吃饱。但此种方法受到西方动物福利人士的批评。

（3）日粮稀释法。在饲粮配合时使用一些高纤维饲料，如苜蓿草粉、干燥的酒糟、麦麸等，降低饲粮的能量浓度。稀释后的日粮具有较好的饱腹感，防止母猪饥饿躁动，影响其他母猪休息，同时也降低了饲料成本。

（4）母猪电子识别饲喂系统。使用电子饲喂器自动供给每头母猪预定饲喂量，计算机控制饲喂器，母猪耳标上密码或颈圈的传感器来识别母猪，当母猪要采食时，就来到饲喂器前，计算机就会供给一天当中一小部分饲料，此种方法 1 台饲喂器可饲养 48 头母猪，一天 24h 每 0.5h 为一期。

在妊娠母猪饲养过程中，必须供给充足、清洁、卫生和爽口的饮水。可以使用饮水器或饮水槽供给饮水，饮水器的高度一般为 55～65cm。水流量至少1 000mL/min；使用饮水槽饮水的养殖场，每天至少更换 3～4 次饮水。

任务二　妊娠母猪管理

1. 饲养方式　妊娠母猪多采取群养的饲养方式，一般每栏饲养 4～6 头为宜。应安排配种日期相近的母猪在一起饲养，便于调整日粮。妊娠母猪所需要的使用面积一般为每头 $2m^2$ 左右（非漏缝地板）。与此同时，一定要有充足的饲槽，保证同栏内所有妊娠母猪同时就食（饲槽长度应大于全栏母猪肩宽之和），防止有些母猪胆小吃不到料或因争抢饲料造成不必要的伤害和饲料损失。

2. 运动　在每个圈栏南墙可留一个供妊娠母猪出入的小门，其宽度为0.60～0.70m，高度1m左右。便于妊娠母猪出入舍外运动栏。有条件的养殖场可以进行放牧运动，即有利于母猪健康和胚胎发育，也有利于将来的分娩。

3. 创造良好环境　妊娠舍要求卫生、清洁，地面不过于光滑，要有一定的坡度便于冲刷，其坡度为3%～5%，有利于母猪行走，但不要过大或过小，坡度过大妊娠母猪趴卧不舒服，坡度过小冲刷不方便。圈门设计宽度要适宜，一般宽度为0.60～0.70m，防止出入挤撞。舍内温度控制在15～22℃，相对湿度50%～80%注意舍内通风换气。简易猪舍要注意防寒防暑，妊娠母猪环境温度超过32℃时，会导致胚胎死亡或中暑流产。妊娠猪舍要求安静，防止强声刺激引起母猪流产。

4. 防止流产

（1）流产原因。妊娠母猪流产通常有以下几种原因：

①营养性流产。妊娠母猪日粮中长期严重缺乏蛋白质会导致流产。长期缺乏维生素A、维生素E、维生素B_1、维生素B_2、泛酸、维生素B_6、维生素B_{12}、胆碱、锰、碘、锌等将引起妊娠母猪流产、胚胎吸收、产弱仔和畸形胎。硒添加过量时也会导致死胎或弱仔增加。母猪采食发霉变质饲料、有毒有害物质、冰冷饲料等也能引起流产。

②疾病性流产。当妊娠母猪患有卵巢炎、子宫炎、阴道炎、感冒发烧时可能会引起流产。有些传染病和寄生虫病将引起母猪中止妊娠或影响妊娠母猪正常产仔。如猪繁殖-呼吸障碍综合征、圆环病毒病、细小病毒病、乙型脑炎、伪狂犬病、肠病毒感染、猪脑心肌病毒感染、巨细胞病毒感染、猪瘟、狂犬病、布鲁氏菌病、李氏杆菌病、丹毒杆菌病、钩端螺旋体病、嗜血支原体病、弓形虫病等。

③管理不当造成流产。夏季高温天气引起中暑可以诱发母猪流产。妊娠母猪舍地面过于光滑，行走跌倒，出入圈门挤撞，饲养员拳打脚踢或不正确的驱赶、突发性惊吓刺激等都将会造成母猪流产或影响正常产仔。

另外，不合理用药、免疫接种不良反应等也可引起流产，如口蹄疫疫苗接种后有3%～7%的母猪流产。

（2）防止流产措施。针对上述流产原因，首先在妊娠母猪饲粮方面，应根据饲养标准结合当地饲料资源情况科学地进行配合。注意矿物质和维生素的合理添加，防止出现缺乏症和中毒反应。妥善调制、保管饲料，防止母猪食入发霉变质和有毒有害物质。根据本地区传染病流行情况，及时接种疫苗进行预防，并注意猪群的淘汰和隔离消毒。对患有某些传染病的种猪应进行严格淘汰，防止其影响本场及周围地区猪群健康。加强猪场内部管理，减少饲养员饲养操作带来的应激。禁止母猪在光滑的水泥地面上或冰雪道上行走或运动，控制突发噪声等。

5. 其他方面　初配母猪妊娠后期应进行乳房按摩，有利于乳腺系统发育，有利于泌乳。猪场根据本地区传染病流行情况，在妊娠期间进行疫苗的免疫接种工作（但加拿大主张妊娠期间严禁使用活疫苗，以防胚胎感染）。如果妊娠母猪感染了寄生虫，应该进行体内外驱虫工作，掌握好用药剂量和用药时间，谨防中毒。母猪在妊娠15周时使用0.1%的高锰酸钾水溶液或者0.1%过氧乙酸水溶液（35～38℃）进行全身淋浴消毒，猪身体干燥后，将其迁入分娩舍待产。这个时期养殖场可根据疾病的流行情况，产前在饲粮中添加抗生素1周，预防一些疾病的发生。如支原净100～150mg/kg，强力霉素100～150mg/kg，连喂7d。

项目六　分娩接产

知识准备　分娩前准备工作

1. 分娩舍的准备和消毒　分娩舍要求经常保持清洁、卫生、干燥，舍内温度为15～22℃，相对湿度50%～80%。在使用前1周，用2%氢氧化钠水溶液或其他消毒液进行彻底消毒，6～10h后用清水冲洗，通风干燥后备用。其分娩栏所需要的数量根据工厂化猪场和非工厂化猪场两种情况分别进行计算。工厂化猪场所需分娩栏（床）数量=周分娩窝数×（使用周数+2），其中，2=1［分娩栏（床）消毒准备周数］+1（母猪待产周数）。例如：某一猪场每周分娩35窝，仔猪3周龄断奶，则该猪场应准备分娩栏（床）为35×（3+2）=175（个）；非工厂化猪场所需数量的计算方法，首先根据仔猪断奶时间和以往母猪配种分娩率（一般为85%），计算出全年猪场产仔窝数，然后根据断奶时间、母猪待产时间和分娩栏（床）消毒准备时间，计算出每一个分娩栏（床）年使用次数。

$$全年需要分娩栏（床）数=\frac{全年产仔窝数}{分娩栏（床）年使用次数}$$

例如：某一猪场有基础母猪100头，仔猪实行4周龄断奶，母猪在分娩栏（床）待产1周，分娩栏（床）消毒准备时间1周。则该场全年产仔窝数为100×365÷（114+28+7）×85%=208窝，分娩栏（床）年使用次数=52÷（4+2）=8.7（次），全年需要分娩栏（床）=208÷8.7=23.9（个），该猪场应准备分娩栏（床）至少24个。

2. 备品准备　根据需要准备高床网上产仔栏、仔猪箱、擦布、剪刀、耳号钳子或耳标器和耳标、剪牙器或偏嘴钳子、断尾器、记录表格、5%碘酊、0.1%高锰酸钾水溶液或0.1%洗必泰水溶液、注射器、3%～5%来苏儿、医用纱布、催产素、肥皂、毛巾、面盆、应急灯具、活动隔栏、计量器具（秤）、液体石蜡等。北方寒冷季节舍内温度达不到15～22℃时应准备垫料、250W红外线灯或电热板等。

任务一　母猪产前饲养管理

母猪于产前1周转入产房，便于其熟悉环境，有利分娩，但不要转入过早，防止污染环境。非集约化猪场产前1～2周停止放牧运动。如果母猪有体外寄生虫，应进行体外驱虫，防止其传播给仔猪。进入产房后应饲喂泌乳期饲粮，并根据膘情和体况决定增减料，正常情况下大多数母猪此时膘情较好（P_2值20～24mm），应在产前3d进行逐渐减料，直到临产前1d其日粮量为1.2～1.5kg。如果因各种原因导致母猪体况不好（P_2值20mm以下）应酌情增加饲料给量。产仔当天最好不喂或少喂，但要保证饮水。有研究认为，母猪在妊娠最后30d应饲喂泌乳期饲粮，并且在产前1周也不减料，有利于提高仔猪初生重。但要求母猪不应过于肥胖，以免造成分娩困难乃至影响泌乳。如果环境卫生条件较差或母猪体质较弱，在产前1周可以向母猪饲粮中添加泰乐菌素、阿莫西林、金霉素或强霉素等，这样做也可以减少仔猪下痢的发生。添加剂量为：泰乐菌素 100mg/kg、强霉素 100mg/kg。对于由于其他原因造成妊娠母猪体况偏瘦的，不但不应减少日粮给量，还应增加一些富含蛋白质、矿物质、维生素的饲料，确保母猪安全分娩和将来泌乳。

目前国内外有些养殖场通过向母猪饲粮中添加 3%～7%的动物脂肪，可以显著提高仔猪育成率和母猪泌乳力。值得指出的是，母猪产前患病必须及时诊治，以免影响分娩、泌乳和引发仔猪黄痢等病。

任务二　接　　产

1. 母猪产仔前征兆　母猪产前 4～5d 乳房开始膨胀，初产母猪更是如此，两侧乳头外张，乳房红晕丰满。阴门松弛变软变大，由于骨盆开张，尾根两侧下凹。有的母猪产前 2～3d 可以挤出清乳，多数母猪在产前 12～24h 可以很容易挤出浓稠的乳汁，泌乳性能较好的母猪乳汁外溢，但个别母猪产后才有乳汁分泌。母猪产仔前 6～10h 左右出现叼草做窝现象，即使没有垫草其前肢也会做出拾草动作。与此同时，母猪行动不安，一会趴卧下，一会站起来行走，当有人在旁边时，母猪出现哼哼叫声。产前 2～5h 频频排泄粪尿，产前 0.5～1h 母猪卧下，出现阵缩（子宫在垂体分泌的催产素作用下不自主而有规律的收缩），阴门流出淡红色或淡褐色黏液即羊水流出。这时接产人员应将所有接产应用之物准备好，做好接产准备。

2. 仔猪接产　当母猪安稳地侧卧后，发现母猪阴道内有羊水流出，母猪阵缩频率加快且持续时间变长，并伴有努责时（腹肌和膈肌的收缩），接产人员应进入分娩栏内。若在高床网上分娩应打开后门，接产人员应蹲在或站立在母猪后侧，将母猪外阴、乳房和后躯用 0.1%的高锰酸钾溶液擦洗消毒，然后准备接产，具体接产方法见实训操作十一：仔猪接产。

3. 母猪难产处理

（1）正常分娩过程。母猪从产第一头仔猪产出到胎衣排出，整个分娩过程持续时间为 2～4h，多数母猪 2～3h。产仔间隔时间一般为 10～15min。

（2）难产。由于各种原因致使分娩进程受阻称为难产。难产率一般为 3%左右。难产多数情况下是由于母猪产道狭窄、患病、身体虚弱、分娩无力，母猪初配年龄过早或体重过小，母猪年龄过大，母猪偏肥、偏瘦造成的，或者因为胎位不正、胎儿过大造成。难产可以分为起始难产和分娩过程中难产。起始难产是指羊水流出时间超过 30min，母猪出现躁动或疲劳，精神不振，这时应立即实施难产处理；分娩过程中难产多数是由于胎位不正或胎儿过大造成的。母猪表现产仔间隔时间变长并且多次努责，激烈阵缩，仍然产不出仔猪。母猪呼吸急促、心跳加快、烦躁紧张、可视黏膜发绀等均为难产症状，应立即进行难产处理。

（3）难产处理。母猪发生难产时，对于产道正常、胎儿不太大、胎位正常的处理方案是进行母猪乳房按摩，用双手按摩前边 3 对乳房 5～8min，可以促进催产素的分泌，有利于分娩。按摩乳房不奏效可实施肌内注射催产素，剂量为：每 50kg 体重 10IU，注射部位为臀部肌肉。注射后 20～30min，可能有仔猪产出。如果注射催产素助产失败或者产道异常、胎儿过大、胎位不正，应实施手掏术。术者首先要认真剪磨指甲，用 3%的来苏儿消毒手臂，并涂上液体石蜡或肥皂，蹲在高床网上产仔栏后面或侧卧在母猪臀后（平面产仔）。手成锥状于母猪努责间隙，慢慢地伸入母猪产道（先向斜上后直入），使用食指和中指挂住胎儿耳后，将胎儿慢慢拉出。如果胎儿是臀位时，可直接抓住胎儿后肢将其拉出，不要拉得过快以免损伤产道。掏出一头仔猪后，可能转为正常分娩，不要再掏了。如果实属母猪分娩子宫收缩乏力，可全部掏出。注意：凡是进行过手掏术的母猪，均应抗炎预防治疗5～7d，以免产后感染影响将来的发情、配种和妊娠。至于剖宫产，除非品种稀少或种猪成本昂贵，否则不予提倡，因为剖宫产使用药品较多，且母猪术后护理较困难。

4. 假死仔猪急救　假死仔猪是指出生时没有呼吸或呼吸微弱，但心脏仍在跳动的仔猪。遇到这种情况应立即抢救，具体方法见实训操作十一。

任务三　母猪产后饲养管理

1. 母猪产后饲养　母猪产后由于腹内在短时间内排出的内容物容积较大，造成母猪饥饿感增强，但此时不要马上饲喂大量饲料。因为此时胃肠消化功能尚未完全恢复，一次性食入大量饲料会造成消化不良。产后第一次饲喂时间最好是在产后2～3h，并且严格掌握喂量，一般只给0.5kg左右。以后日粮量逐渐增加，产后第1天，2kg左右；第2天，2.5kg左右；第3天，3kg左右；产后第4天，体重170～180kg带仔10～12头的母猪可以给日粮5.5～6.5kg。要求饲料营养丰富，容易消化，适口性好，同时保证充足的饮水。

2. 母猪产后管理　母猪产后身体很疲惫需要休息，在安排好仔猪吃足初乳的前提下，应让母猪尽量多休息，以便迅速恢复体况。母猪产后应将胎衣及被污染垫料清理掉，严禁母猪生吃胎衣和嚼吃垫草，以免母猪养成食仔恶癖和造成消化不良。母猪产后3～5d内，注意观察母猪的体温、呼吸、心跳、皮肤黏膜颜色、产道分泌物（产道分泌物2～3 d干净）、乳房、采食、粪尿等，一旦发现异常应及时诊治，防止病情加重影响正常的泌乳和引发仔猪下痢等病。生产中常出现乳房炎、产后生殖道感染、产后无乳等病例，应引起充分注意，以免影响整个生产。

项目七　泌乳母猪生产

知识准备

一、母乳成分和作用

1. 母乳成分　猪乳成分与其他家畜乳比较，干物质含量多，蛋白质、矿物质含量高，见表1-11。

表1-11　各种家畜乳成分

（李立山．养猪与猪病防治．2006）

畜别	水分（%）	干物质（%）	干物质中			
			蛋白质（%）	脂肪（%）	乳糖（%）	矿物质（%）
乳牛	86.30	13.70	4.00	4.03	5.00	0.70
水牛	82.20	17.80	4.70	7.80	4.50	0.80
马	89.50	10.50	2.30	1.70	6.10	0.40
绵羊	83.44	16.56	5.15	6.14	4.17	1.10
山羊	86.88	13.12	3.76	4.07	4.44	0.85
猪	80.95	19.05	6.25	6.50	5.20	1.10

2. 母乳的作用　母乳是仔猪生后1周内唯一的营养来源，仔猪生后2周内生长发育所需的各种营养物质主要来源于母乳。初乳是迄今为止任何代乳品所不能替代的一种特殊乳品，由此可见，养好泌乳母猪对于仔猪成活和生长发育十分重要。

二、母猪泌乳机制和影响因素

（一）泌乳机制

1. 乳房的构造　母猪的乳房构造比较特殊，每个乳房均没有贮备乳汁的乳池，而是由1～3个乳腺体组成的。每个乳腺体是由许多的乳腺泡汇集成一些乳腺管，这些乳腺管最后又汇集成乳头管开口于乳头，其结构不同于其他家畜，泌乳机制也有区别。除产后最初的1～3d外，其余时期如果仔猪不拱揉刺激是吃不到乳的。猪的所有乳房中乳腺数量并不是相等的，其中前边乳房的乳腺数多于中部，中部又多于后部。乳腺的数量直接影响着每个乳房的泌乳量，乳腺数量多，泌乳量就多。因此，前边乳房的泌乳量高于中、后部的乳房。

2. 泌乳机制　母猪的泌乳是受神经和内分泌双重调节的，每一次放乳均是由于仔猪用嘴拱揉乳房产生神经刺激，经神经传到大脑神经中枢，在神经系统的干预下，促使脑下垂体释放排乳激素进入血液中。在排乳激素作用下，乳腺泡开始收缩产生乳汁流淌到乳腺管内，由乳腺管又流淌到乳头管。由于无乳池结构，此时仔猪便吃到了乳。排乳激素的活性在血液中很快被破坏，导致母猪排乳时间较短，一般只有15～30s。每次排乳过程是个别仔猪一边带头拱揉母猪乳房，一边饥饿鸣叫。母猪在仔猪的鸣叫下，做出“哼哼”召唤仔猪反应，使得其他仔猪同时来拱揉乳房，母猪这时应声侧卧，经过一窝仔猪一段时间（1～2min）的拱揉下，母猪发出急迫的“哼哼”叫声，说明此时已排乳，可以看到仔猪的吞咽动作。母猪排乳后，仔猪往往不肯离去，继续拱揉，但无济于事。因为此时母猪整个泌乳系统会产生生理上的不应期，必须经一段时间（40～60min）的生理调整方可再度恢复泌乳。母猪产后1～3d由于母猪体内催产素水平相对较高，导致无需拱揉刺激即可随时排乳。

（二）影响泌乳因素

1. 品种　不同的品种或品系其泌乳量不同，一般瘦肉型品种（系）的泌乳量高于肉脂兼用型或脂肪型，见表1-12。

表1-12　不同品种不同阶段泌乳量

单位：kg

品种＼产后天数	10	20	30	40	50	60	平均	全期
金华猪	5.17	6.50	6.70	5.56	4.80	3.50	5.47	328.20
民猪	5.18	6.65	7.74	6.31	4.54	2.72	5.65	339.00
哈白猪	5.79	7.76	7.65	6.19	4.10	2.98	5.74	344.40
枫泾猪	9.29	10.31	10.43	9.52	8.94	6.87	9.23	553.80
大白猪	11.20	11.40	14.30	8.10	5.30	4.10	9.27	557.40
长白猪	9.60	13.33	14.55	12.34	6.55	4.56	10.31	618.60
平均	7.81	9.33	10.23	8.00	6.21	4.12	7.60	456.90

2. 年龄（胎次）　正常情况下，第1胎的泌乳量较低，第2胎开始上升，第3、4、5、6胎维持在一定水平上，第7、8胎开始下降，因此，现在工厂化养猪主张母猪产后7～8胎淘汰。

3. 哺乳仔猪头数　母猪带仔头数的多少将影响着泌乳量，带仔头数多，则母猪泌乳量就高，但每头仔猪日获得的乳量却减少了，见表1-13。

表1-13　母猪哺乳头数对泌乳量的影响

哺乳仔猪头数	母猪的日泌乳量（kg）	每头仔猪日获得乳量（kg）
6	5～6	1.0
8	6～7	0.9
10	7～8	0.8
12	8～9	0.7

4. 营养　营养水平高低直接影响着母猪的泌乳量，特别是能量、蛋白质、矿物质、维生素、饮水等对母猪泌乳性能均有影响。为了提高母猪泌乳量，提高仔猪生长速度，应充分满足母猪所需要的各种营养物质。

5. 乳头位置　乳头位置不同，泌乳量不同。原因是由于乳房内的乳腺体数不同。一般前3对乳头泌乳量高于中、后部乳头，见表1-14。

表 1-14 不同乳头位置的泌乳量比例

乳头位置	1	2	3	4	5	6	7
所占泌乳量比例（%）	23	24	20	11	9	9	4

由表 1-14 可见，前 6 对乳头泌乳量可以满足仔猪的哺乳需要，第 7 对乳头泌乳量较少。

6. 环境 温、湿度适宜，安静舒适有利于泌乳，反过来高温、高湿、低温、噪声干扰等环境将使母猪泌乳量降低。

任务一 泌乳母猪饲养

（一）泌乳母猪营养需要

母猪在整个泌乳期分泌大量乳汁，现代瘦肉型猪种产后 3～5 周内平均每昼夜泌乳 8～10kg。由于泌乳排出大量的营养物质，如果不及时供给将会影响母猪泌乳和健康，因此，应根据饲养标准，满足泌乳母猪所需要的各种营养物质。

1. 能量需要 泌乳母猪能量需要取决于很多因素：

①妊娠期间营养水平决定了母猪开始泌乳时的体能储备和泌乳期间的采食量和体重变化，从而影响母猪的能量需要。

②泌乳期间体重损失及整个繁殖周期的体重变化也有重要影响。母猪的体能很容易被动员，使泌乳的实际能量需要量降低。体重损失成分不同，损失体重的能值就有差异。使得泌乳的能量需要量降低程度不同。繁殖母猪在一生中，不仅体重变化较大，而且身体成分也发生了很大变化。除了母猪正常生长发育导致的差异外，能量供给水平是导致其差异的主要因素，当泌乳母猪能量摄入不足时，母猪就会动用体内脂肪和蛋白质，使其表现消瘦。

③母猪食欲影响采食量，进而影响能量摄入量。母猪食欲取决于妊娠期间体况、环境温度。母猪妊娠期间过于肥胖、环境温度偏高导致母猪食欲不佳，见表 1-15。同时饲料的类型、适口性和饲养方式等也会影响母猪采食量，最终影响能量摄入量。

表 1-15 环境温度对母猪采食量、体重损失和仔猪体重影响

（宋育．猪的营养．1995）

项 目	试验 1		试验 2	
环境温度（℃）	27	21	27	16
母猪头数（头）	20	20	16	16
母猪日采食量（kg）	4.6	5.2	4.2	5.6
母猪体重损失（kg）	21	13.5	22	13
仔猪 28 日龄体重（kg）	6.2	7.0	6.4	7.3

④产仔数、仔猪体重、生活力等均能影响能量需要。母猪产仔数多、仔猪窝重大、仔猪生活力强等将会使母猪能量需要增加。

⑤哺乳期长短既影响母猪的总泌乳量，又影响母猪的哺乳期体重损失。表 1-16 显示的是泌乳期不同阶段母猪的能量需要量计算值，说明泌乳前 2 周泌乳量少，饲料需要量就少；3～4 周泌乳量增加，饲料需要量就多。泌乳期越短，泌乳对饲料能量的需要量就越低。与此同时，缩短哺乳期可以减少母猪的体重损失，容易保持母猪整个繁殖周期内能量的正平衡。能量平衡状况影响着饲料能的转化率，当母猪保持能量正平衡时，饲料能转化为乳能的效率为 32%；而负平衡时为 48%。

表 1－16　泌乳期不同阶段的能量需要量计算值

（宋育．猪的营养．1995）

项　　目	泌乳周数	
	第 1、2 周	第 3、4 周
泌乳量（kg/d）	5.8	7.15
乳能含量（MJ/d）①	26.22	32.22
饲料需要量（kg/d）②	6.6	8.15

注：①假定含能 4.52MJ/kg；②假定含消化能 12.55MJ/kg。

泌乳母猪的能量需要可用析因方法来分析，估计其能值时应考虑到维持需要、泌乳需要和泌乳期间体重损失所需的能量等。

对于泌乳母猪的维持需要量，NRC（1998）建议泌乳母猪每天维持能量需要量为 443kJ ME/kg $BW^{0.75}$（代谢体重）或 460kJ DE/kg $BW^{0.75}$。

泌乳的能量需要取决于泌乳量、乳能含量和饲料转化率。产乳量则因品种、带仔头数、泌乳阶段、营养水平、环境条件的不同而异。乳的能量含量一般为 5.2～5.3MJ/kg。母猪在泌乳期间（3～5 周）的体重损失为 9～15kg，体重损失的主要成分为脂肪，而脂肪的能量含量为 39.4MJ/kg。由此可以计算出整个泌乳期间的体重损失所需总能量。利用上述析因法确定不同泌乳母猪能量需要的数值列入表 1－17，作为泌乳母猪能量需要量的析因估计。

表 1－17　泌乳母猪能量需要量的析因估计

（宋育．猪的营养．1995）

哺乳阶段（周）	体重（kg）	MEm MJ/d	泌乳量（kg/d）	泌乳需要（MJME/d）	失重（kg/d）	失重能值（MJME/d）	总 ME 需要（MJ/d ）
1	159.1	19.7	5.1	40.8	0.13	6.2	54.3
2	157.8	19.5	6.5	52.0	0.18	8.3	63.2
3	156.4	19.4	7.1	56.8	0.20	9.5	66.7
4	154.9	19.3	7.2	57.6	0.21	9.5	67.4
5	153.5	19.1	7.0	56.0	0.21	9.5	65.6
6	152.2	19.0	6.6	52.8	0.18	8.3	63.5
7	151.0	18.9	5.7	45.6	0.18	8.3	56.2
8	150.0	18.8	4.9	39.2	0.14	6.6	51.4

NRC（1998）提供的青年泌乳母猪和成年泌乳母猪每天能量和饲料需要量，见表 1－18。

表 1－18　青年泌乳母猪和成年泌乳母猪每天能量和饲料需要量

采食和生产水平	分娩后泌乳母猪体重（kg）		
	145	165	185
产奶量（kg）	5.0	6.25	7.5
能量需要量（MJ DE/kg 饲粮）			
维持①	18.8	20.9	23.0
产奶②	41.8	52.3	62.8
总数	60.6	73.2	85.8
饲料需要量（kg/d）③	4.4	5.3	6.1

注：①每天维持需要量是 460kJ DE/kg $BW^{0.75}$；②产奶需要 8.4MJ DE/kg 奶；③每天饲料需要量依据含 13.97MJ DE/kg。

综合考虑妊娠期和泌乳期母猪的能量供给，应采取“低妊娠、高泌乳”的原则，可以使母猪得到最佳的饲喂效果。妊娠期间营养水平过高会导致母猪体重增加过大，泌乳期间食欲下降，泌乳量降低等不良后果。泌乳期间特别是产后 2～4 周能量供给不足，母猪的泌乳量下降，泌乳期体重损失过大，对母猪泌乳和自身健康不利，还会造成仔猪断奶后母猪发情配种时间延长，母猪淘汰率增加等。

2. 蛋白质、氨基酸的需要 泌乳母猪的蛋白质、氨基酸需要量同样分为维持需要和泌乳需要两个部分。对泌乳母猪蛋白质维持需要量的研究较少，多借鉴妊娠母猪数据，一般为 86～90g/d 可消化粗蛋白。NRC（1998）推荐泌乳母猪每日真回肠可消化赖氨酸量为每千克代谢体重 36mg。泌乳蛋白质需要量，应根据母猪日平均泌乳量和乳中蛋白质含量来计算。例如母猪日平均泌乳 9kg，乳中蛋白质含量为 5.7%，则泌乳母猪每日由乳排出的蛋白质 513g，可消化粗蛋白用于合成乳蛋白的效率为 70%，则泌乳蛋白质需要量为 733g 可消化粗蛋白。如母猪自身蛋白质略有增长，设每日增长 50g，需可消化粗蛋白 70g，则蛋白质的总需要量为 803g 可消化粗蛋白。日粮粗蛋白质消化率为 80%，则日粮提供蛋白质为 1 006g。据报道，母猪日食入蛋白质低于 650g 会降低泌乳量，增加体蛋白分解速度。NRC（1998）推荐泌乳母猪体重 175kg（产后），带仔 12 头，仔猪预期日增重 250g，母猪 4 周泌乳失重 10kg 情况下，母猪每日应采食粗蛋白质为 1 086g（粗蛋白质 19.3%，日粮 5.66kg）。对泌乳所需赖氨酸，NRC（1998）推荐量为每千克窝增重需 22g 表观回肠可消化赖氨酸。如果日粮中赖氨酸供给不足（玉米-豆粕型日粮），母猪将会分解自身组织用于泌乳，造成泌乳母猪失重过大，延长其断奶后发情配种时间，减少母猪年产仔窝数。据研究表明，日粮中赖氨酸水平为 0.60%（35g/d）与日粮中含 0.75%～0.90%赖氨酸相比（45～55g/d），哺乳仔猪多的高赖氨酸泌乳母猪不仅泌乳量大（由仔猪断奶体重增加反映）而且失重少。断奶后 1 周左右发情配种率较高。其他氨基酸的需要量可参照 NRC（1998）标准酌情执行。

3. 矿物质需要 猪乳中含有 1%左右的矿物质，其中钙 0.21%，磷 0.15%，钙磷比为 1.4∶1。日粮中钙、磷不足或比例不当，一则母猪泌乳量下降，影响仔猪生长发育；二则影响母猪的身体健康，出现瘫痪、骨折等不良后果。NRC（1998）推荐的钙、磷供给量为钙 0.75%、总磷 0.60%、有效磷 0.35%，同时要求泌乳母猪日粮至少为 4～5kg，如果日粮低于这个数字，应酌情增加日粮中钙、磷的浓度，使母猪日采食钙至少 40g，磷至少 31g，从而保证母猪既能正常发挥泌乳潜力，哺乳好仔猪，又不会使自身健康受到影响，减少母猪计划外淘汰率，提高养猪生产经济效益。

其他矿物质如铁、铜、锌、硒、碘、锰等也应根据 NRC（1998）推荐标准酌情执行。据报道，泌乳母猪日粮中添加高铜可使仔猪断奶体重增加。母猪日粮中硒缺乏，会导致哺乳仔猪出现白肌病、营养性肝坏死和桑葚心等，降低仔猪育成率。

泌乳母猪日粮中食盐的含量应为 0.5%（NRC，1998），夏季气候炎热，舍内无降温设施，母猪食欲减低时，可添加到 0.6%左右。增加盐的前提条件，必须保证清洁、卫生、爽口的饮水。

4. 维生素需要 猪乳中维生素的含量取决于日粮中维生素的水平，因此应根据饲养标准添加各种维生素。但是饲养标准中推荐的维生素需要，只是最低数值，实际生产中的添加量往往是饲养标准的 2～5 倍。特别是维生素 A、维生素 D、维生素 E、生物素、维生素 B_1、维生素 B_2、维生素 B_6、叶酸，对于高生产水平和处于封闭饲养的泌乳母猪格外重要。

5. 水的需要　泌乳母猪除了能量、蛋白质和氨基酸、矿物质和维生素满足供给外，还应特别注意水的供给，猪乳中含有80%左右的水，饮水不足会使母猪泌乳量下降，甚至影响母猪身体健康。泌乳母猪每日饮水量为其日粮量的4～5倍，同时要保证饮水的质量。

（二）泌乳母猪饲养

1. 总体要求　1头泌乳母猪每天泌乳8～10kg，保证10～12头仔猪正常生长发育，4周龄体重达8～10kg；泌乳母猪在3～5周的泌乳期内体重损失控制在7.5%以下，背膘厚减少2mm以下，保证仔猪断奶后1周左右，母猪发情配种。

2. 饲粮配合　在饲粮时其消化能的浓度为14.21MJ/kg；粗蛋白质水平一般应控制在16.3%～19.2%较为适宜。生产实践中发现，当母猪日粮中蛋白质水平低于12%时，母猪泌乳量显著降低，仔猪也容易患下痢，仔猪断奶后，母猪体重损失过多，最终影响仔猪断奶后母猪再次发情配种等。在考虑蛋白质数量的同时，还要注意蛋白质的质量。蛋白质质量实质是氨基酸组成及含量问题，在以玉米-豆粕-麦麸型日粮中，赖氨酸作为第一限制性氨基酸，如果供给不足将会出现母猪泌乳量下降，母猪失重过多等后果，因此应充分保证泌乳母猪对必需氨基酸的需要。特别是限制性氨基酸更应给予满足。实际生产中，多用含必需氨基酸较丰富的动物性蛋白质饲料，来提高饲粮中蛋白质质量，也可以使用氨基酸添加剂达到需要量。最后日粮中赖氨酸水平应在0.75%左右。动物性蛋白质饲料多选用进口鱼粉，一般使用比例为5%左右，植物性蛋白质饲料首选豆粕，其次是其他杂粕。值得指出的是棉粕、菜粕除毒、减毒不彻底的情况下不能使用，以免造成母猪蓄积性中毒，影响以后的繁殖利用。如果蛋白质数量较低质量较差、赖氨酸水平偏低，将会降低泌乳量或造成母猪过度消瘦，甚至影响将来的再利用，使之过早淘汰，增加种猪成本。

日粮中矿物质和维生素含量不仅影响母猪泌乳量，而且也影响母猪和仔猪的健康。在矿物质中，如果钙磷缺乏或钙磷比例不当，会使母猪的泌乳量降低。有些高产母猪也会由于过度泌乳，日粮中又没有及时供给钙磷的情况下，动用了体内骨骼中的钙和磷，而引起瘫痪或骨折，造成高产母猪利用年限降低。泌乳母猪日粮中的钙一般为0.75%左右，总磷0.60%左右，有效磷0.35%左右，食盐0.4%～0.5%。钙磷一般常使用磷酸氢钙、石粉等来满足需要。现代养猪生产，母猪生产水平较高，并且处于封闭饲养条件下，其他矿物质和维生素也应该添加，反之将来影响母猪泌乳性能和仔猪身体的健康。

有资料报道，母猪的妊娠后期或泌乳期，日粮中添加7%～15%的脂肪可提高产奶量8%～30%，初乳和常乳的脂肪含量提高1.8%和1%，从初生到断奶（3周）的存活率增加2.6%，窝产仔数增加0.3头。仔猪存活数量增加的原因是添加脂肪的母猪所产仔猪初生重增加，体内糖原和体脂肪贮存增加，增强了仔猪出生后对外界环境的适应能力。另外一个重要原因是产乳量增加和乳中脂肪含量增加，提高了新生仔猪对能量的摄食量。与此同时，通过添加脂肪可以减少泌乳母猪的失重，缩短断奶到配种的时间。值得指出的是目前认为添加饱和脂肪酸含量高的好于饱和脂肪酸含量低的，如可可油或牛油好于豆油，但日粮中添加的脂肪量不要超过10%，以免影响适口性和造成饲料酸败。日粮中添加脂肪适用于高温或低温的环境条件，便于母猪采食一定的能量，有利于母猪生产。

哺乳仔猪生长发育所需要的各种维生素均来源于母乳，而母乳中的维生素又来源于饲料，因此日粮中维生素将影响仔猪对维生素的需求。饲养标准中的维生素推荐量只是最低需要量，现在封闭式饲养，泌乳母猪的生产水平又较高，基础日粮中的维生素含量已不能满足泌乳母猪的需要，必须靠添加来满足其需要。并且实际生产中的添加剂量往往高于饲养标准。特别是维生素A、维生素D、维生素E、维生素B_2、维生素B_5、维生素B_6、泛酸、维生素B_{12}等应是标准的几倍。一些维生素缺乏症，有时不一定在泌乳期得以表现，而是影响以后的繁殖性能，为了使母猪继续使用，在泌乳期间必须给予充分满足。

3. 饲喂技术 本着“低妊娠、高泌乳”原则。体重175kg左右的母猪，带仔猪10～12头的情况下，饲粮中消化能的浓度为14.12MJ/kg，日粮量为5.5～6.5kg，可保证食入消化能总量为78～92MJ。如果泌乳母猪定时饲喂，每日应该饲喂4次左右，以生湿料喂饲效果较好。如果夏季气候炎热，舍内没有降温设施，会使母猪食欲下降，为了保证母猪食入所需要的能量，可以在其日粮中添加3%～7%的动物脂肪或植物油；冬季舍内温度达不到15～22℃时，母猪体能损失过多，影响了母猪泌乳，建议增加日粮给量或是向日粮中添加3%～5%的脂肪，以保证泌乳母猪所需要的能量，充分发挥母猪的泌乳潜力。如果母猪日粮能量浓度低或泌乳母猪吃不饱，母猪表现不安，容易踩压仔猪。因此，建议母猪产仔后第4天起自由采食，有利于泌乳和身体健康。同时母猪日粮给量过少，导致泌乳期间体重损失过多，身体过度消瘦，造成断奶后母猪不能正常发情配种。英国人惠特莫尔（Whittemore）1995年，将泌乳期母猪P_2值（mm）的变化与采食量简单地联系起来，$P_2=0.049F_i-0.396$（F_i：kg/d）。这样便于饲养者根据泌乳母猪背膘厚调整日粮，控制泌乳母猪体重的损失，

猪乳中水分含量80%左右，泌乳母猪饮水不足，将会使其采食量减少和泌乳量下降，严重时会出现体内氮、钠、钾等元素紊乱，诱发其他疾病。一头泌乳母猪每日需饮水为日粮重量的4～5倍左右，一般为20～30L。在保证数量的同时还要注意饮水的质量，必须保证饮水充足、卫生、清洁、无任何杂质、爽口，尤其是夏季应保证饮水清凉爽口。冬季不要过凉，防止饮入体内后不舒服。饮水方式最好使用自动饮水器，其高度为母猪肩高加5cm（一般为55～65cm）既保证经常有水可饮，又节水卫生，饮水器水流量至少1 000mL/min。如果没有自动饮水装置，应设立饮水槽，水槽每天至少更换饮水4次，保证饮水卫生清洁，严禁饮用不符合饮水标准的水。

任务二 泌乳母猪管理

泌乳母猪应饲养在一个温湿度适宜、卫生清洁、无杂乱噪声的猪舍环境内。冬季要有保温取暖设施；夏季要注意防暑降温和通风换气，雨季要注意防潮，床面应无潮湿现象，粪便要及时清除以免产生有害气体。泌乳母猪舍的温度一般为15～22℃，相对湿度50%～80%。据试验测定，理想的温度为21～22℃，上限温度每增加1℃，每头母猪每日饲料摄取将减少100g。不要在泥土地上养猪，以免增加寄生虫感染机会。经常观察母猪的采食、排泄、体温、皮肤黏膜颜色，注意乳房炎的发生及乳头的损伤。发现异常现象应及时采取措施，防止其影响泌乳引发仔猪黄痢或白痢等疾病。

有条件的猪场可以在母猪产后2周左右，由母猪带仔猪进行放牧运动。这样有益母仔的健康，但时间要掌握好，以保证母猪饲喂、饮水时间，放牧距离也不要过远，免得母仔疲劳。如果环境较差或母猪体况不佳，泌乳母猪在产后1～2周内可实行保健饲养法，减少疾病有利泌乳。具体做法是：泌乳母猪日粮中添加泰乐菌素和阿莫西林或强力霉素，添加量为

100～150mg/kg。除此之外还应根据某些传染病流行情况进行猪瘟和其他传染病的免疫接种工作。

小知识　防止母猪少乳、无乳措施

1. 原因

（1）营养方面。母猪在妊娠期间能量水平过高或过低，使得母猪偏肥或偏瘦，造成母猪产后无乳或泌乳性能不佳，泌乳母猪蛋白质水平偏低或蛋白质品质不好，日粮中严重缺钙、缺磷，或钙磷比例不当，饮水不足等都会出现无乳或乳量不足。

（2）疾病方面。母猪患有乳房炎、链球菌病、感冒发烧、肿瘤、消化不良、传染性胃肠炎和流行性腹泻等疾病将出现无乳或乳量不足。

（3）其他方面。高温、低温、高湿、环境应激，母猪年龄过小、过大等，都会出现无乳或乳量不足。

2. 防止母猪无乳或乳量不足的措施　根据饲养标准科学配合日粮，满足母猪所需要的各种营养物质，特别是封闭式饲养的母猪，更应格外注意各种营养物质的合理供给，在确认无病、无管理过失、加强母猪饲养管理的情况下，可以选择使用下列方法之一进行催乳。

（1）将胎衣洗净煮沸 20～30min，去掉血腥味，然后切碎，连同汤汁一起拌在饲料中分 2～3 次饲喂给无乳或乳量不足的母猪。严禁生吃胎衣，以免出现消化不良或养成食仔恶癖。

（2）产后 2～3d 内无乳或乳量不足，可给母猪肌内注射催产素，剂量为 100kg 体重 10IU。

（3）用淡水鱼或猪内脏、猪蹄、白条鸡等煎汤拌在饲料中进行喂饲。

（4）泌乳母猪适当喂一些青绿多汁饲料，可以增加母猪的乳量，但要控制量，防止饲喂过多的青绿饲料而影响混合精料的采食，造成能量、蛋白质、矿物质相对不足，造成母猪过度消瘦，甚至瘫痪、骨折。

（5）中药催乳法。王不留行 36g、漏芦 25g、天花粉 36g、僵蚕 18g、猪蹄 2 对，水煎分两次拌在饲料中喂饲。

知识链接

知识链接一　猪的起源及产品

(一) 猪的起源

猪属于动物界，脊索动物门，哺乳纲，偶蹄目，猪次目，猪科，猪属，猪种。按照猪种分类，可分为欧洲野猪和亚洲野猪，大多数家猪起源于此。

考古学证据指出，猪是最先于新石器时代，在东印度群岛和亚洲的东南部被驯养的：①始于约公元前9000年，在新几内亚的东部地区——现在的巴布亚新几内亚；②约公元前7000年，在杰里科，欧洲野猪的驯养是单独进行的，并晚于东印度猪。在大约公元前5000年，东印度猪被带到了中国。从那时起，中国猪又于19世纪被带到欧洲，并在那里与欧洲野猪的后代杂交，由此融合了欧洲和亚洲猪种的血统并创造了现代品种的基础。

(二) 猪的产品

现代瘦肉型猪的屠宰体重一般为90～120kg，屠宰率为72%～76%。猪的产品分为可食部分的猪肉和非可食部分的副产品。其中猪肉重量占活体重55%～60%，而副产品占活体重40%～45%，副产品主要有毛、皮、脂肪、骨骼、舌头、头、蹄、尾和内脏等。

1. 可食部分　猪肉在国外通常被分割成后腿、肋肉、背肌、肩下端肉和肩肉五个基本部分。猪肉因其部位不同其口味和营养成分也有所区别。但总体来看，猪肉不仅是一种可口的美食，而且富含人们生命活动所必需的营养成分：优质蛋白（氨基酸）、矿物质和维生素等。这个方面尤为重要，因为我们的生活质量和寿命很大程度上取决于饮食的优劣。

猪肉中含有适量的高品质的蛋白质（氨基酸）用于身体组织的发育和修复。在鲜猪肉中，蛋白质的含量为15%～20%，而且还含有新组织形成所必需的氨基酸。85g重的猪肉可以为一个19～50岁的成年男子提供每天所需蛋白质总量的44%。同时猪肉也是一种很好的能量来源，其能量的数值取决于猪肉中脂肪的含量。猪肉中的矿物质主要富含铁、磷、锌和硒。磷与钙结合构成人的骨骼和牙齿，而且磷还参与体细胞骨架的形成，有助于保持血液的碱性，参与神经系统的能量输出，还具有许多其他重要功能。铁是血液的必需组成成分，可以防止营养性贫血，它是形成红细胞中血红蛋白的成分，可以协助将生命所需要的氧送到身体各个部位。研究证明，猪肉等肉类中的铁最容易被人体吸收，而且还可以帮助吸收蔬菜中的铁。

猪肉中富含维生素A和B族维生素，早在3500年前，中国人和埃及人就发现食用猪等动物的肝脏可以提高人的夜视能力。事实上，医学专家发现，夜视能力弱或夜盲的原因是由于食物中缺乏足够的维生素A所引起的。

猪肉中B族维生素以维生素B_1、核黄素、尼克酸、维生素B_6和维生素B_{12}尤其丰富。其中维生素B_1的含量是其他食物3倍以上。通过食用猪肉，可以满足人们身体生长发育所需的B族维生素。对于人体能量代谢、新组织的形成发育、神经功能和许多其他功能都是必不可少的。严重缺乏维生素B_1的人会引起脚气病，烟酸可以治疗糙皮症。

猪肉不但含有较多的营养物质，而且还可以很好地被消化吸收。猪肉中蛋白质和脂肪的消化率分别高达92%和96%，因此是人们日常生活中不可缺少的食品（表1-19）。

表 1-19 2004 年世界人均猪肉消费量

(Palmer J. Holden 等. 养猪学. 2007)

国家/地区	人均消费量 (kg)	国家/地区	人均消费量 (kg)
中国内地	40.4	墨西哥	10.0
欧 盟	41.2	韩 国	23.8
美 国	29.4	加拿大	29.0
日 本	17.5	中国台湾	42.2
俄罗斯	15.1	中国香港	52.2
巴 西	10.1	匈牙利	45.8
波 兰	37.2		

猪肉除了含有人体有益健康的成分外，同时也含有对人体有害的成分。如胆固醇，如果人们过多食用蛋黄、牛肉、牛肝脏、猪肝脏等，会使人血液中胆固醇水平升高，将会增加人患动脉粥样硬化的几率。现将一些常见食品中胆固醇含量列于表 1-20，供饮食参考。

表 1-20 常见食品中胆固醇含量

(Palmer J. Holden 等. 养猪学. 2007)

食 品	胆固醇 (mg/100g)	食 品	胆固醇 (mg/100g)
牛肉、熏腊肠	53	煮食的猪肉和火腿	57
牛肉、90%瘦肉、烤食	85	炖猪肝	355
牛肉、肝脏、炖食	396	煮猪腰肉	85
煮鸡蛋和整鸡	424	水煮小虾	195
蛋黄、新鲜鸡肉	1 234	烤火鸡胸肉	83
干烤鱼	64	煮小牛腿	134

另外，由于饲养过程中，添加一些添加剂和使用一些兽药等，如果不严格执行有关添加剂和兽药的停药期，可能在猪肉中有一定的残留，在一定程度上也会影响人类的健康，好在中国已加强了食品安全方面的立法和执法力度，这些问题将在不久的将来成为历史，使人们放心食用猪肉。

2. 不可食部分 猪的副产品虽然不可食用，但通过加工也能够被人类利用，如猪皮可以用来生产糖衣和胶囊的原料—明胶。未经浸烫脱毛处理的猪皮可用于制作皮夹、手提包、皮鞋、衣服、运动品和室内装潢等。

脂肪可用于动物饲料，既可以提高饲料能值又能减少饲料粉尘，与此同时，还可以改善饲料的色泽质地和饲料口味，增加饲料粒化效率，降低动物饲料生产过程中的机械损耗等。

从白色脂中提炼出来的猪油，用于制作一种用在精密原件上的高级润滑剂。利用猪脂肪制成的清洁产品，由于兼具清洁剂和在硬水或冷水中使用仍高效的优点，所以得到迅速地发展并在世界各国广泛应用，使用油脂打造清洁产品会减少对环境的磷排放。

肠和膀胱可用于加工香肠。猪血中猪血蛋白用于人血 RH 因子分型，并用于制作针剂来补充氨基酸，为某些外科患者提供营养。

由于猪胎儿血液不含有任何抗体，所以不可能引发免疫反应。在利用猪胎儿血浆制作疫苗和组织培养液时非常重要；猪血中的凝血酶是一种血液蛋白质，有助于血液凝聚。血浆酶是一种可以降解血凝块中纤维素的酶，用于治疗严重心脏病患者，猪血也被用于癌症研究，制作微生物培养基和用于细胞培养。

猪鬃，尤其是中国猪鬃出口世界许多国家用于制作毛刷，也可以制作成装饰品。

骨骼用于制胶和饲料原料（骨粉），还可以制作骰子、刀柄、牙刷柄、纽扣等。碎肉可以用于动物饲料。

内分泌腺体包括甲状腺、副甲状腺、垂体、松果体、肾上腺和胰腺用于制药原料。如甲状腺可分离出来甲状腺素、降血钙素和甲状腺球蛋白；脑垂体可以分离出促肾上腺皮质激素、抗利尿激素、催产素、催乳素和促甲状腺素等；肾上腺可以分离出皮质类固醇、可的松、肾上腺素和去甲肾上腺；胰腺可以分离出胰岛素。总之，大约 40 种药物和医药品取自猪体。

养猪生产除了生产猪肉和形成副产品外，还有其他方面的功能或用途。如猪皮可以用于覆盖烧伤创面，减少痛苦，有利烧伤创面的愈合；有些种类的猪可以作为观赏动物；经过特殊训练的猪可以用于军事探雷和海关缉私毒品等；另外猪也可以用作实验动物。

猪粪尿可用于种植业，提高土壤肥力，有利于土壤可持续再生产，并且是生产有机产品过程中一个基本原料。

知识链接二　猪种简介

一、现代猪种

我国曾陆续引入十多个外国猪种，随着时代的发展和市场的需求变化，目前对中国养猪生产影响较大的引入猪种主要有长白猪、大白猪、杜洛克猪、汉普夏猪和皮特兰猪等。

(一) 长白猪

1. 产地和分布　原产于丹麦，原名兰德瑞斯猪，它是世界上分布最广的瘦肉型猪种之一。

2. 外貌特征　全身被毛白色，故在我国称为长白猪。头狭长，颜面直，耳大前倾，颈长，体躯长，前轻后重呈楔形，背腰特别长，背线平直或微呈弓形，腹部平直，后躯发达，腿臀丰满，全身结构紧凑，呈流线型，四肢坚实。

3. 生产性能　长白猪繁殖性能较好，自引入中国后，产仔数有所增加，乳头 7～8 对。成年公猪体重 250～350kg，成年母猪体重 220～300kg。据加拿大吉博克种猪公司测定，公猪 155 日龄体重达 100kg，饲料转化率 2.42，母猪 157 日龄体重达 100kg。产活仔数 11.38。90kg 体重屠宰率 72%～74%，胴体瘦肉率 62%以上。长白猪具有生长快、饲料转化率高、胴体瘦肉率高、产仔多等优点，但存在抗逆性较差、体质较弱、对饲料要求较高等缺点。

4. 杂交利用　与我国地方猪种杂交能显著提高后代的生长速度、胴体瘦肉率和饲料转化率，在杂交配套生产商品猪体系中既可以作父系，也可以用作母系。如长×本，长×（大×本），杜×（大×长）等。

(二) 大白猪

1. 产地及分布　原产于英国的约克郡及附近地区，又名约克夏猪，是世界上分布最广的品种之一。大白猪有大、中、小三种类型，目前引入我国的主要是大型约克夏猪。

2. 外貌特征 体格较大，全身被毛白色，头长，颜面微凹，耳大直立，背腰多微弓，后躯宽长，腹部充实而紧，四肢较高。

3. 生产性能 与其他国外引进猪种相比，大白猪繁殖能力较强，母猪初情期在6月龄左右，乳头7～8对，母猪泌乳性能较好，仔猪成活率较高。成年公猪体重350～380kg，成年母猪体重250～300kg。生长肥育猪25～90kg平均日增重达800g左右，饲料转化率2.8～3.0。90kg体重屠宰率为71%～73%，胴体瘦肉率为61%～64%。大白猪具有生长快、饲料转化率高、胴体瘦肉率高、适应性强等优点。

4. 杂交利用 用大白猪作父本与许多培育品种和地方猪种杂交，效果都很好。如大本杂交。在三元杂交中，大白猪也常用作杂交母本或第一父本，效果明显，如长（大本），杜（长大）等。

（三）杜洛克猪

1. 产地及分布 原产于美国，是美国目前分布最广的品种之一，也是世界上著名的瘦肉型猪种，分布很广。

2. 外貌特征 体躯高大，全身呈棕红或红色，粗壮结实，头较小，耳中等大小，耳尖下垂，体躯深广，背腰呈弓形，肌肉丰满，四肢粗壮。

3. 生产性能 繁殖力一般，乳头6对左右，母性较强，育成率高。成年公猪体重约400kg，母猪350kg。生长肥育猪体重25～90kg阶段平均日增重750g，饲料转化率2.9以下，肥育猪90kg屠宰，屠宰率72%以上，胴体瘦肉率65%。杜洛克猪具有生长快、瘦肉多、肉质好、耗料少、抗逆性强等优点，是当今世界上生长速度最快的品种猪。

4. 杂交利用 杜洛克与地方品种或培育品种的二元或三元杂交，效果都优于其他猪。杂交中多用作终端父本，可明显提高后代的生长速度和胴体瘦肉率，是商品猪的主要杂交亲本之，如杜×（长×本）、杜×（大×本）等。

（四）汉普夏猪

1. 产地及分布 原产于美国肯塔基州，是世界上著名的瘦肉型猪种，广泛分布于世界各地。

2. 外貌特征 体型大，全身主要为黑色，肩部到前肢有一条白带环绕，故称“银带猪”。头中等大小，嘴较长而直，耳中等大小而直立，体躯较长，背腰呈弓形，后躯臀部肌肉发达。

3. 生产性能 性成熟晚，母猪一般6～7月龄开始发情，繁殖性能不高，产仔数9～10头左右，乳头6对以上，母性好。成年公猪体重315～410kg，成年母猪体重250～340kg。164日龄体重达102kg，饲料转化率2.46。90kg屠宰，屠宰率71%～75%，胴体瘦肉率62.2%。

4. 杂交利用 以汉普夏猪为父本与我国大多数培育品种和地方良种进行二元或三元杂交，效果良好，可明显提高杂种仔猪的初生重和商品肉猪的胴体瘦肉率，但是后代中出现肌肉颜色变浅的情况较其他猪种多见。

(五) 皮特兰猪

1. 产地及分布 原产于比利时，是近年来欧洲比较流行的一个瘦肉型猪种。我国从20世纪80年代开始引进，分布和饲养量还不很大。

2. 外貌特征 体形中等，体躯呈方形。被毛灰白，夹有形状大小各异的黑色斑块，耳中等大小略前倾，背腰宽大，平直，体躯短，肌肉特别发达，尤其是腿臀丰满，方臀，体质强健。

3. 生产性能 母猪初情期一般在190日龄，经产仔猪平均产仔数9头，护仔能力强，母性好。小猪在60kg以前生长较快，60kg以后生长速度显著减慢。20kg生长至100kg的天数为133d，饲料转化率2.39。胴体瘦肉率可达64%左右，是目前世界上胴体瘦肉率最高的猪种。但是应激反应敏感，肉质欠佳，肌纤维较粗。1991年以后，比利时、德国和法国已培育出抗应激皮特兰新品系。

4. 杂交利用 在经济杂交中作终端父本，可显著提高后代腿臀围和胴体瘦肉率。

二、我国地方猪种简介

(一) 我国优良地方猪种

1. 民猪（东北民猪）

(1) 产地及分布。民猪是东北地区的一个古老的地方猪种，有大（大民猪）、中（二民猪）、小（荷包猪）三种类型。

(2) 外貌特征。全身被毛黑色，头中等大，嘴筒长直，头纹纵行，耳大下垂，背腰平，后躯斜窄，四肢粗壮，体质强健。鬃长毛密，冬季密生绒毛。

(3) 生产性能。性成熟早，4月龄达性成熟，发情明显，产仔多，经产母猪窝产仔猪数高达14头左右，乳头8～9对。生长肥育猪在18～92kg阶段平均日增重458g，90kg体重屠宰率为65%～70%，胴体瘦肉率为40%～45%。近年来，经过选育和改进饲粮结构后饲养的民猪，233日龄体重可达90kg，胴体瘦肉率为48.5%，饲料转化率为4.18。该猪具有肉质好、体质强健、抗寒、耐粗饲等优点，但皮过厚，后腿肌肉不丰满，饲料转化率低。

(4) 杂交利用。以民猪为母本分别与大白猪、长白猪、杜洛克猪等进行经济杂交，杂交效果良好。杜洛克×民猪，其一代杂种猪195日龄体重达90kg，饲料转化率为3.61，胴体瘦肉率为56.19%；长白猪×民猪，杂种一代饲养207日龄体重可达90kg，饲料转化率为3.82，胴体瘦肉率53.47%；汉普夏×民猪，其杂种猪199日龄体重可达90kg，饲料转化率为3.68，胴体瘦肉率为56.65%。

2. 太湖猪

(1) 产地及分布。主要分布于长江下游的江苏省、浙江省和上海市交界的太湖流域。由二花脸、梅山、枫泾、嘉兴黑、焦溪、横泾、米猪和沙乌头猪等类型组成。

(2) 外貌特征。体型中等，全身被毛稀疏，黑色或青灰色。头大额宽，额部和后躯皱褶深密，耳大下垂。四肢粗壮，凹背，腹大下垂。

(3) 生产性能。性成熟早，公猪40～60日龄就有爬跨行为，4月龄左右精子成熟；母猪初情期为60～90日龄，一般于6月龄，体重60～70kg时开始配种使用。太湖猪具有产仔多，以繁殖力高而著称于世，是世界上猪品种中产仔数最高的一个品种，尤以二花脸、梅山猪最高。母猪第一胎产仔数12头左右，经产可达15头左右。乳头8～9对，泌乳力高，母性好。梅山猪在体重25～90kg阶段平均日增重439g，90kg屠宰率为65%～70%，胴体瘦肉率为38.8%～45%。具有肉色鲜红，肉味鲜美等优点，但瘦肉脂肪含量较多，大腿欠丰满，增重较慢。

（4）杂交利用。以太湖猪为母本与杜洛克猪、长白猪和大白猪杂交，效果良好。目前常用太湖猪作母本开展三元杂交，以杜×（长×太）或大×（长×太）三元杂交组合较好，其后代具有胴体瘦肉率高、生长速度快等特点，胴体瘦肉率可在53%以上。由于太湖猪具有高繁殖力，世界许多国家都引入太湖猪与其本国猪种进行杂交，以提高其本国猪种的繁殖力。

3. 金华猪

（1）产地及分布。主要产于浙江省金华地区的义乌、东阳和金华三个市。

（2）外貌特征。金华猪除头颈和臀尾为黑色外，其余部位均为白色，故有“两头乌”之称。金华猪体型有大、中、小三个类型，中型的体型适中，这是目前金华猪的代表类型，也是饲养最广泛，数量最多的类型。耳中等大、下垂，额上有皱纹，颈粗短，背微凹，腹大微下垂，臀较倾斜，四肢较短，蹄坚实，皮薄毛稀。

（3）生产性能。具有性成熟早，小母猪在70～80日龄开始发情，105日龄左右达性成熟，公、母猪一般5月龄左右即可配种生产。繁殖力强，繁殖年限长，优良母猪高产性能可持续8～9年，乳头为7～8对，泌乳力强、母性好和产仔多等优良特性，经产母猪窝产仔数14头左右，仔猪育成率高（94.0%）。在中等营养水平下，生长肥育猪在15～80kg阶段平均日增重400g左右。75kg体重屠宰率为71%，胴体瘦肉率为41%～43%。金华猪以肉质好、适宜腌制火腿和腊肉而著称，具有皮薄、肉嫩、骨细和肉脂品质好的特点。驰名中外的“金华火腿”就取材于此品种猪的后大腿。

（4）杂交利用。以金华猪为母本与长白猪、大白猪、汉普夏猪、杜洛克猪进行杂交，杂交一代具有明显的杂交优势。长×（大×金），大×（长×金），长×（苏×金）等三元杂交猪的效果优于二元杂交。

4. 香猪

（1）产地及分布。产于贵州与广西交界处的丛江县、三都县、环江县和巴马瑶族自治县等地。是一种具有悠久的饲养历史和稳定的遗传基因、品质优良且珍贵稀有的地方小型猪种。

（2）外貌特征。体躯短而矮小，外观特点是短、圆、肥。头长额平，额部皱纹纵横，耳朵较小、薄且向两侧平伸，颈短而细，背腰微凹，腹大而圆，四肢细短，尾巴细长似鼠尾。全身白多黑少，有两头乌的特征。

（3）生产性能。性成熟早，小母猪一般3月龄发情，4月龄就可配种繁殖，发性明显，乳头5～6对，产仔数较少，一般为窝产仔数8～9头。6月龄体高40cm左右，体长60～75cm，体重20～30kg，平均日增重仅120～150g，屠宰率68%，胴体瘦肉率47%，大理石纹明显，肉质肉色良好。成年体重达40kg。该猪是理想的乳猪生产猪种，早熟易肥，皮薄骨细，肉嫩味美，保育猪无腥味，早期即可宰食，加工成烤乳猪、腊肉别有风味。抗逆性强，发育慢。

（4）香猪的开发利用。香猪以其体型矮小、基因纯合、肉质细嫩、味道鲜香等独特的优点而闻名全国。1993 年农业部将其列为国家二级保护畜种。

充分开发香猪肉食品系列的加工利用，从而可满足更多消费者的需求，还可利用体型小的特点，可培育成实验小型动物的模型，由于猪的心血管系统与人类近似，所以在医学上，常用其作为医学试验动物进行人类心血管系统疾病的研究和皮肤的移植等。

5. 国内其他主要地方猪种 见表 1－21。

（二）我国地方猪种的优良特性

与国外猪种相比，我国猪具有以下优良遗传特性：

1. 繁殖力强 我国地方猪种的性成熟早，初情期平均为 98 日龄，范围在 64 日龄（二花脸）～142 日龄（民猪），平均体重 24kg，范围在 12kg（金华猪）～40kg（内江猪），而国外主要猪种在 200 日龄左右，几乎是我国猪的 2 倍。我国的地方猪种除华南型和高原型的部分品种外，普遍具有很高的产仔数。如民猪每窝平均产仔 13.5 头，尤其是太湖猪平均窝产仔 15.8 头。在太湖猪的各类群中产仔数以二花脸猪为最高，其次是枫泾猪、嘉兴黑猪、梅山猪等。太湖猪产仔数多的原因首先是排卵数多，其次是我国地方猪种的胚胎死亡率低。

2. 肉质优良 根据 10 个地方猪种肌肉品质的研究表明，我国猪肌肉颜色鲜红，系水力强，肌肉大理石纹适中，肌内脂肪含量高。食用口感是“肉嫩多汁，肉香味美”。

3. 抗应激和适应性强 通过各品种对粗纤维利用能力、抗寒性能、耐热性、体温调节机能、高温高湿下的适应性、高海拔下的适应性、耐饥饿及抗病力等 8 个方面的研究，表明我国猪种具有较强的适应性和抗应激能力，如对严寒（民猪等）、酷暑（华南型猪）和高海拔条件（藏猪和内江猪）的适应性较强。

4. 矮小特性 我国贵州和广西的香猪、海南的五指山猪、云南的版纳微型猪以及台湾的小耳猪，成年体高在 35～45cm，体重只有 40kg 左右，是我国特有的遗传资源，具有性成熟早、体型小、耐粗饲、易饲养和肉质好等特性，是理想的医学实验动物，也是烤乳猪的最佳原料，具有广阔的开发利用前景。

我国地方猪种虽具有以上优良特性，但存在生长慢、脂肪多和皮厚等缺点，需要扬长避短，合理利用。

三、猪的经济类型

根据不同猪种生产肉脂的性能和相应的体躯结构特点，将猪种的类型按经济用途划分为三种，它们在体型、胴体组成和饲料转化率方面各具特点。

1. 瘦肉型 此类型猪，腿臀发达，肌肉丰满，背腰平直或稍弓。背膘厚 2.5cm 以下。猪的中躯呈长方形。能够有效地利用饲料中蛋白质和氨基酸生产肌肉的能力较强，胴体中瘦肉较多，一般胴体瘦肉率在 56%以上。生长速度较快，6 月龄体重达 90kg 以上，饲料转化率 3.0 左右。

2. 脂肪型 此类型猪的体型短、宽、圆、矮、肥。猪的中躯呈正方形，背膘厚在 4cm 以上。能够有效地利用饲料中的碳水化合物、蛋白质和氨基酸沉积脂肪能力较强，胴体中瘦肉较少，胴体瘦肉率在 45%以下。

3. 兼用型 兼用型又分为肉脂兼用和脂肉兼用型，胴体中瘦肉和脂肪的比例基本一致，胴体瘦肉率 45%～55%。体型特点介于脂肪型和瘦肉型两者之间。

表 1-21 国内其他主要地方猪种简介

名称	产地、分布	外貌特征	生产性能
八眉猪	陕西、青海、甘肃、宁夏	体格中等，被毛黑色，耳大下垂，额有纵行“八”字皱纹，腹稍大，四肢结实	乳头数 6 对，第一胎产仔数 6 头左右，第三胎 12 头以上。生长较慢，肥育期较长，贮存腹脂能力强。生长肥育期平均日增重为 458g，胴体瘦肉率为 43.2%。八眉猪的肉质好，肉色鲜红，肌肉呈大理石纹状，肉嫩，味香
黄淮海黑猪（包括淮猪、莱芜猪、深州猪、马身猪、河套大耳猪）	江苏、安徽、山东、山西、河南、河北、内蒙古	体型较大，耳大下垂，嘴筒长直，背腰平直狭窄，臀部倾斜，四肢结实，皮厚，毛粗密	淮猪产仔数较多，第一胎产仔 9～10 头，经产母猪产仔 13 头左右。生长速度慢，生长肥育期平均日增重为 251g。胴体瘦肉率低。深州猪第一胎产仔 10 头左右，经产母猪产仔 12 头左右，高营养水平饲养，平均日增重为 434g，屠宰率为 72.8%；马身猪初产母猪产仔数 10～11 头，经产母猪产仔 13 头左右，生长肥育期，平均日增重为 450g，胴体瘦肉率为 40.9%；莱芜猪初产母猪产仔 10 头左右，经产母猪产仔 13 头左右，生长肥育期，平均日增重为 359g，屠宰率为 70.2%；河套大耳猪，初产母猪产仔 8～9 头，经产母猪产仔 10 头左右，生长肥育期，平均日增重为 325g，屠宰率为 67.3%，胴体瘦肉率为 44.3%
两广小花猪（包括陆川猪、福棉猪、公馆猪、黄塘猪、中垌猪、塘缀猪、桂墟猪）	广东与广西相邻的浔江、西江流域南部	体型较小，具有头短、颈短、耳短、身短、脚短、尾短等“六短”特征。毛色为黑白花，除头、耳、背、腰、臀为黑色外，其余为白色。背凹，腹大拖地	性成熟较早，小母猪 4～5 月龄体重不到 30kg 即开始发情，多在 6～7 月龄、体重 40kg 时开始配种，初产母猪平均产仔数为 8 头左右，3 产以上平均产仔 10 头左右。生长肥育猪 11～87kg，平均日增重 309g。体重 75kg 屠宰，屠宰率 67.72%，胴体瘦肉率 37.2%，胴体中脂肪占 45.2%
滇南小耳猪	云南	体躯短小，耳坚立，背腰宽广，全身丰满，皮薄毛稀，被毛以纯黑为主，其次为“六白”和黑白花，还有少量棕色的	性成熟较早，公猪 3 月龄，母猪 4 月龄左右即可配种。初产仔数 7 头左右，经产仔数 10 头左右。生长发育慢，生长肥育期平均日增重为 220g，屠宰率为 74%，胴体瘦肉率 31%，胴体中脂肪占 53%
内江猪	四川省内江市	体型大，头大，嘴短，额面横纹深陷成沟，耳中等大、下垂，体躯宽深，背腰微凹，腹大不拖地，四肢较粗壮，皮厚。被毛全黑，鬃毛粗长	母猪 113（74～166）日龄初次发情，繁殖力较强，每胎产仔 10 头左右，利用年限较长，最佳繁殖期为 2～7 岁。母猪泌乳力较强，平均日泌乳 3.33kg，初产母猪 60d 泌乳总量为 145.4kg。在中等营养水平下，限量饲养，生长肥育猪体重从 12.8kg 生长至 91.9kg，需 193d，平均日增重 410g 左右，胴体中肌肉和脂肪所占比例，分别为 37%和 39.3%

（续）

名称	产地、分布	外貌特征	生产性能
荣昌猪	重庆、四川	体型较大，两眼周围及头部有大小不等的黑斑，其余全身被毛有白色。面部微凹，耳中等大、下垂，额部有横行皱纹，还有旋毛。体躯较长，发育匀称，背部微凹，腹大而深，臀部稍倾斜。四肢细致、结实	性成熟早，公猪4月龄性成熟，6～8月龄，体重60kg以上可开始配种。母猪初情期期为71～113d，初配年龄6～8月龄，50～60kg较为适宜。经产母猪平均产仔数11头左右。生长发育性能较好，在较高营养水平，15～90kg阶段，日增重623g。屠宰率71%左右，胴体瘦肉率相对较高，达42%～46%
华中两头乌（包括湖北通城猪和监利猪、湖南的沙子岭猪、江西的赣南两头乌猪和广西东山猪）	湖南、湖北、江西、广东	臀部为黑色，四肢、躯干为白色，黑白毛交界处有2～3cm宽的黑皮上着生白毛，称为“晕带”。头短宽，额部皱纹多呈菱形，耳中等大、下垂，背腰微凹，腹大，后躯欠丰满	经产母猪产仔数9～11头。在中等营养水平条件下，肥育猪在15～80kg阶段，日增重400g左右；在较高营养水平下，日增重达500g以上。体重75kg左右的肥育猪，屠宰率为71%，胴体瘦肉率43%左右
宁乡猪	湖南	体型中等，头中等大小，额部有形状和深浅不一的横行皱纹，耳较小、下垂，颈粗短，有垂肉，背腰宽，背线多凹陷，肋骨拱曲，腹大下垂，四肢粗短，大腿欠丰满，多卧系，撒蹄。被毛为黑白花	早熟易肥，3胎以上产仔10头左右。生长肥育期平均日增重为368g，饲料转化率较高，体重75～80kg时屠宰为宜，屠宰率为70%，背膘厚4.6cm，胴体瘦肉率为34.7%
大花白猪	广东省北部和中部地区	体型中等，耳稍大下垂，额部多有横行的皱纹。背腰较宽微凹，腹较大。背毛稀疏，毛色为黑白花，头部和臀部有大块黑斑，腹部、四肢为白色，背腰部及体侧有大小不等的黑块，在黑白色交界处形成晕	性成熟早，产仔数多，3胎以上母猪平均每窝产仔13头左右。体重20～90kg阶段，平均日增重519g，体重70kg屠宰，屠宰率70%，胴体长80cm，胴体瘦肉率43%
藏猪	青藏高原	被毛多为黑色，有的仔猪被毛具有棕黄色纵行条纹。鬃毛长而密，被毛下密生绒毛。体小，嘴筒长、直，呈锥形，额面窄，额部皱纹少。耳小直立、转动灵活。胸较窄，体躯较短，背腰平直或微弓，后躯略高于前躯，臀倾斜，四肢结实紧凑、直立，蹄质坚实	繁殖力低，生长发育极为缓慢，但能适应恶劣的高寒气候

知识链接三　猪的选育与杂交利用

一、质量性状的遗传与选择

质量性状是指性状的变异呈不连续性、界限明显、容易分类的一类性状。它由少数起决定作用的遗传基因所支配，如角的有无、毛色、血型、遗传缺陷等都属于质量性状。毛色、耳形性状可以是作为观察遗传性是否稳定和作为一个品种特征的标志。

（一）毛色

1. 猪的几种主要毛色类型

（1）全白色。这一类型猪的被毛全为白色，如大白猪、长白猪、上海白猪、湖北白猪、哈白猪等。

（2）白环带。这一类猪的躯体两端为黑色，在腰部、颈、肩部为白毛，形成白色的圆环带，如我国地方猪种金华猪、通城猪、宁乡猪，外来品种汉普夏猪等。不同猪种白环带的宽窄差异较大，有的品种如英国威克斯猪仅肩部有一狭小白环，而有的品种白环带很宽。

（3）纯黑色。这一类猪的被毛全为黑色，我国许多地方猪种如民猪、深县猪、姜曲海猪、八眉猪、北京黑猪、沂蒙黑猪、槐猪等以及国外的巴克夏猪等。

（4）花猪。这一类猪的被毛黑白相间，而且没有规则，不同猪种的黑白花斑的比例也各不相同。如广东大花白猪、赣中南花猪、皖南花猪、泛农花猪、太原花猪以及皮特兰等猪种。

（5）棕红色。这一类猪的被毛全为棕红色或者金黄色，如云南大河猪、贵州的可乐猪及美国杜洛克猪等。

（6）污白毛。这一类猪被毛白色，之间夹杂污灰色，如蒙古猪、匈牙利的曼格利察猪等。

以上对猪的毛色进行简单的分类，但不是绝对的，如皮特兰猪既是花猪，又有污白毛。

2. 控制猪毛色的基因　基因是成对存在的，成对基因一方来自父系，另一方来自母系，在形成生殖细胞时，成对的基因分离，每个生殖细胞只含有成对基因中的一个，精卵细胞的结合机会相等。假定W代表长白猪白毛的基因，纯种长白猪便是WW，即带有两个W基因。以小写w代表北京黑猪的黑毛基因，则纯种北京黑猪为ww，即带有两个w基因。这两个品种猪交配，杂种的基因型为Ww。

3. 猪的毛色遗传　关于猪的毛色遗传，由于毛色受多基因控制，遗传问题十分复杂，这里主要总结目前国内外学者的一些主要研究结果。

（1）白毛对非白毛。白毛对非白毛一般呈显性，如长白、大白等白毛猪种与他类型的非白毛猪杂交，其后代一般都为白毛，仅少数杂种猪在皮肤上有少许黑斑。白毛对其他毛色一般都为显性，对野猪毛色也不例外。但也发现一个特例，长白猪的白毛色对我国大河猪的棕红色呈不完全显性，将长白猪与大河猪的紫红色类型杂交，子代出现灰色和白色两类。

（2）白环带与六端白。不同类型的白环带由不同的基因型控制，如汉普夏的白肩带为一稳定的遗传性状，而我国宁乡猪的银颈圈有宽有窄，宽者可及背部，窄者只有一小圈白毛，品种内变异非常大。如果将有白环带的黑猪与没有白环带的黑猪杂交，白环带趋向显性，但白环带对中国某些地方黑猪呈不完全显性。汉普夏猪的白肩带对我国宁乡猪的银颈圈趋于显性遗传。

(3) 黑色与棕红色。黑色与棕红色大多数呈完全显性遗传，汉普夏黑毛色猪与杜洛克棕红色猪杂交，后代 F_1（杂种一代）全为黑色，后代 F_1 再与杜洛克猪回交，黑色与棕红色的比例为 1∶1，F_2（杂种二代）中分离出的棕红色猪彼此交配，其后代全为棕红色，可见杜洛克猪的棕红色相对于汉普夏猪的黑色是呈隐性遗传的。我国大多数黑猪对棕红色也呈显性遗传。

(4) 黑毛色对污白毛。黑毛色对污白毛呈显性遗传。虽然猪的毛色遗传受多基因控制，但在许多情况下两种相对的毛色类型的遗传，可简单地视为一对等位基因的差别。如在湖北白猪新品种培育过程中，采用地方黑色猪种通城猪以及白色猪种大白猪和长白猪作为杂交亲本，其三元杂交后代开展自群繁育时必然出现毛色分离现象。因此，如何清除群体中非白毛基因从而避免发生毛色分离呢？实际操作中，可以按一对基因差别来设计测交方法，即可达到十分理想的效果。

猪的毛色类型主要包括以下几种：经过大量研究证明，将世界各国猪的毛色遗传规律列于表 1－22。

表 1－22 猪的毛色的遗传

显 性	隐 性
白色（大白、长白）	有色（黑、棕色和花斑）
黑色（北京黑猪）	棕色（杜洛克猪）
黑六白（巴克夏猪、波中猪）	棕色（杜洛克猪）
野猪色（暗棕灰白色、灰黑色）	黑色、棕色
单色	斑纹
白带猪（汉普夏猪）	黑六白（巴克夏猪）棕色（杜洛克猪）

(二) 耳型

耳型是猪的一个重要品种特征，有垂耳和立耳两种类型，如长白猪为垂耳，大白猪为立耳。

在大多数情况下，猪的垂耳呈显性，立耳呈隐性遗传。如长白（垂耳）与大白（立耳）杂交，子一代全为垂耳（杂合体），子一代横交后将出现了 3 垂耳∶1 立耳的后代比例，即 1 纯合垂耳∶2 杂合垂耳∶1 纯合立耳。因此，如果需要鉴别长白猪是否纯种可与立耳大白猪杂交，如后代出现立耳，该头长白猪即为杂种。

(三) 有害基因控制的性状

1. 有害基因控制的性状 猪的有害基因（也称畸形基因），使猪产生畸形性状，降低生产力。猪的有害基因引起的遗传缺陷估计比例为 2%～3%。猪先天性缺陷的种类很多，有记载的达 100 种之多。其中较常见的有以下几种：

(1) 锁肛。肛门被膜或组织所封闭，使粪便无法排出，即为锁肛。公仔猪通常在生后 1～3d 内全部死亡，若直肠尾端距体表皮肤不到 1cm，则可借助外科手术挽救公仔猪。母仔猪在生后1个月内死亡率约50%，有的母仔猪往往会自然形成一直肠阴道瘘联结直肠与阴道前庭，使粪便通过阴道排出而得以成活并能繁殖。

(2) 阴囊疝。肠道通过大腹股沟管落入阴囊内而形成，出生后1个月左右开始表现。阴囊疝的发生左侧比例高于右侧。在所有家畜中，猪的阴囊疝发病率最高。

(3) 鼠蹊疝。肠通过腹股沟环逸出便成鼠蹊疝，主要是由于鼠蹊部的肌肉松弛导致的。亦可由于仔猪出生后头几天因争夺母乳时肌肉过分紧张而产生。该病公猪多于母猪。公猪的鼠蹊疝常常扩展到阴囊，形成阴囊疝。一般出现这种现象不会发生太多问题，除非被结扎血管或阉割时发生肠外翻。

(4) 脐疝。若脐环太大且在出生时未闭合，通常在出生后几天一部分肠道和肠系膜便会耷入皮下结缔组织而形成脐疝。一般问题不大，除非脐疝非常大，或者被擦伤、咬伤而受到感染。

(5) 隐睾。睾丸一般在出生前应从腹腔内降至阴囊中。若出生后双侧或一侧睾丸仍滞留在腹腔内则为隐睾。只有一侧睾丸降至阴囊称为单睾。单睾比双侧隐睾发生率高。隐睾中，约50%发生在左侧，40%在右侧，双侧隐睾只占10%。患猪肉有膻味，导致胴体品质下降，造成一定的经济损失。

(6) 先天性震颤。俗称“抖抖病”。发生频率较低，但一旦暴发则受害窝比率较高，一窝内多数仔猪患病。出生时震颤严重，以后逐渐减弱。由于病因复杂，导致诊断颇为困难。

(7) 内陷乳头。乳头比正常的要短且顶端形成一火山口状结构，内陷乳头不能从乳房表面挺起，造成将来仔猪吮乳困难，故属于无效乳头。内陷乳头多数发生在脐部附近，其次在前部，后部很少发生。许多研究表明，此缺陷受控于一个常染色体隐性基因。由于是遗传的，故选择后备公猪时亦应检查和考虑内陷乳头问题。

2. 淘汰有害基因的方法

(1) 严格淘汰。对出现遗传缺陷的窝进行全窝淘汰，避免隐性遗传疾患基因携带者繁殖。

(2) 严格测交。对留种公猪进行测交，证明其为显性纯合子后方可留作种用。

(3) 严格登记。在生产过程中详细做好遗传疾患记录，对其父或母为已知遗传缺陷杂合子的后代公母猪不留作种用，少留或不留基因型未知的后代。

(4) 严格引种。对从外面引回的种猪首先需要进行测交，尽可能避免杂合子进入种猪群，造成遗传疾患的频率上升。

二、主要经济性状的遗传与选择

猪的主要经济性状大多数为数量性状。数量性状受微效多基因控制，不存在显隐性关系，基因作用效果存在累加性，性状之间的界限不明显，变异表现出连续性，这类性状的表现容易受环境条件所影响。

(一) 繁殖性状的遗传与选择

1. 繁殖性状　繁殖性状是反应种猪一类重要的经济性状，猪的繁殖力高低直接影响到猪生产力水平的高低。种猪的繁殖力由许多繁殖性状所构成，具体如下：

(1) 产仔数。产仔数是指母猪一窝所生的全部仔猪数，包括死胎、产后即死胎、畸形胎、弱仔和木乃伊胎。

(2) 活产仔数。活仔数是指母猪一窝所生的全部活仔猪数。

(3) 初生窝重。初生窝重是指仔猪出生时所有活仔猪的重量总和。

(4) 初生重。初生重是指仔猪出生后12h以内称取的仔猪的重量。

(5) 育成数。育成数是指仔猪断奶时全窝仔猪的头数，包括寄养仔猪。

(6) 断奶窝重。断奶窝重是指仔猪断奶时全窝仔猪的总重量（包括寄、并过来的仔猪）。

(7) 断奶日龄。断奶日龄是指哺乳仔猪与母猪分开、停止哺乳时的日龄。现代多为21～35d断奶。

(8) 断奶头重。断奶头重是指仔猪断奶时每头仔猪的平均重量。

(9) 存活率。存活率是指仔猪出生时产活仔猪数占总产仔数的百分比。

(10) 育成率。育成率是指仔猪断奶时育成的仔猪头数占产活仔猪数的百分比。

(11) 母猪的泌乳力。母猪的泌乳力一般以仔猪出生后20d时的窝重为指标，包括寄养仔猪在内。

(12) 母猪年生产力。母猪年生产力是当前衡量母猪繁殖力的一个综合性指标，是母猪的年生产力。所谓母猪年生产力，即每头母猪年育成的断奶仔猪数。

(13) 总受胎率。总受胎率是指妊娠母猪头数占全年配种母猪总头数的百分比。

(14) 情期受胎率。情期受胎率是指妊娠母猪头数占情期配种母猪总头数的百分比。

(15) 空怀率。空怀率是指空怀母猪数占全年配种母猪数的百分比，与生产技术关系很大。

(16) 母猪年平均分娩胎数。母猪年平均分娩胎数是指全年总分娩窝数与年存栏母猪总头数的比。

2. 繁殖性状的遗传

(1) 遗传力。遗传力有两种，包括广义遗传力和狭义遗传力，在动物生产中通常讲的是狭义遗传力，是指某性状的育种值方差占总表型值方差的比值。猪繁殖性状的遗传力（h^2）是一类低遗传力的性状（表1-23），猪产仔数与活仔数的遗传力平均0.11左右。

表1-23 繁殖性状的遗传力估计值

（杨公社．猪生产学．2002）

性　状	遗传力	性　状	遗传力
产活仔数	0.11	断奶重	0.12
总产仔数	0.11	初生窝重	0.15
3周龄仔猪数	0.08	3周龄窝重	0.14
断奶仔猪数	0.06	断奶窝重	0.12
仔猪断奶前成活率	0.05	初产日龄	0.15
初生重	0.15	产仔间隔	0.11
3周龄重	0.13		

(2) 重复力。重复力是指家畜个体的某一性状多次度量值之间的相关程度。关于猪繁殖性状的重复力（r）的报道较多，不同的报道虽然有所差异，但总体来说，猪的繁殖性状的

重复力偏低。

(3) 遗传相关。遗传相关是指同一个体两个性状育种值间的相关系数，一般用符号 r_A（x·y）表示。猪繁殖性状间的遗传相关（r_A）：猪窝总产仔数与产活仔数、20 日龄窝仔数与 60 日龄窝仔数呈高度的正遗传相关，与初生个体重、20 日龄个体重和 60 日龄个体重呈负的遗传相关。猪初生窝产仔数与其他繁殖性状的遗传相关见表 1-24。

表 1-24 猪初生窝产仔数与其他繁殖性状的遗传相关

（赵书广．中国养猪大成．2001）

性　状	初生窝产仔数
≥3 周窝仔数	近于 1
断奶窝仔数	近于 1
哺乳期仔猪死亡数	0.54
3 周龄前每窝死亡率	0.70
8 周龄前每窝死亡率	0.50
初生至 3 周龄仔猪死亡率	0.70
初生至 8 周龄仔猪死亡率	0.50
第一次分娩时年龄	0.18±0.07（1 胎） −0.12～−0.54（除 1 胎外其他胎次）
分娩间隔	极低的负相关或零

3. 繁殖性状的选择　由于繁殖性状遗传力低，很难通过个体选择得到遗传改良。

目前，现在广泛应用的是母猪生产力指数法，此法是将几个主要的繁殖性状合并为一个母猪生产力指数（SPI），按指数的高低对母猪个体或群体的繁殖性能进行选择。

美国全国猪改良联合会（NSIF）1987 年制定的母猪生产力指数为：

$$SPI=100+6.5\ (NBA-\overline{NBA})\ +1.0\ (LWT-\overline{LWT})$$

式中，NBA 和 $\overline{NBA}$ 分别为被评定个体和同期群体平均产活仔数；LWT 和 $\overline{LWT}$ 分别为被评定个体和同期群体平均断奶窝重。指数中只包括两个性状，采取同期比较，简便实用，在美国应用广泛。

1987 年美国大白猪协会对 53 000 多窝的繁殖记录进行了方差和协方差分析，根据所估计的遗传参数和相对经济价值设计了这样一个选择指数（I），即：

$$I=100+6.8\ (NBA-\overline{NBA})\ +1.0\ (LWT-\overline{LWT})$$

式中，NBA 和 $\overline{NBA}$ 的含义与上述美国 SPI 相同，也采用同期比较法，所不同的是加大了产仔数的加权系数，实践表明应用此种指数选择是有效的。

由于计算机的普及，最佳线性无偏预测法（BLUP 法）得以在猪的育种中应用，利用 BLUP 法对低遗传力性状的选择有明显的效果，目前，在加拿大、丹麦、荷兰等国家建立了用于选择产仔数的动物模型，并成为猪繁殖性状育种值估计的常规方法。

（二）生长性状遗传与选择

1. 生长性状　养猪生产的目的是经济有效地生产猪肉，以满足消费者的需求，这就要求人们选择生长性能好、饲料转化率高的猪种。由于在商品肉猪生产中，饲料费用占其成本的 70%～80%，所以，在猪的遗传改良中，生长性状的改良就显得十分重要。猪的生长主要包括生长速度、饲料转化率、日采食量和活体背膘。

(1) 生长速度。生长速度一般用仔猪断奶至上市期间体重的平均日增重表示，也可用体重达到 95～100kg 的日龄作为生长速度的指标，或用达到一定日龄时的体重作为指标。通常多用平均日增重以及体重达 95～100kg 的日龄。

平均日增重 =（结束重—起始重）÷肥育天数

(2) 饲料转化率。饲料转化率也称耗料增重比或增重耗料比，常用性能测定期间每单位增重所需的饲料量来表示。

饲料转化率= 肥育期饲料消耗量÷（结束重—起始重）

(3) 日采食量。日采食量用平均日采食饲料量表示，反映猪的食欲好坏。

日采食量=肥育期饲料消耗量÷肥育天数

(4) 活体背膘。活体背膘采用超声波扫描仪（B 超）测定体重达 95～100kg 时，在胸腰结合处距离背中线 4～6cm 处测得；国外在猪的倒数第三、四胸椎间距背中线 4～6cm 处测得活体背膘。

2. 生长性状的遗传

(1) 遗传力。猪平均日增重、饲料转化率和日采食量均属中等遗传力性状，达 90kg 日龄以及活体背膘厚属高遗传力性状（表 1-25）。从表 1-25 的数据显示：国外品种和我国地方猪种的肥育性状遗传力的变异均较大，我国地方猪种日增重的遗传力高于国外猪种。

表 1-25 生长性状的遗传力估计值

（陈清明．现代养猪生产．1997）

性 状	国外品种		限食时	我国地方猪种	
	平均	范围	(平均)	平均	范围
日增重	0.34	0.1～0.76	0.39	0.42	0.22～0.61
饲料转化率	0.31	0.15～0.43	0.47	0.25	0.22～0.28
日采食量	0.38	0.24～0.62	0.41	—	—
达 90kg 日龄	0.55	0.27～0.89	—	—	—
180 日龄体重	0.26	0.15～0.45	—	0.38	0.17～0.86
活体背膘厚	0.52	0.4～0.6			

(2) 遗传相关。日增重与饲料转化率之间有很高的遗传相关，为—0.67；日增重与背膘厚之间的遗传相关较低，为 0.15（表 1-26）。这说明通过选择日增重可改进猪的饲料转化率。

表 1-26 日增重、饲料转化率和背膘厚的遗传相关

（赵书广．中国养猪大成．2003）

性 状	饲料转化率	背膘厚
日增重	—0.67（—0.96～—0.34）	0.15（—0.1～0.35）
饲料转化率		0.23（0.06～0.41）

3. 生长性状的选择 由于生长性状的遗传力中等，通过选择可以获得较大的选择反应。在选择实践中对于单性状采取多世代个体表型选择，对于多性状实行指数选择时，生长性状多与胴体性状相结合构成选择指数。丹麦长白猪从1926/1927到1994年间，坚持对日增重、饲料转化率等性状选择，使日增重从632g上升到960g，饲料转化率从3.44下降到2.38，尤其是近年来，BLUP法应用于猪育种值估计，使育种工作更加有效，如1990年至1994年间日增重的进展为82.1g，饲料转化率下降了0.13个饲料单位，就是一个有力的证明。

(1) 饲料转化率。对饲料转化率进行间接选择的效果比直接选择的效果更理想。一个很重要的原因是饲料转化率的测量误差大，该性状又属于一个比值性状，直接对其选择或许可能不是最有效手段。

对日增重和背膘厚同时进行选择时，饲料转化率每代的遗传进展为－0.048～－0.006，这意味着可以通过间接选择改良饲料转化率。

(2) 生长速度。就日增重而言，其选择效果会比饲料转化率效果好。因为日增重的遗传力为0.20，而饲料转化率的遗传力为0.09。其次日增重与饲料转化率存在强遗传相关，所以，选择可以获得饲料转化率较大的相关选择反应。但是单选日增重时，虽然饲料转化率可以得到改良，但也能导致瘦肉率的不断变化（表1－27）。可见最好的选择方法是对日增重和背膘厚同时选择。在欧洲的现场测定中，一般都是根据由日增重和背膘厚构成的指数进行选种，这样既能改善饲料转化率、提高日增重，又能增加瘦肉量。

表1－27 自由采食下单性状选择时其他性状的相关反应

（陈清明．现代养猪生产．1997）

选择性状	反应的方向与大小			
	生长速度	日采食量	饲料转化率	瘦肉率
生长速度	+++	++	+	——
饲料转化率	—	++	+++	++
日采食量	++	+++	——	——
瘦肉率	—	——	++	+++

注：“+”表示有利方向；“—”指不利方向；“+++”表示大的反应；“+”指小的反应。

随着猪在遗传上变得越来越瘦，如果能对采食量准确度量，提高生长速度和饲料转化率的一个途径就是通过增加采食量来提高猪瘦肉组织的生长速度。

（三）胴体性状遗传与选择

1. 胴体性状 猪胴体组成取决于肌肉、脂肪、骨骼和皮肤所占的比例及分布。依据当前市场的需求，胴体瘦肉率是最重要的性状，但是直接进行屠宰测定胴体瘦肉率的费用较高。因此，育种专家通过寻找相关辅助性状，来选育提高猪的胴体瘦肉率。国内外常用的胴体组成性状及测定方法见实训操作五。

2. 胴体性状遗传

(1) 遗传力。胴体组成性状属于高遗传力性状见表1－28，其估计值为0.4～0.6，因此，通过个体选择可以获得较大的遗传进展。

表 1-28 猪胴体组成性状的遗传力

（赵书广．中国养猪大成．2003）

性状	平均	范围	性状	平均	范围
瘦肉量	0.40	0.20～0.68	边膘厚	0.45	0.22～0.60
瘦肉切块重	0.42	0.30～0.60	腹膘厚	0.30	0.20～0.40
瘦肉切块率	0.46	0.31～0.91	腿臀率	0.53	0.51～0.65
瘦肉率	0.46	0.35～0.85	臀部瘦肉率	0.63	0.45～0.78
脂肪率	0.60	0.40～0.75	腰部瘦肉率	0.50	0.40～0.61
脂肪切块率	0.63	0.52～0.69	肌肉厚	0.20	0.10～0.30
剥离脂肪重	0.68	0.52～0.84	眼肌面积	0.48	0.16～0.79
皮下脂肪重	0.66	0.50～0.82	胴体长	0.60	0.40～0.87
肌肉脂肪重	0.49	0.33～0.65	胴体重	0.25	0.12～0.38
背膘	0.40	0.13～0.50	屠宰率	0.31	0.20～0.40
平均背膘	0.50	0.30～0.74	椎骨数	0.75	0.55～0.85

(2) 遗传相关。胴体瘦肉率及相关辅助性状间的遗传相关程度目前尚无可靠的估计值报道，因为估计值这个参数需要数据较多，大量胴体性状数据的获得需要屠宰大量的猪，成本过高。表 1-29 中所列的胴体性状相关系数是在德国屠宰 110 头不同品种猪得到的数据估计出来的（Fewson，1994）。

表 1-29 胴体瘦肉率与其他各胴体性状的相关

（陈清明．现代养猪生产．1997）

性　状	总的资料	品种（系）内	性　状	总的资料
胴体长	−0.674	−0.084	腰部膘厚（测量）	−0.803
平均背膘厚	−0.676	−0.698	背部膘厚（测量）	−0.846
眼肌面积	+0.789	+0.534	背肌厚（测量）	+0.739
脂肪面积	−0.796	−0.752	富肉块比例	+0.951
肉脂比	−0.929	−0.863	富脂块比例	−0.934
背膘厚	−0.905	−0.838		

从表 1-29 中胴体性状相关系数数据显示，胴体长与瘦肉率间的相关性，用总的资料估计出的数值相当高，而用品种（系）内的资料估计出的几乎为零。这可以解释为，不同品种（系）在体长及胴体长的差别是明显的，而在品种（系）内的变异则很小。表 1-29 数据表明其他性状都与瘦肉率呈强相关，其中富肉块比例与瘦肉率相关最强，因此，都可以用在提高瘦肉率的选择上。

背膘反映猪的脂肪沉积能力，表 1-29 数据表明它与胴体瘦肉率存在强遗传相关。由此，通过选择背膘可望使胴体瘦肉率获得较大的相关反应。

关于背膘和日增重的遗传相关，一般认为是弱相关或基本上这两种性状呈独立遗传。因为背膘与平均日增重的遗传相关受饲养方式影响较大，可能与瘦肉和脂肪沉积过程中能量有关。

眼肌面积的遗传力较高，与瘦肉块重量、瘦肉块生长速度、达 91kg 日龄、平均背膘和日增重呈强的遗传相关。在以提高胴体瘦肉率为目的的选择中都重视对它的选择，特别是一些活体直接测量眼肌厚度或扫描出其完整图像的先进仪器设备问世以后，为个体表型选择增大眼肌面积提供了现代化手段。

3. 胴体性状的选择　胴体瘦肉率是胴体组成性状中最重要的经济性状，虽然该性状的遗传力较高，个体选择也非常有效。但是胴体组成性状是屠宰后才能直接度量的性状，需要依靠后裔和（或）全同胞的屠宰资料。目前，由于超声波扫描仪、电子瘦肉率测定仪、眼肌扫描仪、X-射线扫描仪（特别是 CT）和核磁共振等现代高新技术设备的广泛应用，为实现胴体瘦肉率的活体度量提供了可能性，为胴体性状的遗传改良开辟了个体选择的途径。

纵观众多的累积选择试验，通过辅助性状选择胴体瘦肉率的效果是明显的。由于各试验需要的条件不同，难以比较哪种方法最优。下面简单介绍一下不同的选择方法与试验结果。

（1）瘦肉生长速度的选择。瘦肉生长速度的选择采用包括日增重（ADG）和背膘厚（BF）两性状的指数选择法。1982 年，Cleveland 等对汉普夏猪进行了 5 个世代提高瘦肉生长速度的选择，使用的选择指数（I）为：

$$I=100+286ADG\ (kg)\ -39.4BF\ (cm)$$

5 个世代的累积选择反应日增重为 77g，背膘为－0.182cm，指数单位（I）为 29.4，充分说明选择指数对选择提高瘦肉生长速度是有效的。

Ollivier（1986）对大白猪的公猪进行了 20 世代的选择试验，从 1966 年至 1968 年使用的指数（I_1）为：

$$I_1=10ADG\ (kg)\ -6FCR-0.8BF\ (mm)$$

式中，FCR 为饲料转化率，活体背膘为 6 点平均，从 1969 年至 1984 年所用的指数（I_2）为：

$$I_2=10ADG\ (kg)\ -0.5BF\ (mm)$$

结果达 100kg（测定期为 30～100kg）体重时公猪的年遗传改进量为：背膘－0.38mm、平均日增重 11g、胴体瘦肉率 0.71%、瘦肉生长速度每日 6.4g 和瘦肉组织饲料转化率－0.03。这些试验结果表明，对日增重和背膘的选择可导致瘦肉生长速度、瘦肉率和瘦肉组织饲料转化率等性状显著提高，而使背膘明显下降。

（2）瘦肉切块重（率）的选择。1979 年，Leymaster 等报道了对大白猪 160 日龄时瘦肉切块重（WLC）和活重 81.6kg 时瘦肉切块率的选择试验，其选择指数分别为：

$$I_1\ (PLC系)\ =63.9+0.055LWFE\ (kg)\ -0.89SBF\ (cm)\ -1.48HF\ (cm)\ +0.088\ (LWFE-81.6)$$

$$I_2\ (WLC系)\ =0.7\ (CLW160)\ (PLC160)\ \div100$$

$$LW160=LWFE-\ (AFE-160)\ ADG$$

式中：LWFE 为最后评价时活重；LW160 为 160 日龄时活重；SBF 为五点超声波膘厚之和；HF 为臀部超声波膘厚；AFE 为最后评价时日龄；ADG 为平均日增重；PLC160 为 160 日龄时瘦肉切块率。4 个世代的选择效果为：WLC 系的每代的选择反应为（0.50±0.19）kg，PLC 系母代的选择反应为 0.38%±10%，它们的实现遗传力分别为 0.174 和 0.325。

（3）臀部瘦肉量的选择。1988 年，McPhee 等采用个体选择法研究了不同饲养方式下的瘦肉生长速度，实行的选择标准是臀部瘦肉量（HL），其指数的构成形式为：

$$HL=6.72ADG\ (g)\ -0.06BF\ (mm)\ +1.56$$

在自由采食的情况下，臀部瘦肉量5个世代的选择反应为1.01kg，遗传力为0.29，限制饲养情况下的选择反应为0.47kg。

(4) 背膘的选择。以平均膘厚作为选择标准进行双向选择，即建立厚膘系和薄膘系。如Hetzer等在1973年分析了杜洛克猪16个世代和大白猪14个世代的材料，每个品种中的厚膘系和薄膘系之间的相对离差分别为：胴体膘厚76%和83%，脂肪切块率73%和82%，瘦肉切块率59%和60%。杜洛克膘厚的直接选择反应非常明显，与对照系相比，厚膘系年平均增加1.7mm（4.4%），而薄膘系则年平均降低0.8mm（2.1%）。

三、性能测定

生产性能测定对种猪的客观评定是不可缺少的基础工作，种猪的评定要建立在实际测定的生产性能基础上。

（一）性能测定方法

1. 性能测定的方式 种猪测定的方式有场站测定和现场测定两种方式。

(1) 场站测定。一个国家或地区的中心测定站是由若干个优秀的育种场联合构成的一个有组织的种猪测定和育种的调控协调机构，它覆盖面积大，形成网络，设施筹建完全相同，并且具有统一的标准化测试仪器和内外环境。它具有测定手段先进、结果可靠等优点，并且结果有可比性、权威性，但测定效率低，很难满足大多数猪场的测定要求。并且将各个猪场的种猪集中到一起增加了感染传染病的机会。此外，测定站的环境与供测猪场的环境有差异，所测定的结果与其在原场的生产水平也是有差异的。由于上述原因，有些国家的测定站数量逐渐减少，而更强调现场测定制度。

(2) 现场测定。亦称猪场测定，是近年来世界各国普遍采用的种猪性能测定制度。这种测定是各猪场建立自己的种猪测定舍，并且要做到这些圈舍以及舍内的仪器设备和环境符合国家的统一标准。一般各国都有自己的测定规程和标准。现场测定的最大优点是节约资金和设备，能进行大规模的种猪性能测定，一般规模化种猪场都能做到。它的不足是各猪场之间可能因条件和方法的差异，使各猪场测定的结果可比性降低。

2. 性能测定的步骤与要求

(1) 供测猪的选择。选择优化配种组合，要求被测猪个体双亲均经过测定证明是优秀个体且遗传稳定，供测猪本身发育良好，无任何疾病。

(2) 测定。供测猪一般在断奶时就要确定，然后送到中心测定站或在本场的测定舍组织测定，测定性状主要是生长速度（90kg体重时日龄、日增重）、饲料转化率、胴体品质等。在测定过程中，要求做到供测猪的饲养管理和圈舍等环境条件必须保持一致，并实现标准化，遵循国家分布的种猪性能测定标准，供测猪群抽样要一致，以免产生“畜群效应”，而影响测定结果的准确性；尽可能采取单栏单槽饲喂，若采取小群饲喂时群体不宜过大，一般不超过5头，对不同品种不能同群饲养，肥育及屠宰方法应力求一致且标准化，一般是体重20～25kg时开始测定，对病猪、伤残猪或一个月内明显不增重的个体应予以淘汰，并扣除耗料量，肥育至100kg体重时结束，按标准进行屠宰和测定胴体肉质性状。

（二）我国种猪现场测定

种猪现场测定就是种猪场在自己猪场中对种猪的性能加以检定和记录，然后评估选留所需种猪，其实施过程包括如下三大部分：

1. 实施场内测定的事前规划

（1）查清所测猪群的性质。所选种猪根据选育的性质分为三种群体。

①核心群。这类猪群主要是快速改进群体的性能，育成新的品种。纯种或杂交合成纯化繁殖的猪群，其种猪的性能优良，但变异大，要进行准确的测定才能掌握其遗传本质。

②繁殖猪群。主要指纯种繁殖猪群，以应用自己育成的或引进的优良猪种，大量繁殖，主要供应纯种种猪。猪群的性能比较稳定，要重视产品的整齐性。测定的目的是对引进品种的性能及适应性进行检测，并找出最佳的配种组合，增加母猪和公猪的性能客观测定数量，增加优良种猪的选择几率；减少引种数量；保持产品的稳定水平。

③杂交种猪群。它是指用自己育成的或引进的优良种猪进行杂交育种的猪群和繁殖供应杂种种猪（二元种猪）的猪群。它的测定目的与繁殖群相似，但更重视最佳组合的选择，并且母系不测公猪，父系不测母猪。

（2）确定适宜的测定方法。

①根据测定过程的精密度分为精密式场内测定和粗放式场内测定。精密式场内测定以猪种性能测定的准确性为主要目标，对其测定环境商业化的实用性考虑较少，多用于核心群及对猪群影响较大的公猪，实施方案比较精密。例如，采用个别测定或小栏群测，采用高营养，充分采食，提供较为理想的环境条件，能充分发挥个体的遗传潜力，测定结果比较准确，但费用高，测定数量小，生产实际中达不到所测定水平。粗放式场内测定，所提供的环境接近商业猪群水平，测定过程粗放，检测项目较少，它的优点是费用低、投入设备量少，节省人力，测定量大，但遗传评估准确性差，该法适用于种猪性能经确认的猪群。

②按测定记录的应用方式分为个体测定、同胞测定和后裔测定。

③按测定项目分为生产性能测定和其他性能测定。生产性能测定包括肥育性能、繁殖性能和胴体品质性能测定，其他性能包括抗应激、耐热和抗病等性能测定。

（3）确定测定数量与公母比例。种猪场必须确定全年的测定数量、测定种类，制定测定计划，根据计划建筑测定的舍和猪栏，确定所用设备。测定数量的确定，一般测定的数量多于留种的数量，核心群为留种数的8倍，繁殖群为3～4倍，生长性能、胴体性能测定时公母比例为1∶1。

（4）安排测定设施。

①根据测定总头数，计算所需栏舍数量。例如，一个500头基础母猪的种猪场，每年选留150头后备猪，测定头数在450～600头，年测定2.5批，每批需测定200～240头，测定栏舍所需面积为500m^{2}以上，测定栏20个以上。

②设备。种猪测定场准备测定专用磅秤、赶猪通道、背脂测定仪、眼肌面积测定仪、自动给料计量器等设备。

2. 场内测定的实施

（1）决定送检猪。对于参加测定的猪必须先进行挑选，以个体、窝或家族为对象进行选留。如果以个体测定为主，则以猪的个体为挑选对象，按设备容量挑选健康，无缺陷，高体重的个体送检；如果以同胞为主，则要以窝为选择单位，窝确定后，从中选出接近该平均性能的个体送检；如果以后裔测定为主，则要以父母家族为选择单位，配合各胎情况，再按同胞测定方式选择送检。无论哪种测定，选择送检猪时，都要配合测定时间来决定，一般断奶时选留种猪，70日龄以前送检，70日龄开始测定。

（2）测定进程。测定前一周左右进入测定栏，熟悉测定环境，使同群猪个体间相互适应。76日龄时测定每头猪的体重，做好记录，并开始计算采食量。如果测定生长曲线则每5d测定1次，直到结束。如果进行生长性能测定，则要求在预计90kg时连同背膘厚一次测定，记下日龄、体重、饲料用量、背膘、体长、体高等指标，并填入表格（表1-30）。

表1-30 个体测定记录表

耳号	初测体重（kg）	初测日龄	经测体重（kg）	经测日龄	饲料（kg）	背膘（cm）			体长（cm）	体高（cm）
						A	B	C		

注：A点为肩胛后缘；B点为最后肋骨；C点为髋结节前缘；三点要求距离背中线4～6cm。

测定过程中注意，每天记录舍内环境，被测定猪群的表现，是否有食欲异常、发热、咳嗽等病症，采取措施处理并做好记录；安排专人饲养，饲喂中途不得换人；所用饲料的型号、来源与营养水平要一致；肉猪平均体重为90kg，测定结束体重也应为90kg，如果是纯种公猪，结束体重应该为120kg，因为公猪增加20kg后的增重和背膘与同胎母猪相近，可作为同胞测定时使用。

3. 性能评估和种猪选留 实施性能测定的最终目的是了解种猪的真正的遗传能力，选出符合要求的个体，以达到改良整个猪群生产性能的目的，要求尽可能做到公平一致，但实际生产中仍有无法排除的差异，这样要求必须在评估前进行校正。

（1）资料整理。

①结合测定记录剔除不良个体。将因疾病等原因造成明显生长缓慢的个体剔除。

②校正大环境的差异。将不同季节、批次测定的资料平均值与同批校正资料相减即为离均差值，用来校正季节偏差。

③利用公式进行校正。利用公式校正25kg时日龄，90kg时日龄及体长等指标。

（2）性能评估。整理后的资料，经过数据处理，对每头、窝、组的猪只作评估，排出名次，提供给选留时依据。

（3）选留种猪。根据评定结果，由高到低依次选留或销售推广，有必要时，可在主要测定项目评估后，在参考附属项目如体型、骨架、生殖器官等评分来选留；对于自留作种用的猪，其性能不得低于群体平均性能，选留不足时下次再选或引种；繁殖猪场和杂交猪场销售的种猪，可略低于平均性能，但是不能低于平均水平的10%以下，必要时可分级销售。

四、提高杂种优势途径

（一）获得杂种优势的规律

不同品种、品系间的相互交配称为“杂交”，由杂交产生的后代称“杂种”，多数杂种一代都具有显著的杂种优势。即在相同饲养环境条件下，杂种后代生长肥育性能和繁殖性能等生产力指标均超过父母本纯繁群体性能的平均值，这种现象称为“杂种优势”。一般比双亲平均生产力提高5%～20%，生活力和抗逆性也有一定程度的提高。

杂种优势的利用是猪种资源开发、生产商品肉猪的最重要手段，已被世界广泛推广应用。根据我国国情和养猪现状，充分利用杂种优势，来提高母猪繁殖力和肥育猪的增重、瘦肉率、饲料转化率和出栏率，是降低养猪成本不断提高养猪业经济效益的有效途径之一，也是发展我国现代养猪业市场经济的重要内容，但影响杂种优势的效果有以下几个方面：

1. 杂种优势表现的程度　取决于杂交亲本间遗传差异的程度，一般来说，亲本间遗传差异越大，则杂交效果越好，其杂种一代的杂种优势也越强。因此，在养猪生产实践中，常常选用那些在遗传基础、来源和亲缘关系差异较大的品种，或品系进行杂交，其杂种优势显著。

2. 双亲纯合程度　杂交亲本双方基因越纯合，其杂种一代的杂种优势越显著。

3. 不同近交系间　不同品种近交系间的杂交比同品种近交系间的杂交，在产仔数和生长速度方面表现出的杂种优势较大。

4. 杂交模式　在养猪生产和科研实践中，一般三品种杂交效果优于两品种杂交，而与四品种以上的多品种杂交效果相近，在杂交组织与方法上又比四品种以上的多品种杂交简单，因此，三品种杂交有较大的实用和推广价值。

5. 不同经济性状表现的杂种优势不同

(1) 最易获得杂种优势的性状。一般这类性状遗传力低，主要受非加性基因的控制。如体质的结实性、生活力、产仔数、泌乳力、育成仔猪数、断奶个体重和断奶窝重等性状，近交时退化严重，杂交时最易获得杂种优势。在生产实践中，还应重视配合力的测定。

(2) 较易获得杂种优势的性状。一般这类性状遗传力中等。受加性基因和非加性基因双重影响。如生长速度，饲料转化率等，杂交时较易获得杂种优势。

(3) 不易获得杂种优势的性状。一般这类性状遗传力高，主要受加性基因的影响。如外形结构、胴体长、膘厚、眼肌面积、腿臀重、产肉量、屠宰率、瘦肉率及肉的品质等性状，杂交时不易获得杂种优势。

6. 良好营养　为了使杂种优势充分表现，在营养上应供给杂交后所需要的各种营养，充分满足其生长发育的需要，使优势潜力得到充分发挥。

（二）杂交方式

选择合理的杂交方式，目的是获取最大的杂种优势及亲本性状互补效应。根据杂交的性质，杂交方式主要分为固定杂交、轮回杂交与配套系杂交三大类。

1. 固定杂交

(1) 二元杂交。亦称简单杂交，指的是选择两个不同品种（系）之间的公母猪进行交配，产生的后代直接用于商品猪的生产（图1-1)。杂交亲本的父本称父系，母本称为母系。二元杂交是我国养猪生产中应用最多的一种杂交方法，特别在我国农村养猪应用中。一般农户家中饲养本地母猪与外种公猪杂交生产商品肥育猪。随着集约化养猪的快速发展，可采用外种公猪与外种母猪进行二元杂交，如大白猪公猪与长白母猪，但需要较高的养殖水平。二元杂交的优点是简单易行，杂种优势较明显，并只需一次亲本配合力测定就可筛选出最佳杂交组合。缺点是父本和母本品种均为纯种，不能利用父体特别是母体的杂种优势。

A（♂）×B（♀）
↓
AB（二元杂种商品猪）

图 1-1 二元杂交模式

（2）三元杂交。由 3 个品种（系）参加的杂交称为三元杂交（图 1-2）。先用 2 个品种（系）群杂交，产生的杂交后代作为母本，再与作为终端父本的第三个品种（系）群杂交，产生的三元杂种直接作为商品肥育猪。三元杂交在现代养猪业中具有重要作用。在有些集约化猪场，采用杜洛克公猪配长白与大白猪或大白猪与长白的杂种母猪，来生产三元杂交商品肥育猪，并获得良好的经济效益。三元杂交的优点：杂交后代遗传基础较广泛，杂种优势非常显著；利用了杂种母猪在繁殖方面的优势。三元杂交的缺点：维持 3 个纯系成本较高；组织工作和技术都比较复杂。

A（♂）×B（♀）
↓
C（♂）×AB（♀）
↓
CAB（三元杂种商品猪）

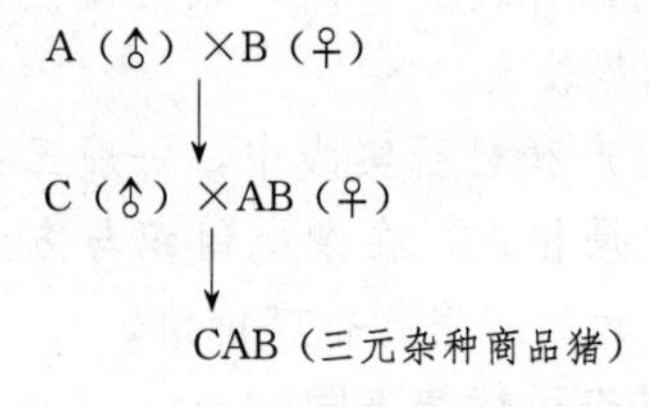

图 1-2 三元杂交模式

（3）四元杂交。又称双杂交。用 4 个品种（系）分别两两杂交，获得杂种，再进行杂交以获得四元杂交的商品肥育猪（图 1-3）。在国外，一些养猪企业采用汉普夏猪与杜洛克猪的交配生产杂种父本，大白猪与长白猪的交配生产杂种母本，从而生产四元杂交的商品育肥猪。四元杂交可以利用 4 个品种（系）的遗传互补以及获得个体、母体和父体的最大杂种优势，杂交效果比二元或三元杂交的杂交效果优越。但现实生产中，由于人工授精技术和水平的不断提高以及广泛应用，使杂种父本的父体杂种优势如配种能力强等不能充分表现出来。另外，多饲养一个品种（系）的费用是昂贵的，且制种和组织工作更复杂。由于汉普夏品种的繁殖性能一般，其他生产性能也不突出。因此，生产上更趋向于应用杜洛克×（大白猪×长白猪）的三元杂交。

A（♂）×B（♀）　　C（♂）×D（♀）
↓　　　　　　　　↓
AB（♀）　　×　　CD（♂）
↓
ABCD（四元杂种商品猪）

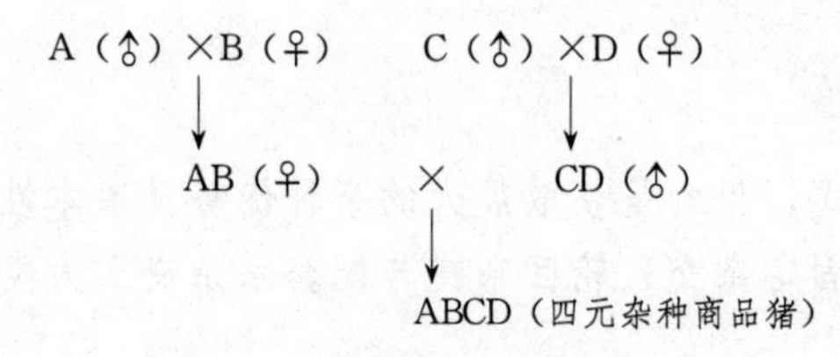

图 1-3 四元杂交模式

2. 轮回杂交 由 2 个或 3 个品种（系）轮流参加杂交，除每代的部分母畜参加繁殖外，其余的公畜和母畜全部用做商品生产，这种杂交方式称为轮回杂交（图 1-4）。在国外的集约化养猪生产中，应用较多的是相近品种的轮回杂交，如长白猪与大白猪的二元轮回杂交。优点是除第一次杂交外，母畜始终都是杂种，有利于利用繁殖性能的杂种优势；对于单胎家畜，需要较多母畜，可以利用杂种母畜；每代只需引入少量纯种公畜或利用配种站的种公畜，不需要维持几个纯繁群，便于组织；每代交配双方都有相当大的差异，始终能产生一定的杂种优势。缺点是要代代变换公畜，即使发现杂交效果较好的公畜也不能继续使用；配合力测定较难，特别是第一轮回的杂交；产品各代间产品一致性差，影响市场形象。

甲．两品种轮回杂交	乙．三品种轮回杂交
第1年　A品种公猪×B品种母猪	第1年　A品种公猪×B品种母猪
第2年　A品种公猪×一代杂种母猪 1/2A∶1/2B	第2年　C品种公猪×一代杂种母猪 1/2A∶1/2B
第3年　B品种公猪×二代杂种母猪 3/4A∶1/4B	第3年　A品种公猪×二代杂种母猪 1/2C∶1/4A∶1/4B

图1-4　轮回杂交模式

3. 配套系杂交　通过培育各具特点的专门化品系（父系和母系），再通过配合力测定，选择适合的杂交组合和杂交方式，生产高效优质的商品肥育猪。近年来，随着国内外养猪业的快速发展，由普遍应用品种间杂交向专门化品系间杂交发展。因为这种杂交能获得高而稳定的杂种优势。目前英国、美国、荷兰、法国、丹麦、日本等许多国家均培育出很多优秀的专门化品系，其培育过程多采用中亲和远亲的繁育方法，且多数是由两个以上的品种杂交而成的，一般分为父系和母系，父系主要选择生长速度、胴体品质性状；母系则注重产仔数、泌乳力、生活力和母性等繁殖性状，无论父系和母系，均需要突出选择1～2个重要经济性状，使这些品系在某个性状上各具特长，而其他性状则保持中等水平。通过建立无亲缘关系的多个专门化品系，然后进行专门化品系间配合力测定，筛选出最优异的杂交组合，有效地开展专门化品系间杂交，从而生产出杂种优势明显、生产性能稳定、经济性状优异的杂优商品猪，产生良好的经济效益。

（三）提高杂种优势途径

猪的杂种优势利用不仅是一个杂交问题，更重要的是杂交亲本的选育提高和杂交组合的选择。认为猪只要是杂种，就必定有优势是不对的，有时有些猪群很杂，但生产性能并不高，反而有的退化。杂种是否有优势，有多大优势，在哪些方面表现优势，杂交猪群中每个个体是否都能表现程度相同的优势等，取决于多方面的因素，其中最主要的因素是杂交用的亲本品种群性能及其相互配合情况。如果亲本猪群缺乏优良基因或纯度很差或在主要性状上两亲本猪群具有起作用的基因显性与上位效应都很小，或两亲本在主要经济性状上基因频率没有多大差异或缺乏充分发挥杂种优势的良好饲养管理条件等，这样均不可能产生理想的杂种优势。

1. 杂交亲本的选择　所谓的杂交亲本是指杂交所用的公猪和母猪，其中杂交的公猪称父本，杂交的母猪称为母本。亲本性能的好坏，直接关系到杂交后代的质量，决定杂种优势的高低。一般来说，要想获得高而稳定的杂种优势，均匀一致的杂种后代，杂交亲本必须具有纯且稳定的遗传基础。品种之间遗传差距愈大，亲缘关系越远，杂种优势效应往往愈明显。一般来说，不同经济类型猪种杂交，其杂种优势往往超过同一经济类型猪种的杂交。目前我国生产商品瘦肉猪，由于各地养猪条件很不一致，在选择亲本时，一方面要因地制宜；另一方面为获得高度杂种优势效益，应注意两个基本要求：一是作为杂交亲本，其种性要纯，质量要优，品种内个体间的差距要小；二是父母本品种间遗传差异要大。因此，一般选择日增重大、瘦肉率高、生长快、饲料转化率高、繁殖性能较好的品种作为杂交第一父本，而第二父本或终端父本的选择应重点考虑生长速度和胴体品质，例如第一父本常选择大白猪和长白猪，第二父本常选择杜洛克猪。母本常选择数量多、分布广、繁殖力强、泌乳力高、适应性强的地方品种、培育品种或引进繁殖性能高的品种。

2. 亲本选育提高 杂交亲本的选育提高，常用本品种选育的方法进行选育提高。亲本选育是利用性状的遗传参数对我国的地方品种、培育品种和引进品种的一些遗传力高的性状，如胴体性状，通过本品种选育，可以改进遗传结构，提高生产性能。

3. 专门化品系与杂优猪

(1) 专门化品系的概念。专门化品系是指按照育种目标进行分化选择具备某方面突出优点、配置在完整繁育体系内不同阶层的指定位置、承担专门任务的品系。分化选择一般分为父系和母系。在进行选择时把繁殖性状作为母系的主选性状，把生长、胴体性状作为父系主选性状。

(2) 专门化品系的选择方法。专门化品系可以采用系祖建系、近交建系、群体继代选育建系等方法。

①系祖建系法。即通过选定系祖，并以系祖为中心繁殖亲缘群，经过连续几代的繁育，形成与系祖有亲缘关系、性能与系祖相似的高产品系群。这种方法建立品系，关键是选好系祖，要求系祖不但具有优良的表现型，而且具有优良的基因型，并能将优良性状稳定地遗传给后代。系祖一般为公猪，因为公猪的后代数量多，可进行精选。

②近交建系法。即利用高度近交使优良基因迅速纯合，形成性能优良的品系群。由于高度的近交会使性能衰退明显，需要付出很大代价，并且猪的近交系杂交效果不如鸡明显，因此，现代猪的育种已很少采用这种方法建系。

③群体继代选育法。该法是选择多个血统的基础群之后进行闭锁繁育，使猪群的优良性状迅速集中，并成为群体所共有的遗传性稳定的性状，培育出符合品系标准的种猪群。群体继代选育法使建系的速度加快，并且建成的品系规模较大，使优良性状在后代中集中，最终使其品质超过它的任何一个祖先，因此，成为现代育种实践中常用的品系繁育方法。

(3) 杂优猪。由专门化品系配套繁育生产的系间杂种后裔，我国称为杂优猪，以区别于一般品种间杂交的杂种猪。杂优猪具有表现型一致化和高度稳定的杂种优势，适应“全进全出”生产方式。

知识链接四 猪群类别划分

1. 哺乳仔猪 指出生后至断奶前的仔猪。

2. 保育猪 指断奶至 25kg 左右或者 70 日龄的仔猪。

3. 育成猪 指 70 日龄仔猪或 25kg 左右仔猪至 4 月龄留作种用的幼猪。

4. 后备公猪 指 5 月龄至初配前留作种用的公猪。

5. 后备母猪 指 5 月龄至初配前留作种用的母猪。

6. 种公猪 凡已参加配种的公猪均称为种公猪。分为检定公猪和基础公猪。检定公猪是指 12 月龄左右初配开始至第一批与配母猪产仔断奶阶段的公猪；基础公猪是指 16 月龄以上经检定合格的公猪。

7. 种母猪　分为初产母猪和经产母猪。初产母猪是指生产第一胎仔猪的青年母猪；经产母猪是指生产两胎和两胎以上的母猪；检定母猪是指从初配开始至第一胎仔猪断奶的母猪；基础母猪是指一胎产仔经检定合格，留作种用的母猪。根据母猪生产阶段的不同又分为空怀母猪、妊娠母猪和泌乳母猪。空怀母猪是指仔猪断奶后至再次妊娠前的母猪；妊娠母猪是指从卵子受精开始至分娩前的母猪；泌乳母猪是指分娩开始至仔猪断奶前的母猪。

8. 肥育猪　用来生产猪肉的猪统称肥育猪或肉猪。分为生长猪和肥育猪。生长猪指体重25～60kg；肥育猪指体重60～120kg以上的猪。

讨论思考题

1. 造成公猪的精液精子密度低的原因有哪些？
2. 如何提高母猪受胎率？
3. 母猪产后无乳原因有哪些？
4. 仔猪断奶后母猪不能及时发情配种的原因有哪些？
5. 某一自繁自养肉猪生产猪场，饲养长大杂种母猪50头，杜洛克成年公猪3头。2009年10月，50头母猪6～7月龄时陆续开始发情配种。2010年2月共产仔猪30窝，共产仔165头，平均出生重0.8kg。母猪产后无乳较多。据主人介绍：公猪饲喂的饲料由正规厂家购买，日粮量2～2.5kg，体况较好，精液镜检品质良好。母猪饲料由自己配制，其中玉米65%、豆粕5%、稻壳粉29%、骨粉1%。食盐、多种维生素、微量元素的添加量是在畜牧技术人员指导下添加的。母猪妊娠期间日喂量为每头4.0kg，母猪膘情较胖。请问该猪场存在的问题有哪些？是什么原因造成的？下一步如何改进？

实训操作

实训一 现代猪种识别

【目的要求】通过观看录像片、幻灯片、挂图或不同品种的种猪，使学生学会辨认几个常见的猪品种，并能复述其外貌特征和生产性能。

【实训内容】品种识别。

【实训条件】录像片、幻灯片、挂图或不同品种的种猪。

【实训方法】首先放映幻灯片、录像片、观看挂图或不同品种的种猪，并由教师讲解常见的猪品种的外貌特征及生产性能，然后由学生指出其品种名称、突出的外貌特征。

【实训报告】根据幻灯片或录像片观察的猪种，按照其品种、外貌特征写出实训报告。

【考核标准】

考核项目	考核要点	等级分值					备注
		A	B	C	D	E	
态度	端正	10～9	8.9～8	7.9～7	6.9～6	<6	考核项目和考核标准可视情况调整
识别品种	能够根据图片识别出猪的品种	30～28	27.9～25	24.9～23	22.9～20	<20	
品种外貌特征	叙述某一品种的主要外貌特征	30～28	27.9～25	24.9～23	22.9～20	<20	
品种生产性能	叙述某一品种的主要生产性能	20～16	15.9～14	13.9～10	9.9～8	<8	
实训报告	填写标准、内容翔实、字迹工整、记录正确	10～9	8.9～8	7.9～7	6.9～6	<6	

实训二 后备猪的选择

【目的要求】通过查找后备猪生长发育资料和体形外貌观察，学会后备猪选择。

【实训内容】

1. 查阅后备猪生长发育资料。

2. 后备猪体形外貌观察。

3. 后备猪选择。

【实训条件】待选后备公猪、后备母猪的生长发育记录，后备公猪和后备母猪的生产性能报告。

【实训方法】

1. 后备公猪选择 首先查找后备公猪生长发育记录和生产性能报告，根据资料提供的数据进行排队，然后结合体形外貌做出选择，最后选择的数量应根据公猪利用年限，确定公猪更新比例。例如，公、母猪利用年限为2.5年，则公猪年更新比例至少为40%，因此要根据所需公猪数量的2倍进行选择后备公猪的选留。

（1）生产性能。通过比较生长发育记录和生产性能进行选择。要求其生长速度快，背膘薄，饲料转化率高。

（2）体形外貌。后备公猪应该是体质结实、强壮、四肢端正，不要选择直腿和高弓形背。毛色应符合本品种应具有的毛色要求。后备公猪活泼爱动，反应灵敏。睾丸发育良好，左右对称，松紧适度，阴茎包皮正常，性欲旺盛，精液品质良好。严禁单睾、隐睾、睾丸不对称、疝气、间性猪、包皮肥大或过紧的后备公猪入选。同时乳头数也要求 6 对或 6 对以上，沿腹中线两侧排列整齐，无异常乳头。

2. 后备母猪选择 后备母猪应该是正常地发情排卵参加配种，能够产出数量多、质量好的仔猪；能够哺育好全窝仔猪；体质结实，在背膘和生长速度上具有良好的遗传素质。

具体选择要求：外生殖器官发育较大，下垂，正常乳头 6 对以上，且沿腹中线两侧排列整齐，四肢结实。根据资料记载应选择生长速度快、饲料转化率高、背膘薄的后备母猪，不要选择外生殖器发育较小且上翘、瞎乳头、翻转乳头、肢蹄运动有障碍的后备母猪。后备母猪所需数量的计算方法，首先应根据母猪平均淘汰胎次、断奶时间，计算出母猪的年更新比例。例如，母猪平均 7 胎淘汰，4 周龄断奶，则母猪的产仔间隔为 114＋28＋7＝149d，母猪在群年数为 149×7÷365＝2.85 年，母猪年更新比例至少为 35％，然后按照所需后备母猪数量的 2～4 倍进行选留，将生产性能低下，身体缺陷的个体在不同测定选择时期进行淘汰，最后留下所需补充母猪数量。生产实践上，一般最后一次淘汰所剩预留母猪数量应超过年淘汰母猪数量 10％左右，便于增加选择几率，防止空缺。

后备公、母猪均要在繁殖性能好的家系内选择，如产仔数多，母性强，哺乳性能好，仔猪断奶窝重大等。

【实训报告】叙述后备猪选择的要求和过程。

【考核标准】

考核项目	考核要点	等级分值					备注
		A	B	C	D	E	
态度	端正	10～9	8.9～8	7.9～7	6.9～6	<6	考核项目和考核标准可视情况调整
后备公猪选择	叙述后备公猪的主要选择标准	40～36	35.9～32	31.9～28	27.9～24	<24	
后备母猪选择	叙述后备母猪的主要选择标准	40～36	35.9～32	31.9～28	27.9～24	<24	
实训报告	填写标准、内容翔实、字迹工整、记录正确	10～9	8.9～8	7.9～7	6.9～6	<6	

实训三 繁殖性状性能测定

【目的要求】学会种猪的繁殖性状测定项目和测定方法。

【实训内容】

1. 母猪产仔数的统计。

2. 仔猪初生重、初生窝重的测定。

3. 断奶窝重的测定。

【实训条件】产仔 12h 以内母猪若干头、即将断奶母猪若干头、电子秤、小塑料栏、记录表格、计算器等。

【实训方法】

1. 产仔数的统计 包括总产仔和活产仔数的统计记录。

2. 初生重的测定 称量初生仔猪的个体重和初生窝重。

3. 断奶窝重的测定 断奶时称量全窝仔猪的总重量（包括寄、并过来的仔猪）。

【实训报告】根据所测定每头母猪的繁殖成绩，比较繁殖性能的高低。

【考核标准】

考核项目	考核要点	等级分值					备注
		A	B	C	D	E	
态度	端正	10～9	8.9～8	7.9～7	6.9～6	<6	考核项目和考核标准可视情况调整
总产仔数	概念正确、测量准确	16～13	12.9～12	11.9～10	9.9～8	<8	
产活仔数	概念正确、测量准确	16～14	13.9～12	11.9～11	10.9～10	<10	
初生重	概念正确、测量准确	16～15	14.9～12	11.9～11	10.9～10	<10	
初生窝重	概念正确、测量准确	16～15	14.9～14	13.9～12	11.9～10	<10	
断奶窝重	概念正确、测量准确	16～15	14.9～14	13.9～12	11.9～10	<10	
实训报告	填写标准、内容翔实、字迹工整、记录正确	10～9	8.9～8	7.9～7	6.9～6	<6	

实训四 生长性状性能测定

【目的要求】了解猪生长性能测定意义，学会猪生长性能的测定方法。

【实训内容】

1. 测定猪的生长速度。
2. 饲料转化率。
3. 活体背膘厚。
4. 采食量。

【实训条件】计量器具、称猪栏、饲喂器具、饲料、猪活体测膘仪（A超或B超）、体重95～100kg待测猪若干头、记录本等。

【实训方法】

1. 生长速度测定 常用平均日增重来表示。

2. 饲料转化率 即耗料量与增长活重之比值。

3. 活体背膘 使用A超或B超测定倒数第3～4肋间处的背膘，以毫米为单位，也可以使用A超或B超测定胸、腰椎结合处、腰、荐椎结合处距背中线左侧5cm处两点背膘的平均值。

4. 采食量 在不限饲条件下，猪的平均日采食饲料量称为饲料采食能力或随意采食量。

【实训报告】记录测定结果并进行分析。

【考核标准】

考核项目	考核要点	等级分值					备注
		A	B	C	D	E	
态度	端正	10～9	8.9～8	7.9～7	6.9～6	<6	考核项目和考核标准可视情况调整
生长速度	概念正确、测量准确	30～28	27.9～25	24.9～22	21.9～19	<19	
饲料转化率	概念正确、测量准确	25～23	22.9～21	20.9～18	17.9～16	<16	
采食量	正确测量、分析	25～21	20.9～18	17.9～16	15.9～13	<13	
实训报告	填写标准、内容翔实、字迹工整、记录正确	10～9	8.9～8	7.9～7	6.9～6	<6	

实训五　胴体性状的测定方法

【目的要求】了解猪胴体性状测定的项目和意义，学会猪胴体性状的测定方法。

【实训内容】测定肥育猪的屠宰率、胴体瘦肉率、胴体长度、背膘、眼肌面积和腿臀比例。

【实训条件】达到屠宰日龄的肥育猪 1 头、求积仪、钢卷尺、游标卡尺、电子秤、桶、剔骨刀 8 把、方盘 8 个、吊钩 1 把、拉钩 3 把、硫酸纸、2B 铅笔、记录表格、保定绳、结扎绳等。

【实训方法】

1. 活体测定背膘　体重达 95～100kg 时，采用超声波扫描仪（B 超）在胸腰结合处距离背中线 4～6cm 测得；国外，在猪的倒数第 3、4 胸椎间距背中线 4～6cm 处测得活体背膘。

2. 屠宰　待测猪达到规定体重（90～100kg）后，空腹 24h（不停水），宰前进行称重。

（1）宰前体重。经停食后 24h，称得空腹体重为宰前体重。

（2）放血、烫毛和煺毛。放血部位是在腭后部凹陷处刺入，割断颈动脉放血。不吹气煺毛，屠体在 68～75℃热水中浸烫 3～5min 后煺毛。

（3）开膛。自肛门起沿腹中线至咽喉左右平分剖开体腔，清除内脏（肾脏和板油保留）。

（4）劈半。沿脊柱切开背部皮肤和脂肪，再用砍刀或锯将脊椎骨分成左右两半，注意保持左半胴体的完整。

（5）去除头、蹄和尾。头在耳后缘和颈部第一自然皱褶处切下。前蹄自腕关节、后蹄跗关节切下。尾在荐尾关节处切下。

3. 胴体测定

（1）胴体重。猪屠宰后去掉头、蹄、尾、内脏（肾脏和板油保留），左右两半胴体的重量之和即为胴体重。

（2）屠宰率。胴体重占宰前体重的百分比。

（3）胴体长度。从耻骨联合前缘到第一肋骨与胸骨接合处前缘的长度，称为胴体斜长；从耻骨联合前缘到第一颈椎底部前缘的长度，称为胴体直长。

（4）背膘及皮厚。在第 6、7 胸椎连接处背部测得皮下脂肪厚度、皮厚；也可用以三点测膘，即肩部最厚处、胸、腰椎结合处和腰、荐椎结合处测量脂肪厚度，计算平均值。

（5）眼肌面积。指胸、腰椎结合处背最长肌横截面的面积。可用求积仪测出眼肌面积，若无求积仪可用下面公式估算：

$$眼肌面积（cm^2）=眼肌高（cm）×眼肌宽（cm）×0.7$$

（6）腿臀比例。沿腰椎与荐椎结合处垂直切下的后腿重量占该半胴体重量的百分比称为腿臀比例。

（7）胴体瘦肉率。将左半片胴体的骨、皮、肉和脂肪进行剥离称重，瘦肉重量占这四部分重量的百分比为胴体瘦肉率（不包括板油和肾脏）。

4. 注意事项

（1）煺毛水温不宜过高，以免影响煺毛效果。

（2）测量前要校正测量用具。

（3）作业损耗控制在2%。

【实训报告】记录测定结果并进行计算和分析。

【考核标准】

考核项目	考核要点	等级分值					备注
		A	B	C	D	E	
态度	端正	10～9	8.9～8	7.9～7	6.9～6	<6	
活体测定背膘	概念正确、测量准确	10～9	8.9～8	7.9～7	6.9～6	<6	
屠宰率	概念正确、测量准确	10～9	8.9～8	7.9～7	6.9～6	<6	
胴体长度	概念正确、测量准确	10～9	8.9～8	7.9～7	6.9～6	<6	
背膘厚度	概念正确、测量准确	10～9	8.9～8	7.9～7	6.9～6	<6	考核项目和考核标准可视情况调整
皮厚	概念正确、测量准确	10～9	8.9～8	7.9～7	6.9～6	<6	
眼肌面积	概念正确、测量准确	10～9	8.9～8	7.9～7	6.9～6	<6	
腿臀比例	概念正确、测量准确	10～9	8.9～8	7.9～7	6.9～6	<6	
胴体瘦肉率	概念正确、测量准确	10～9	8.9～8	7.9～7	6.9～6	<6	
实训报告	填写标准、内容翔实、字迹工整、记录正确	10～9	8.9～8	7.9～7	6.9～6	<6	

实训六　配种计划拟定

【目的要求】通过配种计划拟定的训练，学会猪场不同年龄种猪配种计划安排。

【实训内容】配种计划拟定。

【实训条件】年度生产计划报告、上一年度配种、产仔、哺乳、生产可售猪记录，公、母猪年度淘汰计划，后备公猪和后备母猪参加配种计划、计算器、配种计划表。

【实训方法】根据上一年度母猪配种、产仔、生产可售猪情况计算出一头母猪年生产可售猪的头数（纯种数量、杂种数量分别计算），再根据年度生产计划计算出一年需要配种的母猪头数（母猪配种产仔率、由出生至可出售时存活率等系数均要考虑进去）。

一年需要配种母猪头数＝年生产计划（头数）÷一头母猪年生产可出售猪（头数）。

由一年需要配种母猪头数计划出周配种母猪头数。

一周配种母猪头数＝一年需要配种母猪头数/52周。

母猪一般产6～7胎淘汰，则年淘汰率为30%～35%，每个月淘汰率为2.5%～3%。同时由40%的后备母猪来补充。公猪一般使用3年，年淘汰率为35%，同样由40%的后备公猪来补充。

根据本场各类种猪所处生产生理时期（空怀、妊娠、泌乳、后备发育程度）逐头编排出具体配种周次，并将与配公猪个体的品种耳号注明，便于配种工作的组织和安排。

如果是一年中某一时期计划生产任务，应根据母猪的生产周期及猪场的实际情况提前做好安排。

母猪生产周期＝妊娠期（16.5周）＋哺乳期（3～5周）＋断奶后发情配种期（1周）。

【实训报告】

表实 1－1　配种计划总表

单位：头

全年生产任务	全年参加配种母猪头数	全年参加配种公猪头数	备　　注

制表人：

表实 1－2　周配种计划表

单位：头

周次	公猪个体×母猪个体
1	
2	
3	
⋮	
52	

制表人：

周配种计划一式两份，一份备案存档，一份现场安排配种。

全年参加配种所需公猪头数＝周配种母猪头数×2÷公猪周配种次数。例如，周配种母猪 26 头，公猪平均周配种 4 次，则：

所需公猪头数＝26×2÷4＝13（头）。

此计算方法只适用连续工艺流程生产情况，不适于季节配种养殖场。季节配种公母猪比例为 1∶25。

【考核标准】

考核项目	考核要点	等级分值					备注
		A	B	C	D	E	
态度	认真、不迟到早退	10～9	8.9～8	7.9～7	6.9～6	<6	考核项目和考核标准可视情况调整
填写配种计划表	方法和数据准确、格式规范	80～72	71.9～64	63.9～56	55.9～48	<48	
实训报告	格式正确、内容充实、分析透彻	10～9	8.9～8	7.9～7	6.9～6	<6	

实训七　发情鉴定

【目的要求】学会判断母猪最佳配种时期。

【实训内容】

1. 母猪发情行为观察。

2. 发情鉴定。

【实训条件】在规模化猪场寻找一定数量处于不同发情时期的母猪，记录本、医用棉签、试情公猪。

【实训方法】发情鉴定人员经过更衣消毒后，带着记录本进入母猪舍，在工作道上逐栏进行详细观察，也可以在该舍饲养员的指导下，重点寻找根据后备母猪年龄推算出来的将要发情母猪或是断奶后 1 周左右的母猪。

（一）观察母猪的发情行为

发情母猪表现兴奋不安，有时哼叫，食欲减退。非发情母猪食后上午均喜欢趴卧睡觉，而发情的母猪却常站立于栏门处或爬跨其他母猪。将公猪赶入圈栏内，发情母猪会主动接近公猪。发情鉴定人员慢慢靠近疑似发情母猪臀后认真观察阴门颜色、状态变化。白色猪阴门表现潮红、水肿有的有黏液流出。黑色猪或其他有色猪，只能看见水肿及黏液变化。

（二）发情鉴定方法

1. 阴门变化　将疑似发情母猪赶到光线较好的地方或将舍内照明灯打开，仔细观察母猪阴门颜色、状态。白猪阴门由潮红变成浅红，由水肿变为稍有消失出现微皱，阴门较干，此时可以实施配种。如果阴门水肿没有消失迹象或已完全消失，说明配种适期不到或已过。

2. 阴道黏液法　仔细观察疑似发情母猪阴道口的底端，当阴道口底端流出的黏液由稀薄变成黏稠。用医用棉签蘸取黏液，其黏液不易与阴道口脱离，拖拉成黏液线时，说明此时是配种最佳时期应进行配种。

3. 试情法　将疑似发情母猪赶到配种场或配种栏内，让试情公猪与疑似发情母猪接触，如果疑似发情母猪允许试情公猪的爬跨，说明此时可以进行本交配种。如果不接受公猪的爬跨，说明此时不是配种佳期。

4. 静立反应检查法　将疑似发情母猪赶到静立反应检查栏内，检查人员站在疑似发情母猪的侧面或臀后，用双手用力按压疑似发情母猪背部（30kg 左右压力），如果发情母猪站立不动，出现神情呆滞，或两腿叉开，或尾巴甩向一侧，出现接受配种迹象，说明此时最适合本交配种。国外发情鉴定人员的做法是将公猪放在邻栏，发情鉴定人员侧坐或直接骑在疑似发情母猪背腰部，双手压在母猪的肩上，如果疑似发情母猪站立不动，说明此时是最适合本交配种时期。实践证明：公猪在场利用公猪的气味及叫声可增加发情鉴定的准确性；也可以用脚蹬其臀部，如果母猪后坐，可以安排本交配种。

生产实践中，多采取观察阴门颜色、状态变化，阴道黏液黏稠程度，静立反应检查结果等各项指标进行综合判断，如果有试情公猪或配种公猪可以直接用试情公猪或配种公猪进行试情，这样将增加可信程度。

【实训报告】填写母猪发情鉴定表。

表实 1－3　母猪发情鉴定表

栋栏号	母猪品种	母猪耳号	所用方法				鉴定结果
			阴门变化	阴道黏液	试情法	静立反应	

【考核标准】

考核项目	考核要点	等级分值					备注
		A	B	C	D	E	
态度	认真、不迟到早退	10～9	8.9～8	7.9～7	6.9～6	<6	考核项目和考核标准可视情况调整
填写母猪发情鉴定表	方法正确、格式规范	80～72	71.9～64	63.9～56	55.9～48	<48	
实训报告	格式正确、内容充实、分析透彻	10～9	8.9～8	7.9～7	6.9～6	<6	

实训八　人工授精

【目的要求】学会猪的人工授精技术。

【实训内容】

1. 采精。

2. 精液处理和精液品质检查。

3. 精液稀释。

4. 输精。

【实训条件】公猪1头、待配种母猪若干头、假台猪1个、集精杯1～2个、医用纱布、低倍显微镜1台、显微镜保温箱、普通天平1台、500mL量筒2个、水温计1支、200mL烧杯5个、新华滤纸1盒、50mL贮精瓶10个、输精管5根、50mL注射器2支、玻璃搅拌棒2根、800～1 000W电炉子1台、消毒蒸锅1口、载片1盒、盖片1盒、染色缸、广口保温瓶1个、直刃剪子1把、试管刷5把、可控保温箱1个、蒸馏水25L、0.1%高锰酸钾溶液、医用乳胶手套、一次性塑料手套、75%酒精溶液、95%酒精溶液、蓝墨水、龙胆紫、3%来苏儿、精制葡萄糖粉、柠檬酸钠、青霉素、链霉素、液体石蜡、洗衣粉、肥皂、面盆、毛巾、脱脂棉等。所有接触精液的器材均要求高压消毒备用。

【实训方法】人工授精：指用器械采取公畜的精液，然后用器械把精液注入发情母畜生殖道内，以代替公母畜自然交配的一种配种方法。其优点是扩大了优良种畜利用率；降低种畜饲养成本；减少了因自然交配导致的疾病传播。

1. 采精　把经过采精训练成功的公猪赶到采精室台猪旁，采精者戴上医用乳胶手套，将公猪包皮内尿液挤出去，并将包皮及台猪后部用0.1%高锰酸钾溶液擦洗消毒。待公猪爬上台猪后，根据采精者操作习惯，蹲在台猪的左后侧或右后侧，当公猪爬跨抽动3～5次，阴茎导出后，采精者迅速用右（左）手，手心向下将阴茎握住，用拇指顶住阴茎龟头，握的松紧以阴茎不滑脱为度。然后用拇指轻轻拨动阴茎龟头，其余四指则一紧一松有节奏地握住阴茎前端的螺旋部分，使公猪产生快感，促进公猪射精。公猪开始射出的精液多为精清，并且常混有尿液和其他脏物不必收集。待公猪射出较浓稠的乳白色精液时，立即用另一只手持集精杯，在距阴茎龟头斜下方3～5cm处将其精液通过纱布过滤后，收集在杯内，并随时将纱布上的胶状物弃掉，以免影响精液滤过。根据输精量的需要，在一次采精过程中，可重复上述操作方法，促使公猪射精3～4次。公猪射精完毕，采精者应顺势用手将阴茎送入包皮中，防止阴茎接触地面损伤阴茎或引发感染，并把公猪轻轻地由台猪上驱赶下来，不得以粗暴态度对待公猪。

采精者在采精过程中，精神必须集中，防止公猪滑下踩伤人。同时要注意保护阴茎以免损伤。采精者不得使用化妆品，谨防异味干扰采精或影响精液品质。

2. 精液处理及精液品质检查 将采集的精液马上拿到20～30℃的室内，将精液迅速置于32～35℃的恒温水浴锅内，防止温度突然下降对精子造成低温损害，并立即进行精液品质检查。具体检查项目有：

（1）数量。把采集的精液倒入经消毒烘干的量杯中，测定其数量。一般公猪的射精量为200～400mL。

（2）pH。比较简单的方法是用万用试纸比色测定。另一种比较准确方法是使用 pH 仪测定。猪正常精液 pH 为 7.3～7.9。猪最初射出的精液为碱性，以后浓度大时精液则呈酸性。公猪患有附睾炎或睾丸萎缩时，精液呈碱性。

（3）气味。正常精液有腥味，但无臭味，有其他异味的精液不能用于输精。

（4）颜色。正常精液为乳白色或灰白色；如果精液颜色异常应弃掉，停止使用。精液若为微红色，说明公猪阴茎或尿道有出血；精液若带绿色或黄色，可能精液混有尿液或脓液。

（5）活力。将显微镜置于37～38℃的保温箱内，用玻璃棒蘸取一滴精液，滴于载玻片的中央，盖上盖玻片，置于显微镜下（冬季应将显微镜提前1～2h 放入保温箱内预热，防止载物台凉，影响活力检查结果），放大 400～600 倍目测评估，分 10 个等级。所有精子均作直线运动的评为1分，90%作直线运动的为 0.9 分，80%者为 0.8 分，以此类推。输精用的精子活力应高于 0.5 分，否则弃掉。

（6）精子形态。用玻璃棒醮取 1 滴精液，滴于载玻片一端；然后用另一张载玻片将精液均匀涂开，自然干燥，然后用 95%酒精溶液固定 2～3min 后，放入染色缸内，用蓝墨水（或龙胆紫）染色 1～2min；最后用蒸馏水冲去多余的浮色，干燥后放在 400～600 倍显微镜下进行检查。正常精子由头部、颈部和尾部三部分构成，其形态像蝌蚪一样。如果畸形精子超过 18%时，该精液不能使用。畸形精子分头部畸形、颈部畸形、中段体部畸形和尾部畸形四种。头部畸形表现头部巨大、瘦小、细长、圆形、轮廓不清、皱缩、缺损、双头等；颈部畸形时可在显微镜下看到颈部膨大、纤细、曲折、不全、带有原生质滴、不鲜明、双颈等；中段体部畸形表现膨大、纤细、屈折、不全、带有原生质滴、弯曲、屈折双体等；尾部畸形表现弯曲、屈折、回旋、短小、缺损、带有原生质滴、双尾等。正常情况下头、颈部畸形较少，而中段体部和尾部畸形较多见。

（7）密度。精子密度分为密、中、稀、无四级。实际生产中用玻璃棒将精液轻轻搅动均匀，用玻璃棒醮取 1 滴精液放在显微镜视野中，精子间的空隙小于 1 个精子的为密级（>3 亿/mL），1～2 个精子的为中级（1 亿～3 亿/mL），2～3 个精子的为稀级（<1 亿/mL），无精子应弃掉。

3. 精液稀释 稀释的目的是扩大配种头数，延长精子保存时间，便于运输和贮存。稀释精液首先配制稀释液，然后用稀释液进行稀释。现介绍一种稀释液配制方法。

（1）稀释液配制方法。用天平称取精制葡萄粉 5g，柠檬酸钠 0.5g，量取新鲜蒸馏水 100mL，将三者放在 200mL 烧杯内，用玻璃棒搅拌充分溶解，用滤纸过滤后蒸汽消毒 30min。待溶液凉至 35～37℃时，将青霉素钾（钠）5 万 IU，链霉素 5 万 IU 倒入溶液内搅拌均匀备用。

（2）精液稀释方法。根据精子密度、活力、需要输精的母猪头数、贮存时间确定稀释倍数。密度密级，活力 0.8 分以上的可稀释 2 倍；密度中级，活力 0.8 分以上稀释 1 倍，密度中级，活力 0.8～0.7 分者，可稀释 0.5 倍。总之要求稀释后精液中每毫升应含有 1 亿个活精子。活力不足 0.6 分的精液不宜保存和稀释，只能随采随用。稀释倍数确定后，即可进行精液稀释，要求稀释液温度与精液温度保持一致。稀释时，将稀释液沿瓶壁慢慢倒入原精液中，并且边倒边轻轻摇匀。稀释完毕应用玻璃棒醮取 1 滴进行精子活率检查，用以验证稀释效果。

（3）精液保存。将稀释好的精液分装在 50mL 的贮精瓶内，要求装满不留空气封好。在 15℃以下可保存 48h 左右。原精液品质好，稀释处理得当可保存 72h。

4. 输精　输精员戴上医用乳胶手套，用 0.1%的高锰酸钾溶液将母猪外阴及尾巴擦洗消毒。在输精管前端的螺旋形体处涂上液体石蜡，用于润滑输精管的尖端。输精时，输精员一只手分开待输精母猪的阴门，另一只手将输精管螺旋形体的尖端紧贴阴道背部插入阴道，开始向斜上方插入 10cm 左右后，再向水平方向插入。边插边按逆时针方向捻转，待感到螺旋形体已锁住子宫颈口时（轻拉输精管而取不出），停止捻转插入。用玻璃或塑料注射器抽取精液 30～50mL，将输精管与注射器联结起来，抬高注射器将精液徐徐地推进。输精时，输精员另一只手应有节奏地按摩母猪的阴门。当有精液逆流时，可轻轻地活动几下输精管，直到把输精管内全部精液流完，按顺时针方向将输精管慢慢取出。用手拍打一下母猪臀部，防止精液逆流。如果母猪在输精时走动，应对母猪的腰角或身体下侧进行温和刺激，有助于静立安稳完成输精，输精后母猪应安静地停留在输精场 20min 左右。最后慢慢地将母猪赶回。认真填写好输精配种记录，并清理输精器械消毒备用。

为了确保受胎率和产仔数，养殖场多实行 2 次输精，时间间隔为 12～14h。

【实训报告】叙述猪人工授精的关键环节。

【考核标准】

考核项目	考核要点	等级分值					备注
		A	B	C	D	E	
态度	端正	10～9	8.9～8	7.9～7	6.9～6	<6	考核项目和考核标准可视情况调整
采精	掌握采精方法	30～27	26.9～24	23.9～21	20.9～18	<18	
精液品质检查	检查方法正确、结果准确	30～27	26.9～24	23.9～21	20.9～18	<18	
正确输精	方法正确、完成输精	20～18	17.9～16	15.9～14	13.9～12	<12	
实训报告	填写标准、内容翔实、字迹工整、记录正确	10～9	8.9～8	7.9～7	6.9～6	<6	

实训九　妊娠诊断

【目的要求】学会母猪早期妊娠诊断。

【实训内容】

1. 早期妊娠母猪观察。

2. 早期妊娠母猪检查。

【实训条件】配种记录、配种后 3～5 周以上的母猪、超声波诊断仪（A 超或 B 超）1 台/10 人，医用超声耦合剂、记录本等。

【实训方法】

1. 观察法 学生经过更衣消毒来到妊娠母猪舍，根据配种记录，查找配种后3～5周以上的母猪，询问饲养员或亲自观察母猪配种后3周左右是否再次发情闹栏，并认真观察母猪采食行为，睡眠情况，活动行为，体形变化等，最后做出综合评判。

妊娠母猪食欲旺盛、喜欢睡眠、行动稳重、性情温顺、喜欢趴卧，尾巴常下垂不爱摇摆，被毛日渐有光泽，体重有增加的迹象。观其阴门，可见收缩紧闭成一条线，这些均为妊娠母猪的综合表征。但个别母猪在配种后3周左右出现假发情现象，具体表现是发情持续时间短，一般只有1～2d。对公猪不敏感，虽然稍有不安，但不影响采食。应根据以上表征给予区别。学生可以让饲养员指定空怀母猪和已确定妊娠母猪进行整体区别，增加诊断准确性及诊断印象。

2. 超声波检查法 首先打开电源开关，并在母猪腹底部后侧的腹壁上（最后乳头上方5～8cm处）涂一些医用超声耦合剂，然后将超声波妊娠诊断仪的探头紧贴在测量部位。如果A超诊断仪发出连续响声，说明该母猪已妊娠。如果诊断仪发出间断响声，并且经几次调整探头方向和位置均无连续响声，说明该母猪未妊娠；B超可以看到是否有“孕囊”，如果无“孕囊”说明母猪未妊娠。把检查结果要及时告知饲养员或技术员，以便观察其发情，再度配种。

无论采取哪一种诊断方式，一经确定其妊娠与否，都要做好记录，以便采取相应的饲养管理措施。

参考资料：

（1）A超进行妊娠诊断，出现假妊娠诊断结果原因：①膀胱内充满尿液；②子宫积脓；③子宫内膜水肿；④直肠内充满粪便。

（2）B超可用于观察子宫、胎水、胎体、胎心搏动、胎动及胎盘。胎水是均质介质，对超声波不产生反射，呈小的圆形暗区，子宫内出现暗区，判断为妊娠，子宫内未出现暗区，判断为未妊娠。

【实训报告】

表实1-4 早期妊娠诊断结果

栋栏号	母猪品种	母猪耳号	诊断方法		结果
			观察法	超声波检查法	

【考核标准】

考核项目	考核要点	等级分值					备注
		A	B	C	D	E	
态度	端正	10～9	8.9～8	7.9～7	6.9～6	<6	考核项目和考核标准可视情况调整
早期观察	掌握外部观察法要点	40～36	35.9～32	31.9～28	27.9～24	<24	
早期检查	正确使用A超和B超	40～36	35.9～32	31.9～28	27.9～24	<24	
实训报告	填写标准、内容翔实、字迹工整、记录正确	10～9	8.9～8	7.9～7	6.9～6	<6	

实训十　预产期计算

【目的要求】通过公式法或查表法，学会预产期推算。

【实训内容】

1. 运用公式法进行预产期计算。

2. 查预产期推算表推算预产期。

【实训条件】母猪配种记录、母猪预产期推算表。

【实训方法】

1. 公式法　妊娠期：由受精到分娩这段时间称为妊娠期。猪的妊娠期一般为108～120d，平均为114d。每月按30d计算，则有公式为：配种月份数加4，配种日期数减6。简称“加4减6”法。

在计算过程中，如果配种日期数小于或等于6时，应向月份数借1位，规则是，借1等于在日期数上加30；如果月份数相加大于12，则应减去12，年度上后延一年。为了精确推算预产期，可进行校正，其方法是，妊娠期所跨过的大月份数应在预产日期上减去；如果妊娠期经过2月份，应根据2月份的平闰，进行加2或加1，如果是平年应在预产日期上加2；如果是闰年应在预产日期上加1。

2. 查表法　在预产期推算表的第一行数字中找到配种月份数，在左侧第一行找到配种日期数，垂直相交处为预产日期数，由此向上查找到预产期推算表第二行数字，即为预产期的月份数。如2010年2月23日配种，则预产期为2010年6月17日。

表实1-5　母猪预产期推算

月 日	一 4	二 5	三 6	四 7	五 8	六 9	七 10	八 11	九 12	十 1	十一 2	十二 3
1	25	26	23	24	23	23	23	23	24	23	23	25
2	26	27	24	25	24	24	24	24	25	24	24	26
3	27	28	25	26	25	25	25	25	26	25	25	27
4	28	29	26	27	26	26	26	26	27	26	26	28
5	29	30	27	28	27	27	27	27	28	27	27	29
6	30	31	28	29	28	28	28	28	29	28	28	30
7	1/5	1/6	29	30	29	29	29	29	30	29	1/3	31
8	2	2	30	31	30	30	30	30	31	30	2	1/4
9	3	3	1/7	1/8	31	1/10	31	1/12	1/1	31	3	2
10	4	4	2	2	1/9	2	1/11	2	2	1/2	4	3
11	5	5	3	3	2	3	2	3	3	2	5	4
12	6	6	4	4	3	4	3	4	4	3	6	5
13	7	7	5	5	4	5	4	5	5	4	7	6
14	8	8	6	6	5	6	5	6	6	5	8	7
15	9	9	7	7	6	7	6	7	7	6	9	8
16	10	10	8	8	7	8	7	8	8	7	10	9

（续）

月 日	一 4	二 5	三 6	四 7	五 8	六 9	七 10	八 11	九 12	十 1	十一 2	十二 3
17	11	11	9	9	8	9	8	9	9	8	11	10
18	12	12	10	10	9	10	9	10	10	9	12	11
19	13	13	11	11	10	11	10	11	11	10	13	12
20	14	14	12	12	11	12	11	12	12	11	14	13
21	15	15	13	13	12	13	12	13	13	12	15	14
22	16	16	14	14	13	14	13	14	14	13	16	15
23	17	17	15	15	14	15	14	15	15	14	17	16
24	18	18	16	16	15	16	15	16	16	15	18	17
25	19	19	17	17	16	17	16	17	17	16	19	18
26	20	20	18	18	17	18	17	18	18	17	20	19
27	21	21	19	19	18	19	18	19	19	18	21	20
28	22	22	20	20	19	20	19	20	20	19	22	21
29	23	—	21	21	20	21	20	21	21	20	23	22
30	24	—	22	22	21	22	21	22	22	21	23	23
31	25	—	23	—	22	—	22	23	—	22	—	24

注：表中 1/1……1/12 斜线下数字为预产期月份数，其向下数字为该月的日期数。

【实训报告】

表实 1－6　预产期推算结果

栋栏号	品种	耳号	配种日期	方法		预产期
				公式法	查表法	

【考核标准】

考核项目	考核要点	等级分值					备注
		A	B	C	D	E	
态度	端正	10～9	8.9～8	7.9～7	6.9～6	＜6	考核项目和考核标准可视情况调整
推算方法 1	运用公式法计算	40～36	35.9～32	31.9～28	27.9～24	＜24	
推算方法 2	运用预产期推算表	40～36	35.9～32	31.9～28	27.9～24	＜24	
实训报告	填写标准、内容翔实、字迹工整、记录正确	10～9	8.9～8	7.9～7	6.9～6	＜6	

实训十一　仔猪接产

【目的要求】掌握接产环节，学会接产技术。

【实训内容】接产技术。

【实训条件】临产母猪、接产所需备品（见模块一中项目六分娩前准备工作）。

【实训方法】当母猪安稳地侧卧后，发现母猪阴道内有羊水流出，母猪阵缩频率加快且持续时间变长，并伴有努责时，接产人员应进入分娩栏内。若在高床网上分娩应打开后门，接产人员应蹲在或站立在母猪臀后，将母猪外阴、乳房和后躯用0.1%的高锰酸钾溶液擦洗消毒，然后等待接产。母猪经多次阵缩和努责，臀部上下抖动，尾巴翘起，四肢挺直，屏住呼吸时将有仔猪产出。接产人员一只手抓住仔猪的头颈部，另一只手的拇指和食指用擦布立即将其口腔内黏液抠出，并擦净口鼻周围的黏液，防止仔猪将黏液吸入气管而引起咳嗽或异物性气管炎，上述操作生产中称为“抠膜”。紧接着用擦布将仔猪周身擦干净，既卫生又能防止水分蒸发带走热量引起感冒，这一过程称为“擦身”。下一步要进行断脐。接产者一只手抓握住仔猪的肩背部，用另一只手的大拇指将脐带距离脐根部4～5cm处捏压在食指的中间节上，利用大拇指指甲将脐带掐断，并涂上5%的碘酊，如果脐带内有血液流出，应用手指捏1min左右，然后再涂一次5%的碘酊。上述处理完毕，根据本猪场的免疫程序进行下一步安排。不进行超前免疫的猪场，应将初生仔猪送到经0.1%高锰酸钾溶液擦洗消毒后再经清水擦洗的乳房旁吃初乳。吃初乳前应挤出头几滴初乳弃掉，防止初生仔猪食入乳头管内的脏东西。上述所有操作完毕，母猪将产出第二个仔猪，接产人员应重复以前操作过程进行接产。如果本地区猪瘟流行，应对初生仔猪实行超前免疫，具体做法是仔猪出生后不立即吃初乳，而是集中放在仔猪箱内，待全部产仔结束，立即稀释猪瘟弱毒苗，在最短时间内完成全窝仔猪免疫（1h内），夏季要将稀释的猪瘟疫苗溶液衬冰使用，防止猪瘟疫苗效价降低，一般进行2倍量免疫接种，2h后吃初乳。

待全窝仔猪全部产完，一起称重，编号并做好记录。

接产完毕，将分娩圈栏打扫干净。用温度为35～38℃的0.1%高锰酸钾溶液或0.1%的洗必泰溶液，将母猪、地面、圈栏等进行擦洗消毒，如有垫草应重新铺上，一切恢复如产前状态。接产人员用3%来苏儿洗手后，再用清水净手。

附加技能　假死仔猪急救

假死仔猪是指出生时没有呼吸或呼吸微弱，但心脏仍在跳动的仔猪。遇到这种情况应立即抢救。

1. 人工呼吸　抢救者首先用擦布抠出假死仔猪口腔内的黏液，同时将口鼻周围擦干净。然后用一只手抓握住假死仔猪的头颈部，使仔猪口鼻对着抢救者，用另一只手将4～5层的医用纱布盖在假死仔猪的口鼻上，抢救者可以隔着纱布向假死仔猪的口内或鼻腔内吹气，并用手按摩胸部。当假死仔猪出现呼吸迹象时，即可停止人工呼吸。

2. 倒提拍打法　假死仔猪抠完黏液后，立即用一只手将仔猪后腿提起，然后用另一只手稍用力拍打假死仔猪的臀部，发现假死仔猪躯体抖动，有吸气迹象，说明呼吸中枢启动，假死仔猪已抢救过来。

3. 刺激胸肋法 首先将假死仔猪口腔内及口鼻周围黏液抠出擦净，然后抢救者用两膝盖将假死仔猪后躯夹住固定，使假死仔猪与抢救者同向，用擦布用力上下快速搓擦假死仔猪的胸肋部，当发现假死仔猪有哼叫声，说明抢救成功。

经抢救过来的仔猪，同样要求进行擦身、断脐、吃初乳等一系列过程。

【实训报告】叙述仔猪接产方法和体会。

【考核标准】

考核项目	考核要点	等级分值					备注
		A	B	C	D	E	
态度	端正	10～9	8.9～8	7.9～7	6.9～6	<6	考核项目和考核标准可视情况调整
接产前准备	接产前准备完善	40～36	35.9～32	31.9～28	27.9～24	<24	
操作方法	接产方法正确	40～36	35.9～32	31.9～28	27.9～24	<24	
实训报告	填写标准、内容翔实、字迹工整、记录正确	10～9	8.9～8	7.9～7	6.9～6	<6	

模块二　仔猪生产

知识要求

了解仔猪开食的重要性、仔猪断奶的条件、防止僵猪产生的措施、掌握初生仔猪生理特点、仔猪开食方法、猪的生物学特性、保育猪饲养管理。

技能要求

学会初生仔猪护理养育、仔猪开食、健康猪群观察、猪群周转计划、饲料供应计划编制。

知识准备

一、初生仔猪生理特点

1. 无先天免疫力，容易得病 由于母猪的胎盘结构比较特殊，在胚胎期间母体内的免疫物质（免疫球蛋白）不能通过血液循环进入胎儿体内。因而仔猪出生时无先天免疫力，自身又不能产生抗体。只有靠吃初乳获得免疫力，因此，仔猪1～2周龄前，几乎全靠母乳获得抗体，并且随时间的增长，母乳中抗体含量逐渐下降。仔猪在10日龄以后自身才开始产生抗体，并随年龄的增长而逐渐增加，但直到4～5周龄时数量还很少，6周龄以后主要靠自身合成抗体。由此可见，2～6周龄内是母体抗体与自身抗体衔接间断时期，并且3周龄前胃内又缺乏游离盐酸，对由饲料、饮水和其他环境中接触到的病原微生物无抑杀作用，造成仔猪易得消化道等疾病。

2. 调节体温能力差，怕冷 仔猪出生时大脑皮层发育不十分健全，不能通过神经系统调节体温。同时仔猪体内用于氧化供热的物质较少，只能利用乳糖、葡萄糖、乳脂、糖原氧化供热，并且单位体重用于维持体温的能量是成年猪的3倍，仔猪的正常体温比成年猪高1℃左右，加之初生仔猪皮薄毛稀、皮下脂肪较少，因此，隔热能力较差，从而形成了产热少、需热多、失热多的情况，最终导致初生仔猪怕冷。在冷的环境中，仔猪行动迟缓，反应迟钝易被压死或踩死，既使不被压死或踩死也有可能被冻昏、冻僵，甚至冻死。1周龄以后体内甲状腺素、肾上腺素的分泌水平逐渐提高，使物质代谢能力增强，并且消化道对一些脂肪、碳水化合物的氧化能力逐渐增强，增加了产热能力，到3周龄左右调节体温能力接近完善。有资料报道：初生仔猪的临界温度为35℃，当处在13～24℃环境时，第1小时体温下降了1.7～7℃。特别是最初20min，下降更快，0.5～1h后开始回升。全面恢复到正常体温需要约48h，初生仔猪裸露在1℃环境中2h可冻僵、冻昏，甚至冻死。

3. 消化道不发达，消化机能不完善 初生仔猪的消化器官虽然在胚胎期就已经形成，但并不发达，机能也不完善。仔猪出生时，胃重仅有5～8g，容积也只有25～40mL。20日龄时胃重达35g左右，容积扩大了2～3倍。60日龄时胃重150g左右，体重达50kg后其胃达成年猪重量。小肠生长比较显著，30日龄时是出生时的10倍左右。大肠在哺乳期容积只有每千克体重30～40mL，断奶后迅速增加到每千克体重90～100mL。

初生仔猪的消化器官不仅不发达，而且其结构和机能也不完善。仔猪出生时胃蛋白酶很少，初生时其活性仅为成年猪的25%～33%，8周龄后其数量和活性急剧上升。胰蛋白酶的分泌量在3～4周龄时迅速增加，10周龄时胰蛋白酶活性为初生时的33.8倍。初生时的胃蛋白酶起凝乳作用。由于胃底腺不发达，缺乏游离盐酸，一般3周龄左右胃内才产生少量游离盐酸，以后逐渐增加。仔猪在8～12周龄时盐酸分泌水平接近成猪水平。没有游离盐酸状态下，胃蛋白酶原不能被激活，胃内不能消化蛋白质，此时的蛋白质在小肠内消化。由于胃内酸性低，导致胃内抑菌、杀菌能力较差，并且也影响胃肠的活动，限制了一些物质的消化、吸收。小肠分泌的乳糖酶活性逐渐增加，其活性在生后第2～3周最高，以后开始下降，4～5周龄降到低限，第7周达成年水平，致使对乳糖利用率很低。蔗糖酶一直不多，胰淀粉酶到3周龄时逐渐达高峰，麦芽糖酶缓慢上升。脂肪分解酶初生时其活性就比较高，并且同时胆汁分泌也较旺盛，在3～4周龄脂肪酶和胆汁分泌迅速增加，一直保持到6～7周龄，因此，可以很好地消化母乳中乳化状态的脂肪。另外，仔猪胃肠运动机能微弱，但胃排空速度较快。初生仔猪胃运动微弱，并且无静止期，随日龄增长胃运动逐渐呈现运动和静止节律性变化，8～12周龄时接近成年猪。仔猪胃排空速度随年龄增长而减慢。2周龄前，胃排空时间为1.5h，4周龄时为3～5h，8周龄时为16～19h。饲料种类和形态影响食物在消化道通过速度。如4周龄仔猪饲喂人工乳残渣，排空时间为12h，喂大豆蛋白时为24h，喂颗粒料时为25.3h，而粉料则为47.8h。鉴于以上生理特性概括起来，葡萄糖无需消化直接吸收，适于任何日龄仔猪，乳糖只适于5周龄前，麦芽糖适于任何日龄，但不及葡萄糖；蔗糖极不宜于幼猪，9周龄后逐渐适宜；果糖不适于初生仔猪，木聚糖不适于2周龄前；淀粉适于2周龄以后并且最好进行熟化处理。

4. 生长发育快，代谢旺盛 仔猪初生重较小，不到成年体重的1%，但生后生长发育较快，一般初生重为1.5～1.7kg左右，30日龄体重可达初生重的5～6倍，60日龄达初生重的10～13倍，见表2-1。

绝对增长随年龄增长而增加，但相对生长速度却逐渐降低。从仔猪体重增长的成分上看，3周龄内脂肪增长或沉积迅速，初生时为1%，而5kg时脂肪成分占12%。以后蛋白质增长速度迅速上升。粗灰分的增长比较稳定。总之体内蛋白质、脂肪、粗灰分的总量随年龄和体重的增长而增加，见表2-2。

表2-1 哺乳仔猪生长发育

（李立山．养猪与猪病防治．2006）

指 标	日 龄						
	出生	10	20	30	40	50	60
体重平均（kg/头）	1.50	3.24	5.72	7.25	10.56	14.54	18.65
范围（kg）	0.9～2.2	2.0～4.8	3.1～7.8	4.2～10.8	5.4～15.3	8.9～22.4	11.0～27.2
增长倍数	1.00	2.16	3.81	4.83	7.04	9.71	12.43

表2-2 仔猪初生到20kg的生长速度和养分沉积量

（宋育．猪的营养．1995）

体重（kg）	水分（%）	粗脂肪（%）	粗蛋白质（%）	粗灰分（%）	预期日龄	增重（g/d）
初生（1.25kg）*	81	1.0	11	4	—	—
5	68	12	13	3	22	240
10	66	15	14	3	39	320
15	64	18	15	3	53	380
20	63	18	15	3	65	500

注：* 初生仔猪体成分除上述外，还含有2.5%的糖原。

仔猪生长较快，使仔猪物质代谢旺盛，因此所需要的营养物质较多。特别是能量、蛋白质（氨基酸）、维生素、矿物质（钙磷）等比成年猪需要相对要多，只有满足了仔猪对各种营养物质的需要，才能保证仔猪快速的生长。

二、仔猪开食补料

（一）哺乳仔猪营养需要

哺乳仔猪生长速度较快，所需要的各种营养物质相对较多，这就要求仔猪日粮中所提供的各种营养物质要多。

1. 能量需要 哺乳仔猪所需能量的来源有两个方面：一个是母乳；另一个是仔猪料，这就给日粮能量需要的数据带来了难题，每头母猪泌乳量及乳质不同，每日提供的能量就不同，在这种情况下，人们只好按仔猪生长速度来考虑其能量供给问题，但仔猪营养需要方面将哺乳仔猪能量需要单独罗列起来还很少，大多是借鉴生长猪 3～10kg 阶段的能量需要数据，而 3～10kg 阶段生长猪的能量需要只是最低需要量，和实际生产中仔猪生长的速度相比，还存在很大差距，因此该数据只是人们在饲粮配合时的一个参考依据，这些数据最初也是根据仔猪维持营养需要和生长需要计算出来的。当日粮中提供的能量水平高出维持需要时，剩余的那部分能量将用于生长，所以说在一定蛋白质、氨基酸、矿物质、维生素和水充足的情况下，能量水平决定仔猪的生长速度。实际生产中，根据体重和预期的增重值考虑能量供给，美国 NRC（1998）标准是：3～5kg 阶段生长猪日粮中消化能含量为 14.21MJ/kg，日采食量 250g，摄取消化能 3 553kJ。摄取这些能量预期日增重为 250g 左右。5～10kg 阶段要求日粮中消化能含量仍为 14.21MJ/kg。日采食量 500g，日摄取消化能 7.10MJ，期望日增重 450g 左右。而在实际生产中，仔猪生长速度比美国 NRC（1998）资料介绍的要快一些。哺乳仔猪所居环境温度也不一定都处在 25～28℃，环境温度不适将导致哺乳仔猪对能量需求发生变化：温度偏低时由于体热散失过多，用于生长的能量减少，为了保证其生长速度，要增加能量供给数量；温度偏高时仔猪食欲降低，会影响日摄取能量总量，同时高温环境也会增加机体热能损失，结果同样使维持能量增加，生长能量减少，要想使仔猪日采食较多的能量，可以通过增加日粮中能量含量的方法来满足哺乳仔猪对能量的需要。具体做法是向哺乳仔猪饲粮中添加动物脂肪3%～7%，动物脂肪与植物脂肪相比，动物脂肪饱和脂肪酸含量高，易于被仔猪消化吸收，同时也能减少腹泻。鉴于上述原因，应根据不同的品种、年龄、体重、不同生产水平要求、不同的环境条件、不同的健康状况灵活控制哺乳仔猪能量供给，以达到理想的生长要求。

2. 蛋白质、氨基酸的需要 要想使哺乳仔猪健康迅速的生长发育，一要保证能量需求，二要保障蛋白质（氨基酸）供给，不同的品种、年龄、体重阶段，不同的生产水平对蛋白质（氨基酸）需求有所差异，美国 NRC（1998）标准为 3～5kg 阶段粗蛋白质为 26%，赖氨酸 1.5%；5～10kg 阶段，粗蛋白质为23.7%，赖氨酸 1.35%，其他氨基酸的需要量见美国 NRC（1998）。哺乳仔猪除由日粮中摄取的蛋白质和氨基酸外，母乳还可以提供一定数量的蛋白质和氨基酸，以每头哺乳仔猪每日吮乳 500g 计算，每日由母乳提供的蛋白质 30g 左右。在能量供给充足的情况下，再供给充足的蛋白质和氨基酸等营养物质，即可保证哺乳仔猪迅速生长。反之，能量供给不充足，蛋白质水平再高，氨基酸平衡再好，哺乳仔猪照样将蛋白质和氨基酸经脱氨基作用氧化产热，加重肝肾负担，浪费蛋白质资源，增加饲料成本。

哺乳仔猪及其他猪，之所以将能量需要作为生长的第一需要，是由于猪属于恒温动物，始终以能量需要作为第一要素，这一生理特性在营养供给上应引起充分重视，以便于科学利用营养资源。

哺乳仔猪日粮中蛋白质水平不足以全面评价其质量的优劣，应以日粮中仔猪所需的必需氨基酸，特别是一些限制性氨基酸在日粮中的含量作为评价哺乳仔猪饲粮的重要依据。赖氨酸是一种限制性氨基酸，赖氨酸不足，一则生长速度受限，二则会增加哺乳仔猪腹泻发病率，所以，单纯看仔猪日粮蛋白质水平高低是不全面的。有时日粮中过多使用植物性蛋白质，往往会出现哺乳仔猪消化道免疫反应损伤，从而引起腹泻。如果把日粮中蛋白质水平降低2%～3%，增加0.1%～0.3%的赖氨酸，会大大降低哺乳仔猪腹泻的发生。

综上所述，蛋白质、氨基酸在饲粮配合过程中要特别注意其原料品质，应根据哺乳仔猪蛋白质、氨基酸的需要特点，选择必需氨基酸含量高，特别是限制性氨基酸含量高的饲料原料，如进口鱼粉等。但鱼粉资源现在世界范围内日益锐减，并且价格较高，所以有些生产场已改用氨基酸平衡法来配合哺乳仔猪日粮，这种方法既科学又经济。最后指出的是氨基酸水平不是越高越好，关键是各种氨基酸间的平衡，所以应根据美国NRC（1998）标准中各种氨基酸推荐数量酌情添加，进行日粮配合，以优良的氨基酸组合保证哺乳仔猪快速生长，反之会使哺乳仔猪生长速度变慢，饲料转化率降低，有时还会引发哺乳仔猪健康问题。

3. 矿物质需要　哺乳仔猪骨骼肌肉生长较快，对矿物质营养需要量较大，过去非封闭式饲养情况下人们只注意钙、磷的补给，而忽视了其他矿物质营养的供给，导致哺乳仔猪生产水平较低，这些做法的初衷是由于骨骼中主要成分是钙、磷所致，当哺乳仔猪日粮中缺乏钙、磷时，首先暴露问题的是生长速度变慢，身体变形等不良后果。美国NRC标准：仔猪3～5kg阶段需要钙0.90%，总磷0.70%，有效磷0.56%；5～10kg阶段需要钙0.80%，总磷0.65%，有效磷0.40%。以上数据是使用玉米-豆粕型日粮时，保证最大增重速度和饲料转化率的最低需要量，而实际配合日粮时要高于这个数字，特别是钙超出饲养标准更多，究其原因，第一是预混料中所用的稀释剂或载体多选用含钙高的石粉或石膏；第二是由于高钙高磷日粮有利于封闭状态下采光系数较低的舍内猪对钙、磷的需求；第三是根据哺乳仔猪将来用途而设计，将来用于种用的哺乳仔猪日粮中高钙、高磷，可以增加其骨骼密度，防止骨质疏松，增强抗碎强度，研究证明，母猪在幼龄阶段高钙高磷可以延长繁殖寿命，鉴于此种情况，在配合哺乳仔猪日粮时应高出标准0.1%；第四是哺乳仔猪日粮中主要原料来源于植物谷类，植物谷实普遍含钙量少，而有些饲料含磷量较高，但60%左右是以植酸磷的形式存在，猪对植酸磷在无外源酶情况下利用率很低。综合近年来研究结果，猪对植物磷的利用率只有30%左右。掌握这一点便于对哺乳仔猪日粮配合时作以重要参照。仔猪对植物磷的利用率因其饲料种类不同而异，见表2-3。

掌握了钙、磷需要量的同时，还应注意钙、磷比例，便于提高日粮中钙、磷吸收利用效果。研究表明，3～5kg阶段猪，钙与有效磷最佳比例为1.6∶1；5～10kg阶段猪，钙与有效磷最佳比例为2.0∶1。高于以上比例，对仔猪有害而无益，会出现采食量、增重速度、饲料转化率和骨骼质量下降等不良后果。为了提高钙、磷利用效果，实际配合日粮时多选用石粉作为钙源，磷酸氢钙作为磷源。

在矿物质营养中还应注意钾、钠、氯的需要与供给问题。植物饲料中通常是钠不足而钾过量，此时应重点考虑钠、氯需要量，根据标准向哺乳仔猪饲粮中添加0.3%的食盐，即可以满足哺乳仔猪对钠和氯的需要，防止钾、钠、氯缺乏，出现电解质不平衡，影响仔猪生长发育和降低饲料转化率等不良后果。但也要注意钾、钠、氯在日粮中含量过高也会引起中毒，特别是在饮水设施不完善的情况下，应引起充分重视。据资料报道，在饮水充足情况下，哺乳仔猪可以耐受日粮中高水平的食盐和钾；当饮水受限时，过量食盐会使仔猪出现神经过敏、虚弱、蹒跚、癫痫、瘫痪和死亡等中毒症状。钾中毒主要表现心电图失常。

表 2-3 仔猪常用饲料中磷的相对生物利用率

（宋育．猪的营养．1995）

饲 料	利用率（%）	饲 料	利用率（%）	饲 料	利用率（%）
玉米	14	小麦次粉	45	鱼粉	100
买罗高粱	19	米糠	25	血粉	92
大麦	31	苜蓿粉	100	干乳清	76
燕麦	30	豆饼（去壳）	25	碳酸氢钙	100
小麦	50	豆饼（含粗蛋白质 44%）	35	脱氟磷矿石	87
黑小麦	50	大豆壳	78	肉骨粉	76
玉米麸	14	花生饼	12	蒸骨粉	82
玉米面筋饲料	59	双低菜子饼	21	柿子饼	15
酒糟（带可溶物）	71	红花油饼	3		
小麦麸	35	棕榈仁饼	11		

哺乳仔猪虽然完全可以从含硫氨基酸和母乳中满足硫和镁的需求，但对于生长速度快、瘦肉率高的猪种，添加一定量的镁可以减少应激过敏。

其他微量元素如铁、铜、锌、硒的需求是近几年来人们普遍关注的问题，美国 NRC（1998）标准要求铁为 60mg/kg。在实际应用中，哺乳仔猪开食料中铁添加量为 100～160mg/kg，究其原因是由于其他微量元素超标准添加，铁必须首先超标准添加，从而缓解中毒。

铜是近十年内添加量和添加效果研究的热点。美国 NRC（1998）标准，3～10kg 阶段铜为 3～6mg/kg。这个数值完全可以保证仔猪正常生长发育的最低需要。但实际饲料生产中，哺乳仔猪饲粮中铜的添加量通常为 150～300mg/kg。高剂量添加铜，主要基于两个方面，一是稍高剂量铜可以促进仔猪生长；二是满足过去有些人的所谓黑粪要求，实际上这是不科学的。一些欧美国家从环保角度和资源合理利用角度，其饲粮中铜的含量要求控制在 125mg/kg 以下。仔猪缺铜可以出现缺铜性贫血。母猪乳中铜的含量较低，但是可以通过给妊娠母猪饲喂高铜，增加初生仔猪体内铜的储量。

锌的需要量受饲粮中钙、磷、铜含量，干饲与湿饲，阳光直射曝晒的时间和强度，猪的毛色等影响较大。美国 NRC（1998）标准推荐 3～10kg 阶段仔猪锌为 100mg/kg，但是饲粮中钙、磷、铜超标，干饲，阳光曝晒，无色猪将增加对锌的需要量，以防出现相对缺锌引发皮肤不全角化症。锌的添加量一般为 150～180mg/kg。

硒的需要量受地区、敏感猪群两方面影响，我国北方大部分地区过去属缺硒地区，但随着含硒饲料、含硒肥料的广泛使用，这种情况将有所改变。生长速度快、瘦肉率高的猪种对缺硒敏感。幼龄猪缺硒主要发生在生长速度快、体质健壮的仔猪，轻者应激反应过敏，重者患白肌病、营养性肝坏死、桑葚心，使仔猪死亡率增加，给仔猪培育带来一定的损失。NRC（1998）标准，3～10kg 阶段硒为 0.3mg/kg。由于添加的原料多为 Na_2SeO_3，其毒性较大，无需超标准添加。缺硒地区一方面在母猪妊娠期间注重日粮中硒的添加；另一方面可在仔猪出生后第 1 天肌内注射亚硒酸钠 0.5mg。仔猪饲粮中添加硒时一定要搅拌均匀，谨防中毒。

锰作为多种与碳水化合物、脂类和蛋白质代谢有关酶的组成成分发挥作用，同时也是骨有机质黏多糖组成成分。锰在美国 NRC（1998）标准推荐量为 4mg/kg，锰很容易穿过胎盘，所以妊娠猪缺锰会导致初生仔猪缺锰。哺乳仔猪的锰可以由母乳和饲粮中获得，以免影响骨骼生长发育。一些国家仔猪矿物质需要量见表 2-4。

表 2-4 几个国家仔猪矿物质需要量（风干饲粮中含量）

（李立山．养猪与猪病防治．2006）

国别	体重 (kg)	钙 (%)	磷 (%)		铁 (mg/kg)	铜 (mg/kg)	锌 (mg/kg)	锰 (mg/kg)	硒 (mg/kg)	碘 (mg/kg)
			总磷	有效磷						
美国	1～5	0.90	0.70	0.55	100	6	100	4	0.3	0.14
	5～10	0.80	0.65	0.40	100	6	100	4	0.3	0.14
	10～20	0.70	0.60	0.32	80	5	80	3	0.25	0.14
英国	1～5	1.10	0.70		66.7	4.4	55.6	6.7～13.3	0.18	0.18
	5～10	1.10	0.70		66.7	4.4	55.6	6.7～13.3	0.18	0.18
	10～20	1.10	0.70		66.7	4.4	55.6	6.7～13.3	0.18	0.18
法国	1～5				100	10	40	40	0.30	0.60
	5～10	1.30	0.90		100	10	40	40	0.30	0.60
	10～20	1.05	0.75		100	10	40	40	0.30	0.60
前苏联	1～5				100	15	75	40	—	0.3～0.2
	5～10	0.90	0.70		100	15	75	40	—	0.3～0.2
	10～20	0.90	0.70		100	15	75	40	—	0.3～0.2
日本	1～5	0.90	0.70		150	6	100	4	0.15	0.14
	5～10	0.80	0.60		140	6	100	4	0.17	0.14
	10～20	0.65	0.55		80	5	80	3	0.25	0.14

4. 维生素需要 哺乳仔猪所需要的维生素量应根据仔猪日粮类型、日粮营养水平、饲料加工方法、饲料贮存环境和时间、维生素预前处理、哺乳仔猪饲养方式、仔猪生长速度、饲料原料组成、仔猪健康状况、药物使用、体内维生素贮存状况等因素综合考虑。美国 NRC（1998）中各种维生素的需要量只是最低需要量。实际配合饲粮时，维生素水平至少是饲养标准需要量的 2～8 倍，才能保证最大生产成绩。哺乳仔猪所需维生素来源于母乳和日粮，根据玉米-豆粕-乳清粉型日粮特点，考虑添加维生素 A、维生素 D、维生素 E、维生素 K、维生素 B_1、维生素 B_2、泛酸、烟酸、维生素 B_{12}、胆碱、维生素 B_6、生物素、叶酸。

维生素 A、维生素 D 过量时毒性较大。一般维生素 A 添加量不超过 20 000IU/kg，维生素 D 不超过 2 000IU/kg。维生素 A 缺乏往往是母猪饲粮缺乏造成的，导致初生仔猪免疫力下降，生长发育受阻。维生素 D 缺乏会影响钙、磷的吸收，使仔猪出现佝偻病影响生长。维生素 E 是哺乳仔猪最容易缺乏的，有五个方面原因：一是饲料中含量少；二是极易被空气氧化破坏；三是价格昂贵；四是仔猪日粮中添加脂肪，特别是一些不饱和脂肪酸易使维生素 E 氧化；五是生长速度快、瘦肉率高的品种仔猪对维生素 E 量敏感。基于上述原因，应向哺乳仔猪日粮中添加维生素 E 40～100mg/kg，而美国 NRC（1998）维生素 E 推荐量为 10mg/kg。根据资料报道，高水平添加维生素 E（150～300mg/kg 饲粮）可以增强仔猪的免疫力，有利于健康。另有美国资料报道，初生仔猪缺乏维生素 E 或硒，可以导致仔猪肌内注射铁质 10～12h 内部分或全部死亡。

维生素 K 对于哺乳仔猪是必需的，因为哺乳仔猪肠道内微生物少，不能合成自身所需要的维生素 K 量，因此在其饲粮中应添加 2mg/kg。

哺乳仔猪日粮中由于其植物饲料中含有较丰富的水溶性维生素，故应按其 NRC（1998）标准至少 2 倍左右添加，防止出现缺乏症，一些国家维生素营养需要量见表 2-5。

表 2-5　几个国家仔猪维生素需要量

（宋育．猪的营养．1995）

体重 (kg)	国别	维生素 A (IU)	维生素 D (IU)	维生素 E (mg/kg)	维生素 K (mg/kg)	维生素 B_1 (mg/kg)	维生素 B_2 (mg/kg)	维生素 B_6 (mg/kg)	烟酸 (mg/kg)	泛酸 (mg/kg)	胆碱 (mg/kg)	生物素 (mg/kg)	叶酸 (mg/kg)	维生素 B_{12} (μg/kg)
1～5	美国	2 200	220	16.0	0.5	1.5	4.0	2.0	20.0	12	600	0.08	0.3	20.0
	英国	—	—	14.0	0.3	1.67	2.78	2.78	22.2	11.1	878	—	—	20.0
	法国	—	—	—	—									
	前苏联	6 000	600	40.0	—	3.0	8.0	—	20.0	—	1 500	—	—	30.0
	日本	2 200	220	11.0	2.0	1.3	3.0	1.5	22.0	13	1 100	—	—	22.0
5～10	美国	2 200	220	16.0	0.5	1.0	3.5	1.5	15.0	10	500	0.05	0.3	17.5
	英国	—	—	14.0	0.3	1.67	2.78	2.78	22.2	11.1	878	—	—	20.0
	法国	—	—											
	前苏联	6 000	600	40.0	—	3.0	8.0	—	20.0	—	1 500	—	—	30.0
	日本	2 200	220	11.0	2.0	1.3	3.0	1.5	22.0	13	1 100	—	—	22.0
10～20	美国	1 750	200	11.0	0.5	1.0	3.0	1.5	12.5	9	400	0.05	0.3	15.0
	英国	2 000	140	8.5	0.3	2.0	3.0	2.5	15.0	10	1 000	0.20	—	10.0
	法国	10 000	—	21.0	1.0	1.0	4.0	—	15.0	—	500	0.10	0.5	30.0
	前苏联	5 000	500	40.0	—	2.5	5.0	—	—	—	1 300	—	—	25.0
	日本	1 750	200	11.0	2.0	1.1	3.0	1.5	18.0	11	900	—	—	15.0

值得指出的是胆碱对维生素 A、维生素 D_3、维生素 K 和泛酸等易起破坏作用，因此维生素预混剂中不含有胆碱，待配合饲粮时加入。其他维生素要想增加保存时间，均应进行抗氧化包埋处理。健康状况不佳的仔猪，应酌情增加维生素添加量。饲料加工过程中有加温工艺的应增加维生素给量，生长速度快的猪应增加维生素添加量。

5. 水的需要　仔猪生后 1～3d 就需要供给饮水。其所需数量受仔猪体重、健康状况、饲粮组成、环境温度和湿度等因素影响。哺乳仔猪对水质要求较高，要求符合饮水卫生标准，同时要有完善的饮水设施。现代养猪生产多选用饮水器或饮水碗，一般认为哺乳仔猪习惯使用饮水碗，要保证饮水碗的清洁卫生。使用饮水器要安装好其高度，一般为 15～20cm，水流量至少 250mL/min。据资料报道，水中含有硝酸盐或硫酸盐易引起仔猪腹泻。生产实践中，发现水中氟含量过高，会出现关节肿大，锰含量偏高，仔猪出现后肢站立不持久，出现节律性抬腿动作。

三、仔猪提早开食适时补料

仔猪提早开食适时补料是为了锻炼仔猪消化器官消化饲料的能力，为适时补料做准备，与此同时，也能补充其生长发育所需要的一部分营养。因此，仔猪7日龄左右应对仔猪进行开食。具体方法见本模块实训操作二：仔猪开食补料。

四、仔猪常见疾病的防制

（一）仔猪预防接种

为了保证仔猪健康地生长发育，防止仔猪感染传染病，应根据本地区传染病的流行情况和本场血清学检测结果，适时接种一些疫苗，增强机体的免疫力。值得注意的问题，使用猪肺疫、猪丹毒、仔猪副伤寒疫苗的前3～5d和后1周内不要使用抗菌药物；口服疫苗时，先用少量冷水把疫苗稀释，然后拌在少量饲料内攥成团，均匀地投给每一个仔猪，或用无针头的注射器经口腔直接投给。口服疫苗后0.5～1h，方可正式喂饲；各种疫苗间免疫间隔3～5d，防止上一次接种产生应激影响下一次免疫接种效果；病态、营养不良、断奶时、去势时、转群时、长途运输后等应激状态不宜免疫接种，以免影响接种效果。

猪瘟疫苗首免日龄不得迟于20日龄，以免仔猪产生的自身抗体与母源抗体衔接不上。

（二）腹泻控制

仔猪腹泻是指仔猪排粪次数明显增多（正常情况下，猪每日排粪3～8次），粪便稀薄如糊状或水样，有时混有黏液、血液和脓汁（正常仔猪粪便成圆柱状，落地后粪便略微变形，横截面成椭圆形，表面光亮无任何附着物）。

仔猪腹泻是仔猪阶段常见、多发性疾病，轻者影响生长发育，重者诱发其他疾病或死亡，给养猪生产带来严重损失，应引起高度重视。

仔猪腹泻按照其致病原因可分为病原性腹泻和非病原性腹泻，非病原性腹泻是由于断奶应激肠道损伤，使消化道酶水平和吸收能力降低，造成食物以腹泻形式排出。仔猪消化道与外界相连，很容易受外来物质侵袭。肠道的健康依赖于肠道局部免疫系统。该系统能够广泛识别抗原并与其发生特异性反应。肠道免疫抗体对以前未曾接触过的一切外来抗原均会发生免疫反应，用以消除抗原的危害，结果造成肠细胞损伤，成熟细胞减少，消化酶水平下降，小肠绒毛萎缩，肠腺窝增生，导致仔猪腹泻。仔猪日粮中含有大量抗原（主要是蛋白质），肠道免疫系统不能经常发生免疫反应，而是表现出免疫耐受。当肠道中的食物抗原成分达到一定数量和作用时间后，仔猪受免疫耐受作用，对后来的同类抗原不再反应。当仔猪断奶时对高抗原日粮未能适应或者肠道没有产生免疫耐受时，这种日粮将引发仔猪大量腹泻。此种情况多发生在早期断奶最初几天或饲粮更改后几天内，如大豆粉过敏。此时腹泻症状如果不加以控制，可导致大肠杆菌的大量侵入繁殖，使腹泻症状加剧。病原性腹泻是由于病原性微生物侵入动物体内而引起的，如大肠杆菌、球虫等。为了方便非动物医学专业人员对腹泻疾病的诊断和治疗从而控制仔猪腹泻，现将仔猪5周龄前引起腹泻疾病的发病年龄、发病率、死亡率、发病季节、腹泻外观、其他猪的症状、发病经过和相关因素列为表2-6供参考。

表 2-6　引起仔猪 5 周龄前腹泻的疾病

（Barbara E. Straw 等 . 猪病学 . 2008）

疾　病	出现症状的年龄	发病率	死亡率	季　节	仔猪其他症状	腹泻外观	其他猪的症状	发病及经过	有关因素
大肠杆菌	任何时间，但感染高峰在1～4 日和 3 周龄	不一，常为中等，通常全窝感染，但邻窝可正常	不一，中等	任何季节，但冬季受凉的仔猪、夏季无乳多发	脱水，腹膜苍白，尾可能坏死	黄白色，水样有气泡，恶臭 pH7.0～8.0	母猪不感染、初产母猪产的仔比经产母猪的严重	渐进发作，慢慢播散遍及全舍，后产的几窝猪严重	常与管理差、环境脏及非最适环境温度有关
流行性传染性胃肠炎	1 日龄以上任何年龄并且各种年龄同时发生	近 100%	1 周龄以下的近 100%、4 周以上的近于 0	寒冷月份，11 月～翌年 4 月	呕吐，脱水	黄白色（可能浅绿色），水样，有特征性气味，pH6.0～7.0	母猪厌食，可能呕吐，粪便稀，无乳、迅速传播到其他猪	暴发性，所有窝同时感染	
地方性传染性胃肠炎	6 日龄或更大	中等，10%～50%	低，0～20%	无	呕吐，脱水	黄白色（可能浅绿色）水样，有特征性气味，pH6.0～7.0	母猪通常不发病，哺乳猪可能腹泻	成窝散发感染，慢性，少量发生	经常引入猪和连续产仔，大的猪场
球虫病	小于 5 日龄的猪不发病，常发于 6～15 日龄（特别是 7 日龄）	不一，可达 75%	通常低	高峰期在 8 月和 9 月	消瘦，被毛粗，断奶时体重较轻	糊状至大量、水样、黄灰色、恶臭，pH7.0～8.0，有些猪腹泻，其他的可能排“绵羊屎粒”便	母猪正常	播散慢，逐渐增加	硬地板
轮状病毒性肠炎	1～5 周龄	不一，可达 75%	低，5%～20%	无	偶见呕吐，消瘦，被毛粗	水样，糊状混有黄色凝乳样物，pH6.0～7.0	母猪很少发病	流行性：突然发生，快速传播。地方性：与传染性胃肠炎一样	

（续）

疾病	出现症状的年龄	发病率	死亡率	季节	仔猪其他症状	腹泻外观	其他猪的症状	发病及经过	有关因素
产气荚膜梭菌C型或A型：PA：最急性；A：急性；SA：亚急性；C：慢性	通常1～7日龄PA：1日龄A：3日龄SA：5～7日龄C：10～14日龄	每窝中1～4头猪表现症状。通常是最大最健康的猪感染	急性感染猪几乎100%死亡。慢性的存活率较高	无	PA：划动、虚脱，偶尔呕吐；SA、C：消瘦，被毛粗	PA：水样，黄色-血样；A：淡红棕色液状粪便；SA：无血，水样黄-灰色；C：黄-灰黏液样	母猪正常	缓慢性传播及产房，四型可能同时见于不同窝内	第一次暴发常见于加入新猪后
类圆线虫	4～10日龄		达50%		呼吸困难，中枢神经系统症状		母猪正常		
猪痢疾	7日龄或更大，特别是2周龄	成窝散发	低	夏末和秋季	无脱水	水样带血和黏液，黄-灰色	母猪正常，较大猪可能腹泻		第一次暴发常见于加入新猪后
沙门氏菌病	3周龄				败血症	黏液出血性			
丹毒	通常1周龄以上	全窝散发	中度至高度			水样			母猪没有接种疫苗
伪狂犬病	任何年龄，青年仔猪较重	高达100%	高，50%～100%	冬季	呆滞、流涎、呕吐、呼吸困难、共济失调，中枢神经系统症状		中枢神经系统症状，流产	在以前未感染过的群中暴发	
低血糖（无乳症）	产后无乳，1～3d；腹线不好，2～3周	不一，窝数的5%～15%	在发病窝高		虚弱，无活力，体温低，中枢神经系统症状	水样	母猪无乳，食欲差，乳房炎，乳头内翻		地滑，板条箱设计或调节不当，未除去上犬齿
弓形虫病	任何年龄	不一	不一		呼吸困难，中枢神经系统病状	水样	母猪正常		
猪流行性腹泻	任何年龄	不一，但通常高	中度到高度		呕吐，脱水	水样	较大的猪可能症状较重	暴发，病程快	

仔猪腹泻防制措施如下：

1. 加强环境控制 控制仔猪腹泻最重要的预防措施是保证仔猪具有一个最佳的环境，首先要提供仔猪良好的环境温度，生产实践证明，环境寒冷潮湿仔猪患腹泻疾病的几率增加，并且出现仔猪年龄越小对环境温度越敏感，发病率也就越高，治愈率就越低的结果。因此，适宜的分娩温度应为15～22℃，最好是21～22℃，有利于母猪的食欲和仔猪哺乳及行走。仔猪所居环境（仔猪箱）第一周温度为34～32℃，以后每周降温幅度控制在2℃以内。降温幅度过大会诱发仔猪腹泻。与此同时，要求仔猪所居床面应该是无过堂风和隔热性较好的地板，特别是对体重偏小的仔猪尤为重要，因为它们单位体重皮肤表面积相对较大进而散热快。另外分娩舍和分娩栏床在设计和使用上要便于粪便的及时清除，最好使用漏缝地板，有利于母猪、仔猪粪便随时落到粪尿沟内，减少粪便与仔猪的接触机会，这样会明显减少仔猪大肠杆菌发生几率。如果无漏缝地板，可在地面放置10cm左右的厚的垫草，最好是选用5～10cm长的小麦秸，防止猪嚼吃。这样既能防止仔猪腹泻又可以相当于提高仔猪所居环境有效温度4℃左右。

干燥温暖的环境会降低相对湿度，从而降低大肠杆菌等病原微生物存活率。为了达到这一环境效果，应从以下几方面着手①分娩舍内尽量控制水的使用；②加强通风换气，但风速不要过大以免降低有效环境温度，一般控制在0.2m / s以下；③分娩舍墙壁和棚顶要具有保温隔热能力，防止寒冷季节舍内热空气遇到冷的墙或棚顶形成水凝现象。环境控制的最后一点是分娩舍要实行全进全出制度，分娩舍内分娩栏床在使用前要进行彻底的清扫消毒，使用过程中也应定期消毒，减少大肠杆菌在环境中的繁殖。

2. 注意母猪饲养管理 加强妊娠、泌乳母猪饲养管理。生产实践证明，妊娠、泌乳母猪饲养不好，容易诱发仔猪腹泻，特别是妊娠、泌乳母猪日粮不全价，造成母猪体况偏肥偏瘦时、母猪饲料中毒或者母猪患病时仔猪容易患腹泻病。因此，必须按照饲养标准科学地配合饲粮，根据膘情和生产情况确定日粮量，加强母猪管理，严防母猪食入有毒有害物质，发现母猪有病应及时诊治。

3. 仔猪方面

（1）提早开食、大量补料。仔猪最初采食饲粮的蛋白质水平和品质，将影响其断奶后饲粮蛋白质水平和品质。因此，哺乳期提早开食，食入大量的饲料，促使肠道免疫系统产生免疫耐受力，可避免断奶后对日粮蛋白质发生过度敏感反应。如果开食晚补料少，就会造成免疫系统损伤，仔猪断奶后这种反应更加严重。断奶前如果不补饲，其效果介于两者之间，这一发现具有重要的实践意义。对4～5周龄以后断奶仔猪进行高质量补饲，对保证仔猪断奶后健康和正常生长发育具有明显的效果。对8周龄后断奶的仔猪，补饲效果不明显。研究发现，3周龄或更早断奶的仔猪，断奶前至少累积补料600g，才能使消化系统产生耐受反应，从而减少断奶后仔猪腹泻。鉴于这种情况，对3周龄以前准备断奶的仔猪，可以在7日龄进行强制开食，并且要求开食料适口性好、易于消化吸收，便于仔猪在断奶前采食尽可能多的饲料，使肠道免疫系统产生免疫耐受力。

（2）降低开食料蛋白质水平，添加氨基酸。日粮中蛋白质是主要抗原物质，降低饲粮蛋白质水平可减轻肠道免疫反应。缓解和减轻仔猪断奶后的腹泻。试验证明，酪蛋白不经酶法水解，具有活性，直接作为蛋白源存在饲料中，会导致仔猪发生腹泻，但经酶法水解后，仔猪无腹泻现象。试验表明，即使没有大肠杆菌繁殖，未经酶法水解的酪蛋白同样会导致仔猪腹泻。这一点证明，肠道损伤是免疫反应的结果而不是病原微生物作用的结果。仔猪开食料蛋白质水平高，可导致肠腺窝细胞增生，蔗糖酶活性下降，而饲喂低蛋白质水平饲粮后上述情况可以减轻。仔猪饲粮中添加氨基酸，尤其是添加赖氨酸 0.1%～0.2%后，可以降低2%～3%的蛋白质水平，从而达到降低抗原的目的，并且对增重和饲料转化率均有提高的效果。实践证明，6～15kg 仔猪蛋白质水平由 23%降至 20%，赖氨酸达 1.25%时，仔猪腹泻明显减少。

（3）使用抗生素和益生素。仔猪饲粮中添加抗生素，可以抑制和杀灭一些病原微生物，同时加速肠道免疫耐受过程，使进入肠道的抗原致敏剂量变成耐受剂量，减轻肠道损伤。添加益生素可以使肠道菌群平衡，抑制有害菌的生长繁殖，同样达到减轻腹泻的效果。

（4）增加仔猪饲粮中粗纤维含量。这种做法可以降低断奶应激和避免仔猪在断奶时出现生产性能停滞期。试验证明，仔猪饲粮中添加 20%的燕麦对仔猪生长率无明显影响，但可以改善粪便外观效果。控制仔猪腹泻，还要注意饲料的防腐防霉，保证饮水清洁卫生和环境卫生。大群腹泻时应及时诊治，以免拖延治疗机会或引发其他疾病。

4. 预防和治疗

（1）预防。目前从动物医学的角度讲，其主要预防措施是给妊娠母猪注射预防大肠菌病疫苗，一般在产前 3 周左右，注射 K88（K99）疫苗，可以收到一定的预防效果。另一种预防性措施是向仔猪日粮中添加一定的抗生素或药物，也可以起到一定的预防作用。如添加土霉素等。

（2）治疗及其他措施。一旦发现一窝中个别仔猪患有下痢，应及时投药治疗，要掌握好所用药的种类和剂量，并对全窝仔猪进行投药预防，同时对环境认真消毒，特别是患病仔猪排出的粪便要及时清除并进行消毒。不交叉使用饲喂和扫除工具，饲养员鞋底要用 0.1%洗必泰水溶液或 0.1%过氧乙酸水溶液喷雾消毒，并加强母猪和仔猪饲养管理，促使仔猪早日康复。仔猪腹泻停止后要巩固治疗 1～2d，将腹泻控制一定范围内，减少损失。

总之，控制仔猪腹泻应从饲粮配合、饲喂技术、环境控制等方面着手，不要单一依赖药物控制仔猪腹泻。这种做法既增加成本，又不能十分把握地控制仔猪腹泻，同时也会对猪场造成病原污染，不利猪群健康。

项目一　仔猪断奶技术

知识准备

断奶条件和时间

仔猪自然断奶时间为8～12周龄，此时母猪乳腺接近干乳，无乳汁分泌，以前养猪生产实行8周龄断奶，以后逐渐缩短到现在的断奶时间。确定仔猪的断奶时间，主要根据仔猪消化系统成熟程度（吃料量、吃料效果），仔猪免疫系统的成熟程度（发病情况），保育舍环境条件，保育舍饲养员饲养保育猪技术熟练程度等来确定。鉴于我国的猪舍环境条件、生猪价格、早期保育猪料价格等实际情况，适宜的断奶时间为3～5周龄，仔猪培育技术不成熟或环境条件较差的养殖场不得早于4周龄，但不能迟于6周龄。我国的代乳品价格较高，猪舍环境条件不能满足仔猪生长发育要求，现场仔猪管理水平较低，养猪的经济效益不高等因素导致过早断奶会增加饲养、环境控制等成本，同时仔猪育成率也无法保证，但过晚断奶会使母猪的年产仔窝数减少，相对增加母猪的饲养成本，降低养猪生产的整体效益，见表2-7。

表2-7　仔猪不同断奶日龄的经济效益

（陈清明．现代养猪生产．1997）

断奶日龄	哺乳期母猪饲料消耗（kg）	56日龄每头仔猪的饲料消耗（kg）	每头仔猪负担母猪的饲料消耗量（kg）	56日龄内仔猪增重（kg）	56日龄内仔猪饲料转化率
28	125	16.80	11.36	13.34	2.11
35	164	14.90	14.91	12.85	2.32
50	239	11.70	21.73	12.98	2.58

任务一　断　　奶

（一）一次断奶法

一次断奶法指到了既定断奶日期，一次性地将母猪与仔猪分开，不再对仔猪进行哺乳。此方法适于工厂化猪场和规模化猪场，便于工艺流程实现全进全出，省工省事。但个别体质体况差的仔猪应激反应较大，可能影响其生长发育和育成。

（二）分批分期断奶法

分批断奶法即根据一窝中仔猪生长发育情况，进行不同批次断奶。一般将体重大、体质好、采食饲料能力较强的仔猪相对提前1周断奶；而体重小、体质弱、吃料有一定困难的仔猪相对延缓1周左右断奶，但在此期间内应加紧训练仔猪采食饲料能力，以免造成哺乳期过长，影响母猪的年产仔窝数。此方法适于分娩舍设施利用节律性不强的小规模猪场。

（三）逐渐断奶法

逐渐断奶法指在预定断奶时间前1周左右，逐渐减少日哺乳次数，到了预定断奶时间将母仔分开，实行断奶。此法适应于规模小、饲养员劳动强度不大的养殖场，饲养人员可以有充足时间来控制母猪哺乳。

（四）仔猪早期隔离断奶技术

20世纪90年代初，北美实施仔猪早期隔离断奶及相关技术，改变了当时的生产状况，这些技术通过控制断奶日龄及保育猪的饲养管理，从而提高猪群健康。母仔隔离减少了仔猪疾病发生，提高了生产性能，同时也增加了母猪年产仔窝数。

仔猪早期隔离断奶有益仔猪健康，首先是对养猪生产环境卫生及生物安全的普遍重视；其次是实行“全进全出”制度。目前仔猪早期隔离断奶正在推广一种“不同日龄分开饲养”方法，也就是说在一个猪场饲养的仔猪日龄相差不足1周。保育舍与母猪舍及其他生产舍分开隔离，隔离距离250m到10km不等。

1. 仔猪早期隔离断奶的主要特点

（1）根据本地区一段时期内，一些传染病的流行情况，对妊娠母猪进行免疫，使之对某些特定的传染病产生抗体。这些抗体通过胎盘垂直传播给胎儿，使得仔猪出生前获得某些特定疾病的免疫。

（2）必须安排初生仔猪早吃初乳，便于仔猪获得较多的抗体。

（3）根据传染病流行情况，对仔猪进行免疫，形成自身抗体。

（4）仔猪在特定疾病的抗体消失前，而自身抗体即将形成前（3周龄前）实行断奶，并将保育猪转群到卫生、干净、温湿度适宜，并且有良好隔离条件的保育舍进行养育。美国、加拿大等国，保育舍的使用周期只有4～5周，即9周龄时离开保育舍，我国一般在保育舍内饲养到10周龄，实行全进全出消毒制度。

（5）根据保育猪消化生理特点，配制早期保育猪饲粮，该饲粮必须注意三个方面：一是适口性要好；二是容易消化；三是营养全面。

（6）仔猪断奶后，认真观察母猪发情，及时配种妊娠。

（7）由于仔猪健康无病，保育舍条件舒适、卫生，仔猪断奶后应激反应小等因素，使得保育猪生长速度较快。10周龄体重可达35kg左右，比非早期隔离断奶法饲养仔猪体重增加10kg左右。

2. 早期隔离断奶法的依据（机理）

（1）由于对仔猪消化生理研究的不断进展，使得对仔猪代乳料的研究开发日趋完善。仔猪2周龄左右所需营养完全由仔猪料中供给已成为可能，保证了仔猪快速生长发育。

（2）母猪妊娠期间对某些特定传染病进行了免疫，便于仔猪出生前获得一定的抗体。出生后通过吃初乳又获得了一些不能垂直传递的抗体，从而更加增强了仔猪的免疫力。仔猪在母源抗体消失前（3 周龄）已将其转群到条件较好、卫生安全的保育舍养育，减少了疾病感染几率。

（3）早期隔离断奶的仔猪应激反应小，持续时间短，减少了生长停滞期，缩短了猪的生长期，提高了圈舍及设施利用率，降低了固定资产成本，与此同时加快了生长速度。

3. 早期隔离保育猪的饲养管理

（1）断奶日龄的确定。根据所要防制的疾病、生产条件、技术水平而定，一般 14～21 日龄较好（有利于以周为单位流程生产），但是 14 日龄断奶，母猪很难在断奶后 1 周左右发情配种。

（2）饲粮配合原则。用于早期隔离断奶法的仔猪饲粮要求较高。应根据保育猪的消化生理特点和生长发育规律进行配制。一般可分为三阶段饲粮，第一阶段用于开食和断奶后 1 周，第二阶段用于断奶后 2～3 周，第三阶段用于断奶后 4～6 周。第一阶段饲粮粗蛋白质 20%～22%，赖氨酸 1.38%，消化能 15.40MJ/kg；第二阶段饲粮粗蛋白质 20%，赖氨酸 1.35%，消化能 15.02MJ/kg；第三阶段饲粮粗蛋白质 20%，赖氨酸 1.15%，消化能 14.56MJ/kg。以上三个阶段饲粮的主要蛋白质原料不同，美国研究者建议，第一阶段饲粮必须使用血清粉、血浆粉和乳清粉，第二阶段不需要血清粉，第三阶段只需要少量乳清粉，具体情况见表 2-8。

表 2-8 阶段饲养日粮推荐组成

（Barbara E. Straw 等．猪病学．2000）

项 目	早期断奶日粮	过渡日粮	第一阶段	第二阶段	第三阶段
玉米（或更经济的谷物）	玉米基础型（或更经济的谷物）	玉米-豆粕基础型（或更经济的谷物）	玉米基础型（或更经济的谷物）	玉米-豆粕基础型	玉米-豆粕基础型
赖氨酸（%）	1.7～1.8	1.5～1.6	1.5～1.6	1.3～1.4	1.15～1.30
脂肪添加量（%）	6	3～5	5	3～5	3～5
蛋氨酸（%）	0.48～0.50	0.38～0.43	0.38～0.43	0.36～0.38	0.32～0.36
乳糖当量（%）	18～25	15～20	15～25	6～8	—
豆粕（%）	10～15	—	15	—	—
喷雾干燥猪血浆蛋白（%）	6～8	2～3	6～8	—	—
喷雾干燥血粉和精选鲱鱼粉（%）	1～2 喷雾干燥血粉和 3～6 精选的鲱鱼粉	2～3 喷雾干燥血粉和/或精选的鲱鱼粉	0～3 喷雾干燥血粉和/或精选的鲱鱼粉	2～3 喷雾干燥血粉或 3～5 精选的鲱鱼粉	—
氧化锌（mg/kg）	3 000	3 000	3 000	2 000	—
硫酸铜（mg/kg）	—	—	—	—	125～250
饲料形式	粒状	粒状或粉状	粒状	粉状	—

（3）饲养管理原则。仔猪采用“全进全出”彻底消毒制度，保育舍使用周期为 4～6 周。每个保育栏养育仔猪 10 头左右，每个保育舍有保育栏 10 个，温、湿度适宜，空气新鲜。隔离设施完备，防疫消毒制度化，转群过程中，隔离环境条件较好，在断奶后 30～60h 内，必须想尽办法让保育猪采食饲料；只要每头仔猪采食 30g 饲料，其能量就可以使仔猪不感到饥

饿，为了便于仔猪采食和消化吸收，所使用的饲料以颗粒料为好。为适应保育猪一起采食的习性，必须有足够的采食空间，至少每 4 头有一个采食空间，其宽度为 15cm。从而增进仔猪食欲，带动所有的仔猪采食。断奶采食固体饲料时，必须保障供应充足、清洁、卫生、爽口的饮水，根据日龄、体重掌握好日喂量（表 2－9）。

仔猪早期隔离断奶提高了生产性能，据试验报道，早期隔离保育猪 10 日龄断奶，其同窝仔猪 27 日龄断奶，均接受同一水平的药物投放，并给予相同的四阶段日粮至 18kg 体重。在此期间，早期隔离断奶猪的生长速度比非早期隔离断奶提高了 23%（表 2－10）。

实行仔猪早期隔离断奶技术，要求具有一定水平的猪舍和设施，同时要有高质量的代乳品，并加强管理才能做好，我国目前利用此项技术的时机尚不成熟，有待将来开发利用。

表 2－9　根据断奶重分阶段饲养程序不同日粮每天的饲料供给量

（Barbara E. Straw 等．猪病学．2000）

	断奶重（kg）								
	3.6	4.1	4.6	5.1	5.6	6.1	6.6	7.1	7.6
早期断奶日粮（kg）	1.4	0.9	0.7	0.5	0.25	0.25	0	0	0
过渡期日粮（kg）	2.3	2.3	2.3	1.4	1.4	0.9	0.9	0.9	0.9
第二阶段（kg）	6.8	6.8	6.8	6.8	6.8	6.8	6.8	6.8	6.8
第三阶段（kg）	23.0	23.0	23.0	23.0	23.0	23.0	23.0	23.0	23.0

表 2－10　早期隔离断奶与非早期隔离断奶生产性能对比

（李立山．养猪与猪病防治．2006）

		传统法	早期隔离断奶法
保育舍仔猪体重（kg）	初生重	1.54	1.52
	10 日龄	3.17	3.10
	4 周龄	7.45	8.08
	5 周龄	8.89	10.90
	6 周龄	11.67	13.50
	7 周龄	14.76	17.79
平均日增重（g）		272	336
结果：105kg 体重日龄		160.35	155.10

任务二　仔猪断奶后母猪饲养管理

仔猪断奶当天，对于七成膘的母猪（P_2 值 20～24mm），其日粮量为 3kg 左右，日喂 2 次，停喂青绿多汁饲料。在下网床或驱赶时要正确驱赶，以免肢蹄损伤。迁回母猪舍后 1～2d 内，群养的母猪要注意看护，防止咬架致伤致残。断奶后 3d 内，注意观察母猪乳房的颜色、温度和状态，发现有乳房炎应及时诊治。断奶后 1 周左右，注意观察母猪发情，及时安排配种。对于泌乳期间失重较大的母猪，应给予特殊饲养，使其体况迅速恢复，适应发情配种需要。

项目二　保育猪饲养管理

任务一　保育猪饲养

（一）保育猪营养需要

保育猪所有营养均来源于日粮，如何配合好保育猪日粮，满足其健康生长发育所需要的各种营养物质至关重要。从多年试验研究的结果看，影响仔猪生长速度的营养要素依次是能量、蛋白质（氨基酸）、维生素、矿物质和水。如果能量供给不足，过高的蛋白质水平会把多余的部分转变成能量，造成蛋白质浪费、肝肾负担增加和污染环境，同时过高的植物蛋白质会导致幼龄猪的腹泻。因此，应在充分满足能量需要的前提下，考虑蛋白质（氨基酸）、维生素和矿物质的供给量，从而有利于仔猪的生长发育。现将美国 NRC（1998）仔猪营养需要推荐如下（摘要），见表 2-11。

表 2-11　生长猪自由采食情况下主要营养物质需要量

（李立山．养猪与猪病防治．2006）

	体重（kg）		
	5～10	10～20	20～50
该范围的平均体重	7.5	15	35
消化能浓度（MJ/kg）	14.21	14.21	14.21
摄入消化能估计值（MJ/d）	7.11	14.21	26.34
采食量估计（g/d）	500	1 000	1 855
粗蛋白质（%）	23.7	20.1	18.0
赖氨酸（%）	1.19	1.01	0.83
钙（%）	0.80	0.70	0.60
总磷（%）	0.65	0.60	0.50
有效磷（%）	0.40	0.32	0.23

1. 能量需要　保育猪的能量需要是根据仔猪断奶时间和体重来制定的。由于每个养殖场的生产条件、生产技术水平、猪的品种不同，导致仔猪断奶时间和断奶体重的不同。目前国内外一般多实行 3～4 周龄断奶，其断奶体重为 6～10kg。根据美国 NRC（1998）饲养标准，其日粮消化能的最低供给量应该是 7.11MJ。保育猪在保育舍内饲养到 9 周龄，体重达 20kg 左右，此阶段的日粮消化能最低供给量应是 14.21MJ。如前所述，日粮中能量水平是决定保育猪生长速度的第一要素，根据这一生长代谢特点，为了提高保育猪的生长速度，应使仔猪尽可能摄取较多的能量。

2. 蛋白质、氨基酸需要　保育猪饲粮粗蛋白质水平的高低会产生两种不同的效果，饲粮粗蛋白质过低会使仔猪生长变慢，粗蛋白质水平偏高往往会导致仔猪腹泻发生率增加。鉴于这种情况，人们开始利用氨基酸来平衡日粮，从而提高了生长速度，减少了腹泻发生率。这一举措意义较大，既提高了含氮化合物的利用率，又节约了有限的蛋白质资源。仔猪 3～4 周龄断奶，在其断奶以前，平均日增重 300g 以上，猪在 60kg 以前其主要增重内容是肌肉组织，而肌肉组织主要成分是蛋白质。断奶后 1～2 周内，生长速度视其断奶应激大小而有差异。断奶时间晚，断奶体重大，仔猪开食早，仔猪采食固体饲料多，环境条件较适宜的情况下，仔猪应激持续时间较短。断奶后生长速度上升较快，生长速度加快对蛋白质氨基酸的需求量增加。在良好的饲养条件下，仔猪断奶后至 9 周龄的平均日增重一般为 500～600g。根据这个生长速度，美国 NRC（1998）饲养标准要求，10～20kg 阶段，粗蛋白质 20.9%，赖氨酸1.15%。

现代养猪生产上，保育猪日粮除了重点考虑赖氨酸外，还应考虑蛋氨酸、色氨酸和苏氨酸等其他氨基酸的添加。生产实践证明，添加赖氨酸可以节省 2%的粗蛋白质，并且可以提高生长速度、改善肉质和增强机体免疫力；添加蛋氨酸既能节省蛋白质饲料又能缓解胆碱缺乏症；添加色氨酸可以防止烟酸缺乏症，同时能够减少或防止保育猪咬尾症的发生，也能增进机体免疫力，从而提高保育猪的生长速度。研究结果表明，保育猪蛋氨酸水平为 0.29%、苏氨酸水平为 0.68%时，生长速度和饲料转化率为最佳。美国 NRC（1998）推荐保育猪蛋氨酸水平为 0.30%，苏氨酸 0.74%，色氨酸 0.21%。随着对保育猪营养研究的不断进展，将来会使氨基酸在饲粮中添加种类和水平日趋科学合理。

3. 矿物质需要　猪在 60kg 以前，骨骼生长强度较大，是猪生长增重的主要内容之一。因此，此阶段猪所需矿物质营养应该增加，特别是钙、磷作为骨骼主要成分必须首先给予考虑。美国 NRC（1998）饲养标准推荐钙 0.80%～0.70%、总磷 0.65%～0.60%、有效磷 0.40%～0.32%。

其他矿物质元素对保育猪生长发育也十分重要，特别是铁、铜、锌、硒，近几年研究结果表明，不仅影响生长速度，而且会影响保育猪健康。美国 NRC（1998）饲养标准推荐量为铁 80mg/kg，铜 6mg/kg，锌 80mg/kg，硒 0.25mg/kg。以上推荐量只是防止出现缺乏症的最低量，现在为了促进保育猪更加迅速的生长，以上四种元素往往几倍甚至几十倍量添加，实际生产中有的添加过多，从环境保护和资源合理使用角度来说是不合适的。其他矿物质元素，美国 NRC（1998）推荐量分别为氯 0.15mg/kg，钠 0.15mg/kg，镁 0.04mg/kg，钾 0.26mg/kg，碘 0.14mg/kg，锰 3.00mg/kg。

4. 维生素需要　仔猪断奶后 1～2 周应激反应较大，加之以后其生长速度较快，所以导致保育猪对维生素的需求量增加。美国 NRC（1998）推荐量只是防止出现缺乏症最低需要量。实际配合饲粮过程中，基于生长、加工损耗、抗应激、自然环境破坏等因素的需要，其添加量往往是其推荐量的 2～8 倍。综合起来，维生素 A、维生素 E 有增强仔猪免疫力的功能，水溶维生素可以增进食欲、防止被毛粗糙。保育猪饲粮中添加脂肪时，应增加维生素 E 的添加量；制作颗粒饲料时，应增加 B 族维生素的添加量；夏季所有维生素均应增加其添加量。

5. 水的需要　保育猪由断奶前的流体乳和固体饲料混合采食，突然转变成单一采食固体饲料的情况下，水是必不可缺少的重要物质。水质和饮水设施对保育猪饮水影响较大，特别是水的味道、温度对其饮水量构成首要因素。所以，要求饮水无异味，水温要求冬季不过凉、夏季要凉爽。同时要求饮水符合人饮用水卫生标准，以保证保育猪的健康。正常情况下，猪的饮水量为其采食风干料重的2～4倍，夏、春、秋三个季节饮水量要高于冬季。

（二）保育猪饲养

1. 总体要求 保育猪在保育期间平均日增重要求500～600g，9周龄体重达20～30kg，保育期间死亡率在1%～3%；控制保育猪的腹泻等其他疾病；减少断奶后的应激时间。

2. 饲粮配合 根据保育猪的消化生理特点和营养需要，合理配合饲粮是保证其健康生长发育的首要条件。保育猪饲粮应容易消化吸收，营养平衡，适口性好。从容易消化吸收角度出发，可以喂一些熟化或基本熟化的饲料，并添加一定的有机酸或益生素等。在营养平衡方面要保证饲粮有一定的能量浓度，一般为14.21MJ/kg饲粮，如果能量浓度较低将使其生长速度降低。为提高能量浓度，可以向饲粮中添加5%～8%的脂肪，改进生长速度和饲料转化率。这样使得保育猪摄取到较多的能量，使保育猪9周龄体重达30kg左右。值得指出的是，所选择的脂肪种类以动物脂肪利用效果最佳。动物脂肪较植物脂肪更容易消化吸收。植物脂肪往往会引发仔猪腹泻，长期使用植物脂肪也会使将来猪的胴体品质下降，导致脂肪变软、变黄等现象。在夏季气温较高、湿度较大、猪食欲下降的情况下，增加饲粮中各营养物质浓度是保证保育猪正常生长的重要措施，冬季猪舍温度达不到25～22℃时也可以这样做。与此同时，注意蛋白质、氨基酸、矿物质和维生素的平衡。为改善适口性，可以添加一定数量的诱食香味剂，如化十香、柠檬香、大蒜素、鱼腥香等。但也有人研究证明，调味剂、香味剂对仔猪采食和增重没有持续效果，而饲料加工调制和饲料类型，对保育猪采食量和消化吸收有一定的影响。饲料类型最好是颗粒饲料，其次是生湿料或干粉料。

在选择保育猪饲粮所用蛋白质原料上，各国家间有一定的差异。美国盛产大豆，通常保育猪日粮中使用膨化大豆粉或膨化豆粕作为蛋白质来源，而欧洲通常将鱼粉和乳粉作为主要蛋白质来源，尤其是脱脂乳粉和乳清粉，已得到广泛应用。近年来，市场上出现了新型饲料原料，世界上许多国家开始使用血浆蛋白作为蛋白质来源。受疯牛病影响，欧洲一些国家已禁止使用肉骨粉。至于乳制品作为保育猪蛋白质资源有两点好处，一是乳制品可提高仔猪生长所需乳糖，这一点在生产实践上已被证明，而使用豆类或鱼粉取代脱脂乳的蛋白成分进行保育猪饲粮配合，其生产性能明显下降；二是乳制品中含有仔猪生长发育所需有益因子，如免疫球蛋白、生长因子、乳铁传递蛋白和乳过氧化物酶。20世纪90年代初美国开始使用喷雾干燥猪血浆，其主要成分是血清蛋白和血球蛋白，粗蛋白质含量为68%，赖氨酸含量6.1%。使用喷雾干燥猪血浆后，其采食量和生长速度均有明显提高。近年来，有人使用乳清蛋白浓缩料效果也较好。乳清蛋白浓缩料是无脂肪、低热量的高蛋白乳清制品，其粗蛋白质含量为40%～80%，与传统低蛋白乳清干制品不同，它含有许多生物活性蛋白，如免疫球蛋白、乳铁传递蛋白和乳过氧化物酶。据推测，此种产品将逐渐取代喷雾干燥猪血浆。至于鸡蛋蛋白虽然粗蛋白质为45%～80%，并且含有抗体，可以帮助幼龄猪抵抗日粮中的病原体，增强幼龄猪的免疫力，提高生长性能，但对断奶后2周仔猪增重效果不够理想，如果与血浆蛋白混合使用效果会好一些。

为了提高钙、磷利用率，首先要选择好钙、磷饲料原料，一般石灰石粉（钙35%左右）、磷酸氢钙（钙 21%、磷 16%左右），猪吸收利用效果较好，但要注意氟等有害物质的含量，以免影响保育猪的身体健康；其次注意钙、磷的添加数量和比例，钙、磷添加数量不足或比例不当，不仅会影响钙、磷吸收，而且也会影响铜、锌等营养物质的吸收；再次就是保育猪饲粮中必须有一定数量的维生素 D，如果没有维生素 D，钙、磷的利用率将会降低。

3. 饲喂技术　在保育猪饲养过程中要掌握好日喂次数和喂量。保育猪生长速度较快，所需营养物质较多，但其消化道容积有限，所以必须少喂勤喂，既保证生长发育所需营养物质，又不会因喂量过多胃肠排空加快而造成饲料浪费。这是个实际问题，对于一个没有实践经验的饲养员很难把握。生产中在 20kg 以前日喂 6 次为宜，20～35kg 日喂 4～5 次效果较好。日粮占体重 6%左右，如果环境温度低可在原日粮基础上增加 10%给量。每次投料量以全部仔猪采食完毕，料槽四个角有少量饲料剩余为合适。剩料过多认为投料太多，如果饲槽舔光，说明喂量不足。喂量过多会造成消化不良，出现腹泻。要利用仔猪一起采食饲料的习性，从而保证保育猪有一个旺盛食欲。断奶后的第 1 周应保证每一头仔猪有一个饲槽位置，2 周后 2～4 头仔猪有一个饲槽位置，每头仔猪所需饲槽位置宽度为 15cm 左右。如果喂量不足会影响其生长速度。目前大多数养殖场为了减少保育猪消化不良性腹泻，在断奶后第 1 周实行限量饲养，限量程度只给其日粮的 70%～80%，第 2 周开始喂正常日粮量，但是这一点有人提出异议，认为影响了保育猪增重速度。

不要喂热的熟粥料，防止食温掌握不好出现营养损失或造成口腔炎症、胃肠卡他等。

使用喂饲器饲喂保育猪效果较好，一则防止猪只争抢饲料，造成饲料浪费和咬架；二则每头猪均有充足的采食时间，提高了饲料转化率；三则节约劳动力，降低成本。但是每次向喂饲器内投放饲料不要过多，以 2d 内全部采食完为宜，以免饲料中营养物质损失和苍蝇污染以及老鼠偷吃。

为了保证饮水，保育猪最好使用自动饮水器饮水，既卫生又方便。其水流量至少为 250mL/min。每栏安置 1～2 个饮水器，其高度为 30～35cm。无自动饮水器的养殖场，饮水槽内必须常备充足、清洁、卫生、爽口的饮水，因此，饮水槽内饮水每天至少更换 6 次。饮水不足一则会影响健康，二则影响采食，最后将降低生长速度。同时饮水不卫生会引发仔猪下痢等疾病。

任务二　保育猪管理

1. 合理组群　有条件的养殖场，最好是将原窝保育猪安排在同一保育栏内饲养，断奶后两周内不要轻易调群，防止增加应激反应。我国过去一般以原群不动为原则，但国外早在 20 世纪 70 年代就实行全进全出集中饲养方式，现在我国一些规模化或集约化猪场也仿效实行，应用效果较好。保育栏必须有一定的面积供仔猪趴卧和活动，其面积一般为每头 0.3m^2，每栏 10～20 头为宜，群体过大或密度过大使猪接触机会增多，易发生争斗咬架，另外，对健康也有一定的风险。

2. 注意看护　断奶初期仔猪性情烦躁不安，有时争斗咬架，要格外注意看护，防止咬伤。特别是断奶后第 1 周咬架的发生率较高，在以后的饲养阶段因各种原因，诸如营养不平衡、饲养密度过大、空气不新鲜、食量不足、寒冷等也会出现争斗咬架、咬尾现象。生产实践中发现，保育猪间自残咬架多发生在 14 时以后。为了避免上述现象，除加强饲养管理外，可通过转移注意力的方法来减少争斗咬架和咬尾，具体做法是，在圈栏内放置铁链或废弃轮胎供猪玩耍，但是还应该注意看护，防止意外咬伤。

3. 加强环境控制 保育猪在9周龄以前的舍内适宜温度为25℃左右，9周龄以后舍内温度控制在22℃左右。相对湿度为50%～80%。由于此阶段生长速度快、代谢旺盛，粪尿排出量较多，要及时清除，保持栏内卫生。仔猪断奶后转到保育栏内后，还应调教仔猪定点排泄粪尿，便于卫生和管理，有益猪群健康。保育猪舍内应经常保持空气新鲜，封闭式猪舍，如果密度大、空气不新鲜，将会诱发呼吸道疾病，尤其是接触性传染性胸膜肺炎和气喘病较为多见，给养猪生产带来一定损失，应引起充分注意。北方冬季为了保温常将圈舍封闭得较为严密，不注意通风换气，会造成舍内氧气比例降低，而二氧化碳、氨气、硫化氢等有害气体浓度增加。鉴于这种情况，应及时清除粪尿，搞好舍内卫生，注意通风换气，防止产生有害气体影响猪群的健康和生长发育。通风换气时要控制好气流速度，漏缝地面系统的猪舍，当气流速度大于0.2m/s时，会使保育猪感到寒冷，相当于降温3℃；非漏缝地面猪舍气流速度为0.5m/s时，相当于降温7℃，形成贼风。研究表明，贼风情况下，仔猪生长速度减慢6%，饲料消耗增加16%。

在良好饲养管理条件下，由断奶至9周龄保育结束育成率可达99%，生长速度600g/d左右，详细见表2－12。断奶后，应激反应过后要进行驱虫和一些传染病疫苗的免疫接种。对于留做种用的育成猪要根据亲本资料结合本身体形外貌进行初选，淘汰不合格个体。

表2－12 不同周龄仔猪生长速度

（加拿大阿尔伯特农业局畜牧处等．养猪生产．1998）

周龄	活重（kg）	日增重（g）	周龄	活重（kg）	日增重（g）
3	6.0	271	7	16.4	486
4	7.9	271	8	20.3	557
5	10.3	343	9	24.8	643
6	13.0	386	10	30.0	743

4. 预防水肿病 保育猪由于断奶应激反应，消化道内环境发生改变，易引发水肿病，一般发病率为10%左右。主要表现脸或眼睑水肿、运动障碍和神经症状。一旦出现运动障碍和神经症状，治愈率较低，应引起充分注意。主要预防措施是减少应激，特别是断奶后1周内尽量避免饲粮更换、去势、驱虫、免疫接种和调群。断奶前1周和断奶后1～2周，在其饲粮中添加抗生素和各种维生素及微量元素进行预防均有一定效果。

5. 减少保育猪应激 保育猪在断奶后一段时间内（0.5～1.5周），会产生的心理上和身体上各系统不适反应——应激反应。应激大小和持续时间主要取决仔猪断奶日龄和体重，断奶日龄大，体重大，体质好，应激就小，持续时间相对短；反之，断奶日龄较小，体重小，应激就大，持续时间也就长。保育猪断奶应激严重影响保育猪生长发育，主要表现为：保育猪情绪不稳定，急躁，整天鸣叫，争斗咬架；食欲下降，消化不良，腹泻或便秘；体质变弱，被毛蓬乱无光泽，皮肤黏膜颜色变浅；生长缓慢或停滞，有的减重，有时继发其他疾病，形成僵猪或死亡，给养猪生产带来一定的经济损失。

产生应激的原因有以下三个方面：

①营养：据张宏福研究（2001）仔猪断奶应激首先是营养应激。断奶前仔猪同时哺乳和采食固体饲料，而断奶后单独采食固体饲料，一段时间内，从适口性和消化道消化能力上产生不适应。根据张宏福另一研究报告（2001）仔猪断奶后，由于应激反应，仔猪胃酸分泌减弱，胃内 pH 升高，影响了胃消化功能。

②心理：母仔分离、转群、混群可造成仔猪心理上不适应。

③环境：仔猪断奶后转移到保育舍，保育舍内部结构、设施、温度及湿度等均不同于分娩舍，从而在一段时间内休息、活动不适应。

保育猪应激是养猪生产面临的一个主要问题，也是养猪学者研究的热门课题。在一定时期内，完全能够避免仔猪断奶应激可能性较小，人们只是着重研究如何减少断奶应激。就目前生产条件，减少仔猪应激可以从以下几个方面着手：

①适时断奶。仔猪免疫系统和消化系统基本成熟体质健康时进行断奶，可以减少应激，如 4 周龄断奶比 3 周龄断奶更能抗应激。鉴于此种情况，建议 4 周龄断奶。

②科学配合保育猪饲粮。根据保育猪消化生理特点，结合其营养需要，配制出适于保育猪采食、消化吸收和生长发育所需要的饲粮。保育猪早期饲粮中的原料可选择易于消化吸收的血浆蛋白、血清蛋白及乳清粉或奶粉。通过添加诱食剂的方法解决适口性问题，可以选择与母猪乳汁气味相同的诱食剂。为了提高饲粮中能量浓度，可向其饲粮中添加 3%～8%的动物脂肪，便于保育猪消化，有利于生长发育，从减少应激和提高免疫力。增加饲粮中维生素 A、维生素 E、维生素 C、维生素 B 族和矿物质元素钾、镁、硒的添加量。

③减少混群机会。仔猪断奶后最好是在傍晚将原窝仔猪转移到同一保育栏内，减少争斗机会，并注意看护。

④加强环境控制。保育舍要求安静舒适卫生，空气新鲜，并且有足够的趴卧和活动空间，一般每头保育猪所需面积为 0.3m^2。过于拥挤会导致争斗机会增加，从而增加应激。保育舍的温度要求依保育猪周龄而定，3 周龄 28～26℃，4 周龄 25～23℃，温度偏高影响保育猪食欲和休息；温度过低，保育猪挤堆趴卧会造成底层空气流通不畅，并且增加体外寄生虫发生几率。相对湿度控制在 50%～80%，湿度过小，保育猪饮水增加，常引发腹泻不利舍内卫生，同时皮肤干燥瘙痒，常蹭磨，易造成皮肤损伤增加病原微生物感染机会；湿度过大，有利于病原微生物的繁殖，易引发一些疾病。保育舍要经常通风换气，保持保育舍内空气新鲜，有足够氧气含量，减少其他有害气体含量。寒冷季节不要在舍内搞耗氧式的燃烧取暖，以免降低舍内氧气浓度，而使二氧化碳、一氧化碳浓度增加，不利保育猪的生长和健康。通风换气时要注意空气流动速度，防止贼风吹入引起保育猪感冒，空气的流动速度控制在 0.2m/s 以下。保育舍定期带猪消毒，防止发生传染病，舍内粪尿每天至少清除 3 次。舍内饮水器要便于保育猪饮用。

⑤其他方面。仔猪断奶后 1～2 周内，不要进行驱虫、免疫接种和去势，避免长途运输。最好使用断奶前饲粮饲养 1 周左右，然后逐渐过渡到保育阶段饲粮。另据张宏福研究（2001），仔猪早期补料，4 周龄断奶时其胰淀粉酶高于不补料的仔猪，断奶后 7d 小肠绒毛较长，仔猪能较好地保持肠壁完整。由此可见早期补料，可以减少消化道应激，便于仔猪断奶后饲养，有利仔猪生长发育和健康。

6. 保育猪驱虫　保育猪在断奶后 2 周左右，应使用驱虫药物进行体内外寄生虫的驱除工作。

小知识 防止僵猪产生

僵猪是指由某种原因造成仔猪生长发育严重受阻的猪。它影响同期饲养的猪整齐度，浪费人工和饲料，降低舍栏及设备利用率，同时也增加了养猪生产成本。

(一) 产生僵猪的原因

概括起来形成僵猪有两个主要时期及多方面原因：

1. 出生前 主要是由于妊娠母猪饲粮配合不合理或者日粮喂量不当造成，特别是母猪饲粮中能量浓度偏低或蛋白质水平过低，往往会造成胚胎生长受限，尤其是妊娠后期饲粮质量不好或喂量偏低是造成仔猪初生重过小的主要原因；另外，母猪的健康状况不佳，患有某些疾病导致母猪采食量下降或体力消耗过多，也会引起仔猪出生重降低；再有就是初配母猪年龄或体重偏小或者是近亲交配的后代，也会导致初生重偏小。以上三种情况均会造成仔猪生活力差、生长速度缓慢。

2. 出生后 母猪泌乳性能降低或者干脆无乳，仔猪吃不饱，影响仔猪生长发育。造成母猪少乳或无乳的原因，主要是由于泌乳母猪饲粮配合不当，各种营养物质不能满足正常需要，或者日粮喂量有问题或者母猪年龄过小、过大造成乳腺系统发育或功能存在问题，或者妊娠母猪体况偏肥偏瘦，母猪产前患病等。仔猪开食晚影响仔猪采食消化固体饲料的能力，使母猪产后3周左右泌乳高峰过后，母乳营养与仔猪生长发育所需营养出现相对短缺。仔猪不能进食所需营养，从而使得仔猪表现皮肤被毛粗糙，生长速度变慢，有时腹泻。仔猪饲料质量不好，体现在营养含量低，消化吸收性差，适口性不好三个方面，这些因素均会影响仔猪生长期间所需营养的摄取，有时影响仔猪健康，引发腹泻等病。仔猪患病也会形成僵猪，有些急性传染病转归为慢性或者亚临床状态后会影响仔猪生长发育；有些寄生虫疾病一般情况下不危及生命，但它消耗体内营养，最终使仔猪生长受阻；有些消耗性疾病如肿瘤、脓包等，也会使仔猪消瘦减重；消化系统患有疾病，会影响仔猪采食和消化吸收，使仔猪生长缓慢或减重。仔猪用药不当，有些药物将疾病治好的同时，也带来了一些副作用，导致免疫系统免疫功能下降，骨骼生长缓慢。如一些皮质激素、喹诺酮类药物的使用会使仔猪免疫功能降低，时间过长，会影响仔猪骨骼生长。其他有些药物有时也会造成消化道微生物菌群失调，引起消化功能紊乱，仔猪生长发育受阻。有时仔猪受到强烈的惊吓，导致生长激素分泌减少或停滞从而影响生长。据报道，美国宾夕法尼亚州一个猪场，一次龙卷风将所有猪卷到高空中，然后落在几十千米以外的地方，猪场主人将其找回后，发现这些遭劫猪就此生长停滞。

(二) 防止僵猪产生的措施

防止僵猪产生应从以下几方面着手：

1. 做好选种选配工作 交配的公、母猪必须无亲缘关系。纯种生产要认真查看系谱，防止近亲繁殖。商品生产要充分利用杂种优势进行配种繁殖。

2. 科学饲养好妊娠母猪 保证母猪具有良好的产仔和泌乳体况，防止过肥过瘦影响将来泌乳，保证胎儿生长发育正常，特别妊娠后期应增加其营养供给，提高仔猪初生重。

3. 加强泌乳母猪饲养管理　本着“低妊娠、高泌乳”原则，供给泌乳母猪充足的营养，发挥其泌乳潜力，哺乳好仔猪。

4. 对仔猪提早开食及时补料　供给适口性好，容易消化，营养价值高的仔猪料，保证仔猪生长所需的各种营养。

5. 科学免疫接种和用药　根据传染病流行情况，做好传染病的预防工作，一旦仔猪发病应及时诊治，防止转归为慢性病。正确合理选择用药，防止保育猪产生用药后的副作用，影响生长发育。及时驱除体内外寄生虫。对已形成的僵猪，要分析其产生的原因，然后采取一些补救措施进行精心饲养管理。生产实践中，多通过增加可消化蛋白质、维生素的办法恢复其体质促进其生长。同时注意僵猪所居环境的空气质量，有条件的厂家在非寒冷季节可将僵猪放养在舍外土地面栏内效果较好。

知识链接

知识链接一 猪的生物学特性与行为

一、猪的生物学特性

猪是由欧洲野猪和亚洲野猪进化而来的。在漫长的进化过程中，猪形成了自己的、有别于其他家畜的特征特性，这包括猪的生物学特性和行为学特征。这些特征特性一方面源于遗传，另一方面取决于后天的训练和调教。我们要认识和掌握猪的这些特征特性，并科学地利用其制定合理的饲养管理程序及饲养方式，以达到提高生产效率的目的。

（一）性成熟早，多胎高产

1. 性成熟早 我国的本地品种猪一般在2～3月龄就可达到性成熟，新培育品种猪一般在5月龄左右达到性成熟，而引入品种猪一般在6～7月龄达到性成熟。但性成熟只表明猪具有性行为，而在实际体况发育上还没有达到体成熟。因此，生产上的配种日期一般安排在母猪达到性成熟后即母猪的第二、三个发情期。

2. 多胎高产 猪是常年发情的多胎高产动物，发情很少受季节的限制。猪的妊娠期短，比羊短1个多月，比牛短将近6个月，比马属动物短7个多月（各种母畜的妊娠期见表2-13）。猪的妊娠期平均为114d，其范围为108～120d。由于妊娠期比其他家畜短，所以繁殖周期较短，一般一年能产2胎，若缩短哺乳期，一年可产2胎以上。猪每胎产仔数10头左右，繁殖力高的猪种，如我国的太湖猪，每胎平均产仔数超过14头。

表2-13 各种母畜的妊娠期

种类	平均（d）	范围（d）	种类	平均（d）	范围（d）
牛	282	276～290	马	340	320～350
水牛	307	295～315	驴	360	350～370
猪	114	108～120	骆驼	389	370～390
绵羊	150	146～161	犬	62	59～65
山羊	152	146～161	家兔	30	28～33

（二）生长速度快，沉积脂肪能力强

1. 生长速度快 猪的生长强度大，因而代谢很旺盛。猪的初生体重很小，一般为0.8～1.7kg，不到成年体重的1%。30日龄仔猪的体重可达到初生体重的5～6倍；60日龄仔猪的体重可达到初生体重的10～13倍。断乳后至8月龄前，生长发育仍很强烈，特别是性能优良的肉用型猪种，在满足其生长发育所需的条件下，160～170日龄体重可达90～120kg，相当于初生重的80～100倍，而牛、羊同期只有5～6倍。

2. 沉积脂肪能力强 猪沉积体脂肪的能力强，特别是在皮下、肾周和肠系膜处脂肪沉积多。同样采食1kg淀粉，猪可沉积脂肪365g，牛则沉积脂肪248g。

(三) 杂食，以谷物饲料为主

1. 杂食性 猪的门齿、犬齿和臼齿都很发达。猪的胃属于肉食动物的单胃和反刍动物复胃之间的中间类型，这使得猪的食性很广，为杂食性。猪能广泛利用各种动植物和矿物质饲料，能充分利用各种农副产品、废渣，能有效地利用残羹、剩饭。但猪也不是什么食物都吃，而是有选择性的，猪能辨别口味，特别喜吃甜食、香食。

2. 以谷物饲料为主 由于猪胃内没有分解粗纤维的微生物，几乎全靠大肠内微生物分解，因此，猪对粗饲料中粗纤维的消化较差。而且饲料中粗纤维含量越高时，日粮的消化率也就越低。猪对精料中有机物的消化率一般可达70%以上，所以猪饲料以含碳水化合物较多的谷物饲料为主。

(四) 听觉和嗅觉灵敏，视觉较差

1. 猪的听觉器官发达 猪的耳形大，外耳腔深而广，如同扩音器的喇叭搜索音响范围大，即使很微弱的响声都能察觉到。尽管猪耳相对很少活动，但头部转动灵活，可以迅速判别声源方向，能辨别声音的强度、节律、音调。通过呼名和各种命令等声音训练可以很快建立起条件反射。仔猪生后几分钟内便能对声音有反应，几小时即可分辨出不同声音刺激，到3～4日龄时就能较快地辨别出来。猪对有关吃喝的声音较敏感，当它听到喂猪的铁桶声响时立即起而望食，发出饥饿的鸣叫。猪对意外声音特别敏感，尤其是对危险信息特别警觉，一旦有意外响声，即使睡觉，也会立即站立起来，保持警惕。因此，为了使猪群保持安静、安心休息，尽量不打扰它，特别注意不要轻易捉小猪，以免影响生长和发育。

另外，猪传递信息最重要的方法是用声音发出信号。目前，人们能够识别的有20种信号，其中有6种对人来说很易辨别。猪本身的叫声因品种、年龄，处于生活条件不同也有很大的差别，因而不同的个体之间完全可以依据听觉来相互识别和交往。

2. 猪的嗅觉非常灵敏 猪的嗅觉之所以灵敏是由于猪鼻发达，嗅区广阔，嗅黏膜的绒毛面积大，分布在这里的嗅神经非常密集，对任何气味都能嗅到和辨别。猪对气味的识别能力是犬的1倍，比人高7～8倍。在一个猪群的个体之间，基本上是靠嗅觉保持互相联系。如仔猪初生后便能靠嗅觉寻找乳头，3d后就能固定乳头吃奶，且在任何情况下，也不会弄错，故仔猪的固定乳头或寄养，应在3d内进行比较顺利。猪凭借灵敏嗅觉辨别群内的个体、圈舍和卧位，保持群内个体间的密切联系。当群内混入其他个体时，猪能很快地辨别出，并进行驱赶性攻击。发情母猪和公猪通过特有的气味辨别对方所在方位。猪还可以依靠嗅觉有效地寻找埋藏于地下的食物。

3. 猪的视力很差 猪的视距短、视野范围小，辨色能力差，不靠近物体就看不见东西，几乎不能用眼睛精确辨别物体的大小形状和光线强弱。猪只对光的强弱有反应，而对光的颜色变化则反应不大。强光能够促使猪兴奋，弱光能够使猪安静。对光的刺激一般比声音刺激出现条件反射要慢很多。如人们常利用猪的这一特点，用假母猪进行采精训练；发情的母猪闻到公猪特有气味，就会前往，这时若把公猪赶走，母猪就会在原地表现出“发呆”反应(刚配种的母猪需单独休息十几分钟，以消除气味)。

(五) 猪的触觉装置遍布全身，痛觉很敏感

猪的触觉全身都有，尤其鼻端部位更发达，在觅食和相互往来中常常以吻相互接触来感

觉信息。猪对痛觉较为敏感，且容易形成条件反射，如利用电围栏放牧，猪受1～2次轻微的电击后就再也不敢触围栏了。人若对猪过分粗暴，甚至棒打脚踢，猪就会躲避人，甚至伤害人，而且猪对这种痛觉的记忆长久而深刻。

（六）对温、湿度敏感，喜欢清洁，容易调教

1. 对温、湿度敏感 猪从出生到成年，随着体格和体重的变化，对温度耐受力也发生了较大变化，即对冷耐受力提高，对热耐受力降低。对成年猪而言，热应激比冷应激影响更大。瘦肉型猪由于背膘薄，既不耐热也不耐寒。适于猪只生活的最佳温度为21～22℃，猪舍内适宜温度为15～22℃，相对湿度为50%～80%。

猪和其他动物相比，其体温调节机能较低。当猪遇到寒冷时，它们会改变自身的姿势来减少体热的散发，如团身、四肢收缩在体躯之下等，猪还会挤作一团相互取暖，也会通过肌肉震颤来增加产热，还会被毛直立，以增强被毛的隔热作用。低温时猪可以通过减少活动、行动迟缓等来减少热量流失；在高温时猪的呼吸频率和直肠的温度增高，这时猪喜欢在泥水中（有时是在自己的粪尿中）打滚，并不时地转动体躯来散热。为了散热，猪常用鼻端拱地，使得自身能够躺在凉爽的下层泥土中，并尽量伸展自己的体躯，尽可能地增大体表接触地面的面积。在睡眠时鼻子总是朝向来风的方向，以增大热量散发。

2. 喜欢清洁 猪喜欢在阴暗、潮湿的角落里进行排泄，地点一旦固定很少改变。在条件允许的情况下，猪会自己保持躺卧地域的清洁和干燥，不会在自己吃、睡的地方排泄，即具有好清洁性。根据猪的这种特性，在安排生产时，一定要注意猪的密度，以保证每只猪合理占有猪舍的面积。因此在建造圈栏时，应设休息区和排泄区，并使排泄区略低于休息区，把饮水器安装在其中，引诱猪只在此区域排泄粪尿。

3. 容易调教 猪的性情温顺，很容易调教。家猪经过调教后，能够建立条件反射。按特定的信号，按时起居、进食、排泄，便于管理，有利于生产。研究表明，家畜中猪是最聪明的，猪能学会犬所能做的任何技巧，并且训练时间较短。

（七）定居漫游，群体位次明显

1. 定居漫游 猪在进化过程中形成定居漫游特征，在没有圈舍的情况下，猪能自己找到固定的地方居住，表现出定居漫游的习性。同时，猪从它们的祖先——野猪那里继承了一个习性，即群居性。猪可以在一定的条件下相当平稳地过着群居生活。

2. 群体位次明显 在群体中各个猪有一个位次关系，这种位次关系是由猪的争斗力强弱而决定的。猪的争斗行为常常发生在两头或两群猪之间。一般是为了采食和争夺地盘而引起。猪在重新组群的初期会发生以强欺弱、强者抢食多及猪只间激烈的争斗咬架现象，并按不同来源，分群躺卧，经过数天后，就会形成一个群居集体，以胜利者为核心，建立位次关系。猪群密度越大，其争斗行为越明显，特别是在成年猪之间的争斗更加激烈，甚至会带来猪只的伤亡。所以在实际生产中，要控制猪群的饲养密度，并根据猪的品种、类别、性别、性情、体重等进行分群饲养，防止以大欺小、以强欺弱，影响猪群整齐度和正常生长。饲养员的任务不是消极地取消猪的争斗行为，而是要积极地减少或化解猪只之间的过多的不必要的争斗。

二、猪的行为

（一）猪的正常行为

行为就是动物的行动举止，也是动物对某种刺激和外界环境的反应。动物的行为和生物学特性一样，有的取决于先天遗传（内部因素），有的取决于后天的调教，训练或使用（外来因素）。猪和其他动物一样，对其生活环境、气候条件和饲养管理条件等在行为上都有其特殊的表现，而且有一定的规律性。随着养猪生产的发展，猪的行为方式越来越被生产者重视，人们对这些行为加以训练和调教，根据猪的行为特点，制订合理的饲养工艺，设计合理的猪舍和设备，最大限度地创造适于猪习性的环境条件，充分发挥猪自身的生产潜能，提高养猪的经济效益。

1. 采食行为 猪的采食行为主要包括采食和饮水两种方式。猪的采食行为受丘脑下部摄食中枢的控制，位于丘脑下部外侧部位称为摄食中枢；位于丘脑下部内腹侧部位称为饱中枢和饮水中枢。它们之间相互作用，决定着猪的食欲、饮水和其他一系列的消化活动。

拱土觅食是猪采食行为的一个显著特征。猪的鼻子是高度发育的感觉器官，猪生来就具有拱土的本能，拱土掘食时，嗅觉起着决定性的作用。但是拱土不仅对猪舍建筑具有破坏性，而且也容易从土壤中感染寄生虫和疾病。但如果喂给平衡的日粮，补充足够的矿物质，就会较少发生拱土现象。

猪的采食具有选择性，特别喜爱甜食，喜欢吃蔗糖、低浓度的糖精等。颗粒料与粉料相比，猪爱吃颗粒料；干料与湿料相比，猪爱吃湿料，且采食花费时间也少。

猪的采食有竞争性，群饲的猪与单饲的猪相比，采食量大，采食速度快，生长速度也快。尽管在现代猪舍内，饲喂良好的平衡日粮，但猪还表现拱地觅食的特征。每次在饲喂时，猪都力图占据饲槽有利的位置，有时将两前肢踏在饲槽中采食，站立在饲槽的一角，就像野猪拱地觅食一样，以吻突沿着饲槽拱动，将饲料搅弄出来，抛洒一地。

猪在白天采食的次数（6～8 次）比夜间（1～3 次）多，每次采食持续时间 10～20min，限饲时则少于 10min，猪的采食量和摄食频率随体重增加而增加。自由采食不仅采食时间长，而且能表现每头猪的嗜好和个性。猪的采食量大，但采食总是有节制，所以猪很少因饱食而致死亡。

饮水中枢的兴奋可以使得猪体内血液成分发生改变，引起渴觉和饮水行为。猪的饮水量很大，常常是采食和饮水同步或交叉进行，饮水量为干饲料的 2～4 倍。在不同季节、不同年龄、不同生理阶段、不同日粮组成、不同外界温度下，猪的饮水量不同。在多数情况下，猪的饮水与采食同时进行。猪的饮水量是相当大的，仔猪初生后就需要饮水，其水分的获取主要来自母乳，仔猪吃料时饮水量约为干料的 3 倍，即料水比为 1∶3。成年猪的饮水量除饲料组成外，很大程度取决于环境温度。吃混合料的猪，每昼夜饮水 9～10 次；吃湿料时平均 2～3 次；吃干料时每次采食后需要立即饮水。

自由采食时通常采食与饮水交替进行，直到满意为止；限制饲喂的猪则在吃完料后才饮水。在高温时，猪主要靠水分蒸发散发体内热量，故饮水量增大，在炎热的夏天，猪的饮水高峰在午后，母猪在哺乳期的饮水大大超过其他时期。

2. 排泄行为 家畜的排泄行为往往是效仿其祖先的方式，但也可受饲养管理方式的影响。猪不在采食、趴卧休息的地方排泄粪尿，这是猪的本性。因为野猪不在窝边排泄粪尿，可以避免被敌兽发现。

猪爱清洁。为保持睡窝干燥、清洁，猪一般在猪栏内远离窝床的一个固定地点排泄粪尿。猪排粪尿是有一定的时间和区域规律的，一般多在采食、饮水后或起卧时，选择阴暗、潮湿或污浊的角落排粪尿，且受邻近猪的影响。据观察，猪一般在采食过程中不排粪，饮食后约5min左右开始排粪1～2次，多为先排粪、后排尿；在饲喂前也有排泄的，但多为先排尿、后排粪。在两次饲喂的间隔时间里，猪多排尿而很少排粪，夜间一般排粪2～3次，早晨的排泄量最大。但在饲养密度过大或管理不当时，排泄行为就会混乱，猪舍难以保持卫生，不利于猪的健康生长。

猪通常习惯将粪尿排在饮水处附近，因此，根据以上行为特征在第一次组织猪群时，每栏或每舍一定要控制数量，控制饲养密度。猪转群时要设法让猪的第一次排泄就在猪栏内规定的地方进行。所以，当猪第一次圈养在水泥地面的猪舍中，在水泥地面的一角用水浇上几天，会诱使猪群在这个地方排泄粪尿。

3. 性行为 性行为是动物的本能，在猪种的延续上有非常重要的意义。性行为主要包括发情、求偶和交配行为。母猪在发情期可见到特异的求偶表现，公、母猪都出现交配前的行为。

母猪临近发情时外阴红肿，在行为方面表现神经过敏，轻微的声音便能被惊起，但这个时期虽然接受同群母猪的爬跨，却不接受公猪的爬跨。发情母猪常能发出柔和而有节奏的哼叫声。当臀部受到按压时，总是表现出如同接受交配的站立不动姿态，立耳品种同时把两耳竖立后贴，这种不动反应称“静立反射”。静立反射是母猪发情的一个关键行为，能由公猪短促、有节奏的求偶叫声所引起，也可被公猪唾液腺和包皮腺分泌的外激素气味所诱发。由于发情母猪的不动反应与排卵时间有密切关系，所以被广泛用于对舍饲母猪的发情鉴定。

母猪在发情期内接受交配的时间大约有48h（38～60h），接受交配的次数为3～22次。公猪一旦接触母猪，会追逐母猪，嗅母猪的体侧、肷部、外阴部，把嘴插到母猪两后腿之间，突然往上拱动母猪的臀部。公猪闹喉形成唾液泡沫，时常发出低而有节奏的、连续的、柔和的喉音哼声，有人把这种特有的叫声称为“求偶歌声”。当公猪性兴奋时，还出现有节奏的排尿。公猪的爬跨次数与母猪的稳定程度有关，射精时间为3～20min，有的公猪射精后并不跳下而进入睡眠状态。

4. 护仔行为 猪的护仔行为是对后代生存和成长有利的本能反应。包括产前的做窝、哺乳、对仔猪的保护等。

母猪在分娩前1～2d，通常衔取干草或树叶等造窝的材料，如果栏内是水泥地面而无垫草，便用蹄子扒地来表示。分娩前6～10h，母猪表现神情不安，频频排尿，摇尾，拱地，时起时卧，不断改变姿势。分娩多选择在安静时间，一般在下午4时以后，特别是夜间产仔多见。分娩的时候母猪不去咬断脐带，也不舔仔猪。如果分娩中间遇到干扰，母猪则站在仔猪中间，发出“呼呼”的声音。分娩的过程为2～4h。分娩结束后，母猪排出胎衣，胎衣若不及时取走，则往往被母猪吃掉。母猪在分娩过程中乳头已经饱满，产后母猪会自动让仔猪吸乳。母猪在产后最初每30～40min哺乳一次仔猪，以后随着仔猪年龄不断加大，哺乳次数不断减少。

母猪非常注意保护自己的仔猪，在行走、躺卧时十分谨慎，不致踩伤、压死仔猪。母性好的母猪躺卧时多选择靠近栏角处并不断用嘴将仔猪拱离卧区后而慢慢躺下，一旦遇到仔猪被压，只要听到仔猪的尖叫声，即会马上站起，将防压动作再重复一遍，直到不压住仔猪为止。带仔母猪对外来的侵犯先发出警惕的叫声，仔猪闻声逃窜或者伏地不动，母猪会用张合上下颌的动作对侵犯者发出威吓，或以蹲坐姿势负隅抵抗。我国的地方猪种，护仔的表现尤为突出，因此有农谚"带仔母猪胜似狼"。

在对分娩母猪进行人工接产、初生仔猪的护理时，母猪甚至会表现出强烈的攻击行为。地方猪种表现尤为明显；现代培育品种尤其是高度选育的瘦肉猪种，母性行为有所减弱。生产上，为了使仔猪寄养操作成功，可将寄养仔猪与本窝仔猪混味，让母猪像爱护自己的仔猪一样来爱护寄养的仔猪。生产上也经常利用母猪的母性行为进行哺乳和抵抗其他动物的侵害。

5. 探究行为 动物的探究行为包括探察活动和体验行为。有时是针对具体的事物或环境，如动物在寻求食物、休息场所等，达到目的时这种探究便停止，如仔猪搜寻母猪的乳头，猪在猪栏内能明显地区划睡床、采食、排泄不同地带，它是用鼻的嗅觉区分不同气味探究而形成的；有时探究并不针对某一种目的，而只是动物表现的一种反应，如动物遇到新事物、新环境时所表现出的探究行为，猪在觅食时，先是用鼻闻、拱、舐、啃，并只取一小点加以尝试，当饲料合乎口味时，便大量采食，这种行为有助于哺乳仔猪的开食，并进而可以大量补料。生人接近时猪发出一声警报便逃，如果人仍伫立不动，猪便返回来逐步接近，用鼻嗅、拱和用嘴轻咬。这种探究有助于它很快学会使用各种形式的自动饮水器。

6. 仿效行为 仔猪出生后，通过视、听、嗅、尝、啃、咬、拱和触进行探究，同时向大猪仿效学习。猪的这种极强的效仿能力称为猪的模仿性，即仿效行为。

猪的模仿性在养猪生产中有广泛的应用，如训练小公猪采精时，只需将被训猪驱赶到采精现场，让其观察对其他公猪的采精过程，反复3～5次，小公猪就会顺利地爬跨台畜，完成采精过程。再如，仔猪的开食也是利用仔猪的模仿性实行"母带仔法"或"大带小法"完成的。

猪的行为有的是与生俱来的，如觅食、母猪哺乳和性行为；有的是后天获得的行为，即条件反射行为或后效行为。后效行为是猪出生后对新鲜事物的熟悉而逐渐建立起来的，猪对吃、喝的记忆力特强，对饲喂的有关工具、食槽、饮水槽及其方位等最容易建立起条件反射。

猪上述的行为特性，为饲养管理好猪群提供了科学依据。在整个养猪生产工艺流程中，充分利用这些行为特性，精心安排各类猪群的生活环境，使猪群处于最佳生长状态，才能充分发挥猪的生产潜力，获取最佳经济效益。

(二) 猪的异常行为

动物在野生情况下，除非疾病几乎没有异常行为，而在家养条件下异常行为屡见不鲜。异常行为是指超出正常范围的行为，其产生主要是由于动物所处的环境条件的变化超过了动物的反应能力。研究发现，舍饲或在有限空间的室外脏地上饲养的动物往往会产生与几千年进化产生的适应相反的改变。异常行为可通过许多形式表现出来，如采食、排泄、性、母性、好斗、啃咬栏杆或探究。

恶癖是对人畜造成危害或带来经济损失的异常行为。它的产生多与动物所处的环境中的有害刺激有关。如长期圈禁或随活动范围受限程度的增加，则咬栏柱的频率和强度增加，攻击行为也增加。口舌多动的猪常将舌尖卷起，不停地在嘴里做伸缩动作，有的还会出现拱癖和空嚼癖。同类相残是另一种有害恶癖，如神经质的母猪在产后出现食仔现象。咬尾是较为常见的一种反常行为，这一行为与密闭有限空间相关，这种环境使猪的正常行为，如拱土、轻咬和咀嚼不能进行，到目前为止，出生断尾是防止咬尾的最佳方法。

生产上为避免异常行为的发生，要合理控制饲养密度，保持猪舍内外的空气交换。仔猪断奶前后的饲养管理中要注意日粮中微量元素的平衡。异常行为一旦发生难以根除，重在预防。

随着养猪生产的日趋现代化，猪的行为特点已越来越引起人们的重视。我们可以将猪的行为在生产中加以运用和训练，使猪更能适应现代化的管理方法，研究猪的行为特点、发生机制以及调教方法和技术，已经成为提高养猪效益的有效途径。

当然，我们不可忽视的是人的行为和活动对猪行为的影响，猪对饲养员不熟悉或饲养员的异常操作，会使猪产生不快和恐惧的心理行为反应，所以，饲养员应采取正确的、亲和友善的行为。同时，可使饲养员注意到猪只或猪群行为的变化，从而预防猪性能受到不良的影响，还可以克服因人为造成猪的不利行为所带来经济上的损失，这也是管理现代化猪场的一个重要方面，对提高养猪生产的经济效益有一定意义。

知识链接二　猪群健康

一、猪群健康的定义

根据猪群的健康状况对猪群进行分级是有点武断，而且难以界定。最高水平的健康猪群（无疫病猪群）可以依靠剖官产来建立和维持，或是通过从一个特定的无特定病原（SPF）猪群购买后得到。为保持猪群高的健康水平，生产者必须连续地执行正确的管理措施。

图 2-1 是猪群健康状况的 4 个类型：

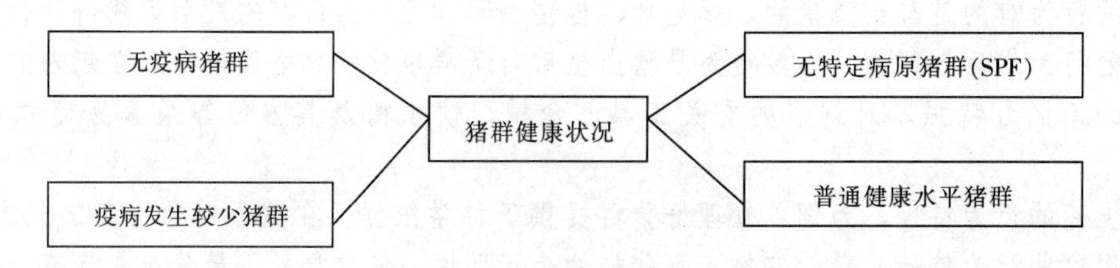

图 2-1　猪群健康状况类型

1. 无疫病猪群　无疫病猪群也就是没有病原菌或已知其体内外细菌种类（悉生菌）的猪群，它们通过剖官产出生，首先被饲养在一个隔离的、没有病原菌的可控制的环境中几周，然后它们也被暴露在那些不致病的、在正常健康猪体内普遍存在的细菌环境中。因此，从理论上说，“无疫病”仅指通过剖官产从母猪体内取出和被饲养在一个隔离的、严格消毒环境中的仔猪。

2. 无特定病原猪群（SPF）　无特定病原猪群（SPF）并不意味着没有任何疫病，它仅表明在特定和特殊的条件下猪感染不发病。首先 SPF 猪可由剖官产出生的猪组成，其次

SPF 猪群可从一个以前就是 SPF 的猪群购买而组成。

世界上 SPF 这个概念经常指一个猪群：

(1) 无地方性肺炎（猪喘气病）、疥癣和虱子。

(2) 无萎缩性鼻炎和猪痢疾的临床症状和可见病变。

因此，SPF 猪不是净化了所有疫病，它们不是“没有疫病发生”的猪群。

3. 疫病发生较少猪群（MD）　疫病发生较少猪群（MD）指的是萎缩性鼻炎和猪肺炎感染率很低的那些猪群。疫病较少猪群并不要求没有猪痢疾、疥癣和虱子，而且 MD 猪也并不是没有疫病发生。如果猪场主声称自己的猪群为疫病发生较少猪群，他应当接受各种诊断和实验监测，以证明这个猪群中确实没有感染发生过一些疫病。

在加拿大阿尔伯特，依赖临床症状和屠宰检查，MD 猪群的猪实际上指没有萎缩性鼻炎、喘气病和嗜血杆菌肺炎有关的咳嗽、喷嚏症状和鼻/肺病变。

在管理较好的 SPF 猪群，抗生素的使用应该是最少的。但并不是每个生产者都具备保持 SPF 和 MD 猪群的高的健康水平所要求的管理经验，一些生产者不愿意坚持实施为达到高的猪群健康水平而要求的严格预防措施。另一方面，许多生产者觉得净化猪群的主要疫病或保持其低的发病率，仅对普通疫病和外寄生虫作适当治疗就够了，而不愿意再付出更多的代价。

4. 普通健康水平猪群　普通健康水平猪群的猪可能表现出或没有表现出萎缩性鼻炎的可见症状，但是它们在尸体剖检和屠宰检查中常常都表现出萎缩性鼻炎的亚临床感染、鼻中隔受到损伤、支原体肺炎病变。有时需要通过饲料和饮水中加入药物治疗肺炎和猪痢疾，要用常规方法经常治疗疥癣和虱子及其他寄生虫病。普通健康水平猪群，适合那些不具备妥善安排严格的隔离措施和疫病预防技术的生产者的需要，他们愿意接受与处理疫病相关的生产费用，而没有一个控制寄生虫病和细菌病达到一个正常基础水平的目标，以使一般健康水平猪群的状况达到一个满意的经济程度。

二、生物性安全防疫措施

1. 疫病的来源　生物性安全防疫这个词用在养猪生产上时，指的是采取预防措施，以减少从外界带入疫病的危险性。

(1) 直接接触。猪鼻对鼻的接触，以及接触粪便、尿甚至共同分享的空间，会导致疫病从一头猪向另一头猪传播。当把不同来源的猪混合在一起时，疫病发生的概率更大。任何一个未知健康状况的猪可能就是一个疫病携带者。据法国 1997 年报道，感染 PRRSV，56%是通过感染猪传播，20%是通过感染猪精液传播，21%是通过污染物传播，3%传染源不明。

(2) 间接影响。这是非同舍猪群的影响，从邻近的猪群向周围的猪群扩散疫病，是疫病传播的第二大危险因素。在合适的环境条件下，风就可以把一些病毒带到 70km 以外的距离。其他的一些病原，如猪喘气病病原，通过空气媒介传播的距离不超过 3km（表 2-14）。而一些病原如猪痢疾和疥癣是根本不能通过风传播的，只能通过啮齿动物从一个猪群向另一个猪群传播。2004 年发现，美国的商业猪场新感染 PRRSV 80%不是由病猪或精液传播的，而是由临近感染猪群污染了运输工具或材料，然后未感染猪群通过运输、未执行生物安全程序或由昆虫传播而感染。

表 2-14 从临近的猪群向周围猪群扩散疫病的危险性（距离）

（加拿大阿尔伯特农业局畜牧处等．养猪生产．1998）

疫　病	扩散的最小距离（m）	疫　病	扩散的最小距离（m）
伪狂犬病	500	传染性胃肠炎	400
放线杆菌胸膜肺炎	500	喘气病	150
萎缩性鼻炎	300	疥癣	100
猪痢疾	300	链球菌脑膜炎	300

载有猪的卡车能够对猪群带来危险，为了减少这个危险，猪舍距离公路至少 50m 以上。

运输猪的车辆和上车时装载用的工具也是疫病的来源，卡车散落的粪便和在装载期间接触了这些粪便的猪从卡车上逃脱回猪群也可能带来疫病。

（3）其他动物和鸟类。家鼠和田鼠能够传播疫病。它们能够传播沙门氏菌、猪丹毒、钩端螺旋体和猪痢疾等细菌性疫病，也可以携带病毒如细小病毒和乙脑病毒。

为了控制啮齿动物而饲养的猫和犬也能够成为疫病的媒介，它们通过携带粪便从一个地方到另一个地方而成为机械传播媒介。猫是弓形虫的终末寄生宿主，即是弓形虫病的疫源，如果在猪场养猫，猫肯定会进入猪舍。

野鸟携带可感染猪的各种各样的病原。例如，在欧椋鸟的排泄物中含有传染性胃肠炎的病原，而且可以存活 36h。特别是猪痢疾病原可以在欧椋鸟落下的排泄物中存活 8h 以上。

（4）苍蝇。苍蝇是许多传染病的传播媒介，它们一般只呆在一个猪场，偶尔也在两个猪场之间飞来飞去。由于苍蝇在污染的饲料、废水、病猪、死猪上携带了致病性病原，因此污染的饲料、废水、病猪、死猪都成为潜在的引发疫病的病原。苍蝇携带猪乙型链球菌至少可长达 5d，苍蝇叮咬过的污染材料，可保持至少 4d 以上的污染。

特别是在夏天，苍蝇在开放的养殖场建筑间广泛地活动，而在封闭的建筑物间的散布率则较低。当苍蝇的食物供应不间断时，它们则尽力停留在一个地方，在猪场间的活动范围是 1.5～2km。

（5）猪舍工人和参观者。如果他们排出的粪便含有猪痢疾病原，则 1g 这样的粪便即可引发 1 000 头猪发病。

（6）水源。洞穴、小溪和开放型的池塘的水中存在着像钩端螺旋体一类的致病性病原，这些水源被黄鼠狼、老鼠和其他保虫宿主排出的含有病原的粪便所污染。

（7）交叉感染。下列情形之一会造成交叉感染：①猪场内部不同的猪感染不同传染病或猪场之间有的猪感染传染病，兽医在注射治疗过程重复使用同一个针头往往会造成交叉感染或出现继发混合感染；②兽医在进行外科手术时，如去势使用的手术器具未经消毒而重复使用；③正处在感染期或隐性感染期的猪，因各种原因出血被其他猪食入粪便或与创口直接接触。

2. 生物性安全防疫措施

（1）为了防止活猪带入疫病，要检疫新到达的猪或者建立一个封闭猪群，不从外界引进猪。

（2）要保证用来装载猪的卡车在来到猪场之前已被清扫和消毒过，并且晒干。另一个办法是要有一个单独的可在第二次装载期间能够清扫的装载场所。

(3) 为了减少弓形虫病传播的危险，尽量避免养猫。猫和犬能传播出现和不出现临床症状的病毒病，对于不出现临床症状的病毒病，只有在对较高水平的健康猪群进行疫病监测，使用有效的诊断方法时才可以发现和确定。另外，通道和顶棚应当使用网具遮挡，以禁止鸟类穿越后进入猪舍。

(4) 为了防止苍蝇对喷雾杀虫药产生抗药性，最好的控制方法是破坏掉它们的滋生地。猪舍的门窗应和隔离停车区有 30m 以上的距离，有助于切断附着在猪舍周围饲料运送车上的苍蝇的传入途径。

(5) 人们可能通过在皮靴、鞋子或者在没有冲洗的手上携带的细菌来传播病原。一些养猪者要求所有的饲养员和参观者脱衣、鞋子后，换上专供在猪舍区使用的衣服；一些猪场管理员不允许任何参观者进入；另外一些养猪者要求参观者进入猪舍前，必须在一个没有养猪的环境中停留几个小时（消毒）。

(6) 按照以下程序操作，将阻止病原体传入。

①猪舍内使用的鞋子要保证只在猪舍内部使用，这将防止把一些人或动物的脚印中留下的污染物带回猪舍内。

②在所有的进出口设立牢固的隔离设施。

③设立明显的标志，划定当穿着从外面街道过来的衣服和鞋子时，限制进入的区域。

④专人具体负责监督猪舍工人和阻止其他人员进入。

⑤猪舍要锁门以阻止在旅行中穿着外面的衣服，要找人问路或谈话的不速之客在被发现之前进入。

⑥预防附近的小孩进入猪场的措施要和成年人一样。

每天和猪相伴的人比那些偶尔接触猪的人有更大的危险性。多杀性巴氏杆菌是引发猪肺炎的一个病原，从持续和猪接触 24h 后的饲养员的鼻子中分离培养出来。接触了疥癣猪的人，被掘洞疥癣引起的病变有时候要经过 2～3 周才会消退。只有保证参观者穿戴清洁的衣服、鞋子和消毒口罩，其进入带来的疫病传入危险才能最小。阻止污染交叉传播的预防措施是必需的。

⑦对供水系统采用加氯消毒和从非发病疫区采水是减少易感动物发病危险性的两种方法。

⑧注射治疗主张一猪一针头，一次性或用后消毒再使用。外科手术所用器具应严格消毒后再用于其他猪手术。对疑似传染病猪要进行严格隔离或无公害化处理。

三、猪群的健康管理

如果你正在组建一个新的猪群，你必须确定：①从其他猪群引入的猪的健康状况；②保持这种状况所需要的管理程序。

1. 封闭式猪群　在完全封闭式猪群，除剖官产或子宫切开手术产生的新生仔猪进入猪群外，没有其他活猪进入猪群。如果你希望保持一个完全封闭式猪群，不要允许其他任何来源的活猪进入。但是随着时间的推移，为猪群引入新的血统将是必须的，这可以通过引入人工授精或胚胎移植后剖官产生的猪做到，这个办法将把引入一个新疫病的危险性降到最低。对于一个完全封闭的猪群，只有剖官产得到的活猪可以进入猪群。

2. 半封闭式猪群　这个系统没有达到和完全封闭猪群相同的防止新发疫病传入的策略

水平，但是可以减少疫病传入的危险，因为唯一增加到猪群中的动物是公猪，而所有的后备母猪是从已建立的猪群中选出并饲养在一起。

要从健康状况更好的猪群中购买公猪，如果你对要购买公猪的猪群的健康状况有疑问，要向猪群的主人、兽医或当地的养猪专家咨询。买种猪要尽量从最少的猪群中购买（所有种猪来源于一个猪群最好），并要坚持猪群有净化了疫病的证据。为此，有关疫病的实验室诊断结果、屠宰检疫和兽医记录的信息对达到这个目的是有用的。

不要忽视新猪群开始时的健康状况，要努力保持一个半封闭式猪群。

3. 对外来猪隔离检疫 在将种公猪引入猪群时，要把它们圈养在一个和大猪群隔离开的猪舍内，最好是在不同的建筑内。用易感的动物确定这个种群是否是一些传染病的携带者(方法是把 2～3 头保育猪和公猪放在一起)，30d 以后，如果易感猪不发病，再把这批公猪和其他的种猪饲养在一起。如果采取进一步的安全防范措施，可把新的公猪隔离饲养至少 6 周，在这期间观察它们发病迹象。

4. 保持猪群健康的管理程序 为保证猪群健康，要遵照一系列的管理程序。

(1) 按照下列操作，将保持母猪的健康：

①控制风速。把具有良好的通风和没有穿堂风的建筑物作为母猪舍。

②床面干燥。在任何时候保持母猪的床铺干燥。

③防止外伤。保证母猪出入的建筑物开口宽阔，防止母猪受伤。

④合理分组。要按母猪的年龄和重量分组，20～25 头为 1 组。

⑤充足空间。安排好母猪舍的空间和饲喂设施，以确保母猪最大的活动空间。

⑥防止肢体损伤。避免公、母猪在坚硬的、冰冻的或有冰的路面上长时间行走。

⑦夏天遮阴。在夏天的炎热的几个月里，为种猪提供足够的阴凉。

⑧远离垃圾。保持母猪远离猪场垃圾和像多年使用后形成的泥坑类的坑洼地。

⑨消毒和驱虫。母猪进入分娩房前，用温水和肥皂清洗干净，然后用温和的抗生素液冲洗，同时可喷洒灭疥癣和虱子的药物。

⑩临产前控制喂量。母猪进入分娩房后，要减少饲料，满足此时需要的饲料的总量是有较大的差异，但应接近日常母猪采食量的 30%～50%，这有助于预防后期分娩时出现乳房炎-子宫炎-无乳综合征。

值得注意的是，合适的母猪舍和卫生是母猪管理的关键。

(2) 按照下列操作，将保持哺乳仔猪的健康：

①人工接产。尽可能在母猪分娩仔猪时有人在现场。

②环境良好。防止新生仔猪受风寒侵袭。

③脐带消毒。用 5%的碘酊溶液消毒仔猪肚脐。

④剪齿。仔猪出生后尽可能地剪掉犬齿，但要避免把牙齿剪得接近牙龈线。

⑤补铁。为防止饲养在水泥地面上的仔猪贫血，对 3～4d 的仔猪注射铁制剂，如果 3 周后仔猪仍没有开始喂料，再次注射铁制剂。

⑥尽早地阉割仔公猪。时间最好在第 3 天至 2 周龄，以减少应激和其他可能的感染。阉割前把所用的工具在沸水里消毒 15min，在每阉割一个猪后，把工具放在消毒液里保持清洁。

(3) 按照下列操作，将保持保育猪和肥育猪的健康：

①分组。从仔猪断奶到出售，通过体型大小而不是年龄把仔猪分组，把大小一致的猪饲养在一起。一组猪将面临疫病发生的危险，疫病发生的可能同把多少不同来源的猪合并一起分为一组是同步增长的。

②合理密度。在一个饲养周期里，猪的饲养数量应当合理。在每一个饲养阶段上一定要有足够的空间，以保证在繁育猪群建立一个持续的繁育循环，达到猪舍空间的最合理利用和形成稳定的向市场出售的猪生产量。

③注意营养。适当增加全价饲料中氨基酸、矿物质、维生素的含量。

④保证饮水。任何时候要确保充足的清洁饮用水。

⑤环境控制。提供保育猪和肥育猪干燥的、没有穿堂风的睡觉空间以及在炎热的天气里提供足够的阴凉。

5. 保持每头猪健康的防疫管理　制定一个猪群健康的良好的管理和项目计划，使疫病的发生降低到最小，它有助于防止某个疫病病原的传入和暴发流行，增加猪群的抗病免疫力。每个生产者应当为所属的猪场制定出一个猪群健康计划，即使是微小的计划，也要比没有猪群的计划好得多。

(1) 免疫接种。

(2) 驱除体内寄生虫。

(3) 控制体外寄生虫疥癣和虱子。注射伊维菌素更加有效，也可以口服伊维菌素。

6. 兽医在猪群健康防疫计划中的工作和责任　一个生产者要想实现生产全过程的目标和降低生产成本，应该有一个设计良好的猪群健康防疫计划。而一个理想的猪群健康计划有许多部分组成，目的是改进猪群的生产性能达到最大的合理水平。参加猪群健康防疫工作的兽医能够给养猪生产者提供下列的服务项目：

(1) 疫病监测。尽管有很好的管理，传染病的发生也有可能。那些暴发的疫点应当由兽医进行分析和控制，兽医给猪群开的通过饲料和饮水喂服的药物处方将是必需的。兽医在随机的访问期间要对猪群进行监测，常规的尸体解剖检查是分析对各种的疫病所使用控制措施的有效性的最好办法。

(2) 尸体剖检。要尽可能地对大部分死尸进行剖检。在一个疫病暴发期间，尸体剖检首先要选择能代表疫病发生的、新鲜的、没有治疗过的死猪。合理的尸体剖检将帮助发现造成猪死亡和影响生产的疫病类型，然后按照面临的形势完善控制计划。

(3) 定期访问猪场。大多数兽医要对猪群进行定期的视察，访问猪场的频率和每次在猪场花费的时间长短，依赖于猪群的规模和猪群健康状况。在一个猪群健康计划的早期阶段，兽医为了掌握猪群的基本情况，1个月内要视察多次，以确定和正确处理出现的问题，并设计好一个有效的记录系统。一旦一个健康计划得到了执行，对一个100头母猪规模的猪场，从分娩到育肥的全过程操作，1个月1次的猪场访问是很合适的。在两次定期的访问期间，电话咨询、紧急出访和尸体剖检服务也需要提供。

(4) 生产记录分析。使用一个合适的计算机记录系统（软件）收集生产记录，并对这些记录数据进行分析处理已经成为监测生产过程的有用工具。关于从断奶到育肥期间的记录、受胎率、二次配种发生率等，将在一个正常的基础水平上进行分析，以判断生产过程是否合理和异常。

(5) 饲料添加剂和抗生素治疗计划。抗生素被用来治疗猪病，控制特定的传染病，以提高生长期猪的增重率和饲料消化率。抗微生物药物可以在猪的生长全过程中使用在猪饲料中，在预防或治疗水平上的抗生素通常被用在亚临床的疫病产生了局部的影响时，例如，像猪痢疾、萎缩性鼻炎和肺炎这类疫病。在公猪饲料中添加抗生素可提高繁殖能力。

(6) 免疫接种和驱虫。通过对猪群健康状况的监测，指导你设计“特定的”免疫接种和驱虫计划。

(7) 寄生虫学监测。常规的体内和体外寄生虫监测应当每个季度进行一次，粪便检查在所有的养猪生产区被采用，而对虱子和在皮肤上掘洞的疥癣的目视检查，可以在兽医对猪群进行定期的健康访问的日程里完成。

(8) 血清学监测。对某些传染病如传染性胃肠炎、钩端螺旋体、细小病毒、胸膜肺炎的血清学检查应当实行，这些诊断将用来监测目前免疫程序效果和目前免疫程序的需要情况。因此，应注意向兽医咨询免疫接种、驱虫计划和寄生虫病学、血清学检验。

(9) 药物残留的检查。伴随着近期消费者对磺胺药物在猪肉残留问题的关心，养猪生产者已经更加认识到消费者对药物残留问题的担忧。

药物残留检查应当在猪场访问时结合进行，特别是在那些已经发生超过残留标准的违法行为的猪场，饲料成分的混合和饲料转运系统需要改进。交叉污染的潜在来源是使用的排污系统和被循环使用的不流动水。

(10) 种公猪的繁殖力检查。种公猪的繁殖力检查一般不像对种公牛的繁殖力操作那样经常使用，但一头公猪的繁殖障碍也可以通过这种方法来评估。

(11) 屠宰检查。屠宰检查被用来监测疫病存在的状况，如猪群中肺炎、鼻炎和被蛔虫损害的肝脏的白色痕迹。屠宰检查每个季节 1 次，每年 4 次，如果和一个肉品加工厂有一个协议，兽医在屠宰间检查 10 头上市的猪，将为你提供正确的猪群健康的信息。

(12) 向其他专家咨询。向其他专家咨询，如营养学家、遗传学家、经济学家和养猪专家咨询也是必需的，一系列解决存在问题的建议可提高猪群健康防疫计划的效果。

现代养猪业如果没有一个猪群健康防疫计划，将不能够支撑下去。养猪业主可以和一个兽医共同协作设计一个疫病预防方案，这应当是全面管理计划中贯穿全过程的部分，目的是减少疫病发生和提高养猪生产的基础水平。

7. 猪的屠宰检查 屠宰检查是一个生产者采用的帮助评估猪群健康的方法，它是一个兽医随机地选择达到上市标准的猪进行剖检完成的，它提供了一个了解猪栏里的每头猪身体内部情况如何的机会。屠宰检查在于监测像萎缩性鼻炎和喘气病一类的疫病时，效果最为显著，其他像蛔虫寄生和放线杆菌胸膜肺炎，也能够在屠宰检查中进行分析。

屠宰检查的作用是指屠宰检查的结果能够被用来帮助一个养猪业主决定是否应当从一个猪场来选择更换育种猪群所需要的猪，如果商品群超过 50%的猪有肺部病变，则意味着慢性呼吸系统疫病的存在，因此，要选择从健康状况更好的猪群更换种猪群。

屠宰检查可以用于确定在一定时间内，在平均日增重和出栏日期方面较差的猪群生产能力的原因。

四、预防猪病的原则

(一) 科学饲养

营养不良和过量饲喂均可以导致免疫功能受损。由于蛋白质和能量的缺乏和过剩，维生素和微量元素的相对失衡，均增加对疾病的易感性。在集约化饲养条件下，猪的日粮是严格控制，因此提供最优化的日粮配方就显得非常重要，尤其是要保证维生素和矿物质含量的最适需要。保证最佳免疫功能所需的关键维生素和矿物质包括维生素A、维生素C、维生素E和B族维生素，铜、锌、镁、锰、铁和硒。这些成分的平衡尤为关键，一种成分的不足或过量会影响另外一种物质的吸收或需要。

确切免疫功能所需的最优化日粮目前的研究还没有得出结论，人们只能根据现行饲养标准进行粗略确定。当某种营养缺乏症没有表现临床症状之前是不知的，但实际生产中某种营养物质稍微失衡就会导致免疫功能抑制。另外，应激和快速生长也会改变最佳免疫功能所需的营养要求。1976年有人研究，在日粮中添加维生素E可提高猪对大肠杆菌的抗体反应。

（二）环境卫生和疫病控制

猪舍良好的环境卫生是控制动物疫病的关键，环境卫生指的是建立和保持有利于动物健康的环境条件。猪舍是病原体理想的栖息地，良好的环境卫生可减少这类病原的存在。定期的彻底清扫和消毒，制定并遵守保持每天卫生的基本规定，将把疫病发生的危险降到最小。将猪饲养在有充足光线、干净、密度小、通风良好和有大量清洁饮水的圈舍中，猪将更加健康。

下列是控制环境卫生的具体措施：

①保持猪舍清洁和整洁，不允许猪舍里堆积粪便、垃圾和蜘蛛网。

②一旦母猪及其仔猪已经离开分娩间，应立即清扫和消毒分娩猪舍。

③只要有条件，马上把猪的废弃物从猪舍建筑里运走。

④销毁发病动物的粪便和病猪曾经使用过的废物。

⑤控制鼠、猫、鸟和昆虫，不允许鸡在猪舍里跑动。

1. 死猪的处理 对死亡猪的销毁要快速进行无公害化处理。一般要求死亡动物的畜主应当在48h内将死亡动物处理掉，处理方法为埋在至少1.2m深的土层下面，或者销毁，或者把死畜运输到一个加工厂里。

猪场按下列注意事项处理动物尸体：

(1) 不能在小溪、河流或湖泊里及附近地区处理。

(2) 不能把死亡动物喂犬或猫，这样扩散疫病的危险性太大。

(3) 除非为了诊断死亡的原因进行尸体解剖检查外，其他任何理由都不能把动物割破和分割开。

(4) 任何时候，只要有可能，都要把分娩舍和仔猪舍空1周，以便切断疫病在哺乳仔猪和保育猪之间的循环传播。

2. 消毒 当动物饲养在一个长时间没有间断的封闭猪舍时，病原有机物将积累到危害动物健康水平。定期的清扫和消毒能够防止疫病产生的病原有机物的堆积增长。

消毒是将无生命物体表面的病原体杀死，清除和破坏掉所有的有生命的微生物。消毒药和防腐药之间的差异是：消毒药会杀死所有病原菌，而防腐药则阻断病原菌的繁殖和生长，不一定必须杀死它们。消毒药常用在地板、建筑物和仪器设施上，它是有害的化学物质，不能用于活的动物组织；防腐药是很安全的物质，它们可以使用在活的组织上，如阉割时和清洗伤口污染时。

物体表面存在的有机物影响消毒药杀死微生物的能力，因此，猪舍在被有效的消毒前，必须正确的清扫，将所有的赃物和粪便清除，或者使用高压清洗机，或者蒸汽清扫。对猪舍清洁和消毒最常使用的是氢氧化钠溶液、洗涤剂或蒸汽清扫。

蒸汽清扫时只有蒸汽喷头完全接近被清扫的表面，蒸汽直接接触了病原体，才能实现依靠蒸汽杀死病原体的作用。蒸汽清扫和使用洗涤剂方法对木板、金属、水泥、有狭槽和有纹路的地板的消毒效果较好。洗涤剂的作用是除去脂肪和其他物质，从而使清扫工作变得更加容易，并确保消毒剂能够充分接触微生物并杀死它们。清扫以后使用消毒剂并保持几个小时，在充分的接触后，将每处场所表面和仪器上消毒剂冲刷掉。如果建筑物或者其他设备不能用喷撒充分地消毒，这些建筑或设备则应当被密闭和熏蒸消毒（如用福尔马林和高锰酸钾）。

操作过程中因环境中有自然产生的对人和动物有害的气体（指清扫等搅动，物体挥发出氨气、硫化氢等)，因此，操作时要特别小心。

影响消毒效果的因素很多，包括：①建筑物周围的环境；②病原有机物的类型；③接触起作用的时间；④化学药品的性质。

好的消毒药品应具有如下特性：①稳定性；②水溶性；③效力高；④毒力强；⑤腐蚀性小；⑥低成本；⑦受温度影响较小；⑧作用迅速。

3. 脚浴池 脚浴池对预防猪舍建筑物之间的污染是有效的。它们也随时充当猪舍需要适当的卫生措施的提示作用。许多商业产品可用于脚浴池，一般药浴使用酚。要对鞋子进行有效的消毒，脚浴液中消毒剂的浓度必须保持在0.1%的水平上。脚浴液能够被肥皂灭活，在硬水里它们的效力也将减退（硬水是指含有钙等矿物质较多的水)。但脚浴液不能很好地保持浓度，久置后它们将变得无效，而且可能变成一个传染源，并造成安全的假象。

有效脚浴池的特点包括：①长和宽必须足够，以强迫人们步行穿过它们；②必须至少10cm深；③必须定期排干和清洁；④不允许脚浴液外溢、冰冻或干燥；⑤消毒药必需定期更换，尤其是当脚浴池变得很脏和失去作用时。

（三）免疫接种

动物对疫病的抵抗能力可以通过使用特异性疫苗接种猪、刺激免疫系统产生抗体而被提高，如果一个免疫接种计划能够最有效地满足猪场的需要，这个计划就是最有效的。向兽医咨询要用什么疫苗，仅仅为了确保使猪不得病而使用所有疫苗是昂贵的和不必要的，疫苗并不保证猪不发生疫病，免疫接种也不能代替良好的管理。

常用免疫接种疫苗种类有菌苗、细菌提取物苗、自制菌苗和病毒疫苗，而病毒疫苗又分为灭活的病毒疫苗和致弱的病毒疫苗。值得指出的是灭活的病毒疫苗具有排除疫病发生和扩散疫病危险的优点，但免疫的水平和持续的时间不如活病毒疫苗产生的效果好。死的病毒疫苗适用于帮助减少最重要的猪病毒病的发生率；而致弱的活病毒疫苗，具有产生抗体水平高和持续较长时间的优点，但严禁给妊娠母猪注射弱毒疫苗。

致弱的病毒疫苗的效力依赖于被接种动物发生一个轻度感染的能力，如果经过不合理的贮存或错误的运输使疫苗受到破坏，由于不发生轻度的感染，从而没有抗体产生。所以，致弱的病毒疫苗应当小心储存。

灭活的病毒疫苗或致弱的病毒疫苗接种机体后，需要几周的时间才能产生免疫力。按照一般的原理，第一次的疫苗接种使免疫系统对抗原致敏并产生首次免疫反应，但抗体产生的水平很低。第一次接种后的2～6周，必须进行第二次疫苗接种。第二次注射能够刺激产生更坚强的免疫力，因为疫苗病毒在猪体内可以生长和繁殖。给动物注射疫苗后产生的免疫同已经经历了感染后产生的免疫一样，称为主动免疫，因为这是动物自身的防御系统被激活而产生的免疫力。另外，值得注意的是免疫接种计划的选择，要在征询了兽医的意见，仔细斟酌后做出使用疫苗的决定。在决定要使用疫苗免疫接种前，要考虑以下的因素：

（1）疫病暴发而导致的损失，包括动物死亡的损失、治疗的花费、生产能力的损失等，后者指繁殖率、受孕率、分娩率和断奶前后死亡率。

（2）疫苗的费用。

（3）疫苗的效力。疫苗效力随疫苗不同而差异，并依赖于所需要的免疫类型。

（4）疫病发生的危险性。一些疫病是很普遍的，在正常的健康水平下的常规管理中，可以在任何时间发生，如猪丹毒、细小病毒和大肠杆菌病等，而像放线杆菌肺炎和传染性胃肠炎是一类不常发生的疫病。因此用常规的免疫接种抵抗这些疫病可能是不经济的，而对流行危险性高的疫病进行免疫是合适的。

（5）其他控制措施。卫生措施是控制仔猪感染疫病的最重要途径，包括彻底地清扫分娩猪舍和栏床，在把母猪迁入分娩隔离间前沐浴母猪，每天清扫粪便以及理想的猪舍温度，以保持动物抗病力最大。动物管理也是一个主要的健康原因，不同年龄组的猪舍要隔离开，尽量减少猪群的移动和混合，后备母猪在第一次配种和进入种猪群以前，要与种猪群有良好接触和处理措施，以便使它们能够对存在于猪群中的病原微生物产生快速的免疫反应。

（6）大量证据表明，机体疲劳和心理紧张会抑制动物的免疫功能，生产中常见的应激因素同样也会抑制免疫功能，导致发病率增加，如过冷、过热、拥挤、混群、断奶、去势、免疫或驱虫、限饲、运输、噪声和约束等。

（四）适时保健

现代养猪生产面临致病因素多而复杂，诸如环境潮湿、寒冷、温度偏高偏低、舍（栏）卫生较差、猪密度过大、饲粮或日粮不科学、药物使用不规范、随意免疫、各猪场卫生防疫不统一等均会威胁到猪的健康。因此，建议遇到以下情形之一时应使用抗生素进行保健，减少猪群发病几率：①猪转群（栏）饲养管理变化；②长途运输；③季节变更；④周边有疫情。

抗生素是杀灭细菌的化学物质。当抗生素被合理使用时，对被治疗的动物不利影响很小。抗生素会阻止细菌的生长和繁殖，使动物体的防御系统更有效地抵抗感染。不同的抗生素可以抵抗不同的细菌。目前，国内外通常使用预防呼吸道或消化道抗生素药物，舍内空气质量不佳状态下应该使用预防呼吸道药物，如泰妙菌素、土霉素；幼龄猪预防消化道抗生素药物是常用的，如阿莫西林等。

（五）使用驱寄生虫药

定期使用驱寄生虫药物驱除体内、外的寄生虫也会达到增强体质、减少感染疾病的目的，现将常用的驱虫药物介绍如下：

1. 左旋咪唑　左旋咪唑适合做成饲料添加剂、药丸、注射用或水溶性制剂，当口服给药时，需停食和停水几个小时，在这几个小时内，药剂将被消化吸收。

左旋咪唑对治疗肠道蛔虫的成虫和成熟的幼虫是有效的，也对治疗结节线虫、胃线虫有效，治疗鞭虫的效力则有很大差异。过多的唾液、咳嗽、呕吐等副反应在猪偶尔发生，特别是如果过量服用时尤其如此，但是这能在短时间内消失。左旋咪唑的停药期决定于使用的剂型，一般是4～10d。

2. 潮霉素B 潮霉素B主要是作为一种粉剂添加到饲料中，它要连续饲喂8周以上才有效，它对治疗猪成熟的蛔虫有效。潮霉素B饲喂时间不能过长，使用剂量应遵循说明书的推荐剂量。据报道，过量使用会导致病猪耳聋和白内障。屠宰前要求15d的停药期。

3. 伊维菌素 猪使用这种药物目前只有注射溶液，一次注射对治疗蛔虫成虫、结节线虫和胃线虫有效，它治疗鞭虫的效果较差。伊维菌素也对治疗外寄生虫如疥癣和虱子有效。这种制品也有较大的安全界限。注射给药，其休药期至少28d。

（六）减少应激增强免疫力

应激是动物机体对环境和精神影响的一种意识状态和身体反映。应激并不是一种病，但却是一种或多种病的发病原因。

冷、潮湿或刮风的天气，以及潮湿冰凉的水泥地板是应激反应的原因，因此被称为应激原。应激反应描述了动物或人对外界变化的环境的反应和适应的方式，如果动物的反应和适应是合适的，应激反应是有利的。如果动物不能成功地适应，则应激反应变成了应激过度和一个疫病可能发生的临床症状。

猪在现代圈养条件下面临着许多干扰能引起应激，这些应激原包括：①寒冷和有穿堂风的猪舍；②过强的噪音；③怀孕猪舍的潮湿地板；④群饲状态。

这些应激因素都在猪的生长发育和母猪的健康上有很显著的影响，也影响母猪发挥全部的生殖能力，或造成母猪机体上的伤害，主要的应激原经常能够降低母猪抵抗普通疾病的自然免疫力。

应激反应的后果有：损害心脏和骨骼肌（猪应激综合征）；增加胃酸分泌（胃溃疡）；削弱身体的防御系统和丧失抵抗疫病的能力。

值得指出的是，不是所有的应激反应都是有害的，一些刺激是必要的警告信号，它可保持机体相应的功能，而没有达到应激反应的刺激将导致厌烦，最后使猪养成咬尾巴和耳朵的坏习惯。

下列的应激原影响猪对传染病的抵抗力：

（1）寒冷。对于初生仔猪，寒冷减少了消化和吸收初乳的总量，增加了仔猪对大肠杆菌的易感性。低的环境温度通过降低体温而导致感染，如果环境温度能带来直肠温度的下降，将抑制白细胞吞噬和破坏病原体。

（2）环境和行为性。行为性应激原如断奶、把陌生的猪混群、过度的拥挤等，将抑制免疫系统的功能。应激反应增加了血液中肾上腺皮质激素的水平，这个激素降低了猪对传染源的免疫反应程度和强度。人和猪之间的互相作用可以影响猪对疫病的抵抗力，如断奶导致母乳提供的被动免疫抗体突然中断，这将使仔猪在断奶后对直肠传染的易感性增加。

（3）营养失衡。能量和蛋白质水平不足会降低免疫反应，当日粮中蛋白质水平低于12%～16%时，就会出现这种结果。如果将维生素E和硒添加到缺乏这两种成分的饲料中，对疫病的体液免疫反应将显著提高。

(4) 霉菌毒素。猪饲料中含有霉菌毒素时，会降低对传染病的抵抗力。

(5) 氨气。猪舍中的氨气水平超过 (50～75) $\times10^{-6}$时将导致猪的呼吸道疫病，它影响猪的呼吸道上皮细胞。氨气导致呼吸道分泌过量的黏液，同时削弱纤毛细胞把黏液移出肺和呼吸道的能力。

(6) 并发症。一种疫病感染会使猪对其他传染源更加易感，一些病毒或者甚至用活的病毒疫苗免疫接种，都降低免疫功能和抗病能力。

(七) 实行全进全出减少疾病

3～4 周龄保育猪最大的问题是生长迟缓，对疫病易感。精心护理仔猪有助于减少断奶时处于应激状态仔猪的疫病流行。保育猪对较大日龄猪传播的各种疫病高度敏感。

全进全出管理系统有 4 个主要的优点（图 2-2）:

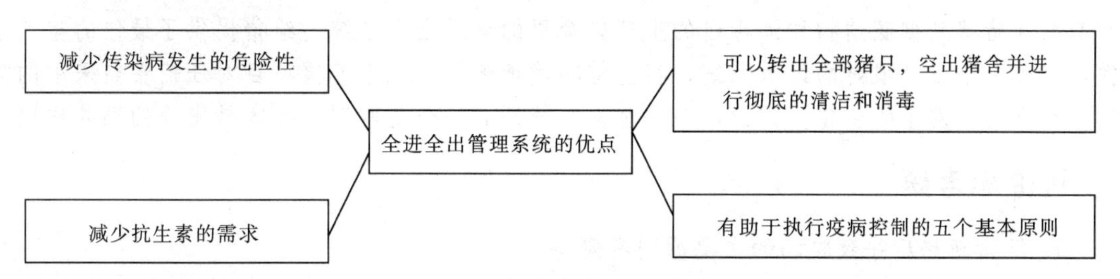

图 2-2 全进全出管理系统的优点

1. 减少传染病发生的危险性 在突然断奶后，自然环境和微生物菌群对仔猪的健康和生长有显著的影响，畜群的全进全出管理可预防以前猪舍里发生过的传染病传给新进入的断奶猪群。全进全出也提供了严格的环境控制，以满足不同年龄猪身体所需要的舒服条件，明显地减少了呼吸道和肠道传染性疾病的发生。

2. 可以转出全部猪只，空出猪舍并进行彻底的清洁和消毒 全进全出要求在一批新仔猪被引入这个猪舍以前，全部转出原来猪只，空出猪舍，彻底清洁和消毒出这些保育猪将要生活的猪舍和设备。

3. 减少抗生素的需求 生活中消费者更关心肉品中抗生素残留。高度集约化的养猪增加了疫病的发生率，从而导致大量使用抗生素。抗生素确实成功地控制了部分疫病，然而关于萎缩性鼻炎的研究已经表明，在分离到的支气管败血性“波氏杆菌”(造成萎缩性鼻炎的原因之一）中很大部分变得对磺胺类药物有抵抗力，产生了耐药性，感染生长猪的其他病原微生物也有类似的倾向。大范围地广泛使用抗生素可能最终导致出现更多的微生物抗药菌株，使得有效的治疗更加困难。而全进全出系统由于减少了疫病发生危险和能够采取严格的消毒措施，可以减少对抗生素的需要。

4. 有助于执行疫病控制的五个基本原则 下面列出的是最重要的部分：

(1) 消灭环境中的传染源。排泄病原体的猪是疫病发生的主要传染源，隔离猪舍防止了传染病从大猪向小猪的扩散，而且能更容易地从余下的猪群中发现并隔离生长不良的猪。

(2) 把猪从污染的环境中移开。如果猪和设备都被放在一个猪舍里，则猪舍不可能被彻底清扫，而（猪和设备）分开的猪舍允许每周自由的彻底清扫，可以经常使新断奶的仔猪进入到清洁的、较过去更加卫生的猪舍里。

(3) 增加对疫病的抵抗力。当猪按照体型大小和年龄分组时，多样化的猪群健康管理措施包括从寄生虫防制到温度控制，变得更加有效。这些措施强化了猪的天然免疫系统，有助于预防疫病。

(4) 提高特异免疫力。当采用合适的全进全出管理时，可以减少猪生长的环境中病原微生物的污染程度，使猪在接触大量病原之前，能逐步地接触这些病原中的一部分，从而渐渐提高猪的免疫力。

(5) 减少应激反应。猪舍温度、气流速度的精确控制和管理者敏锐的观察力，对保持保育猪持续的健康和生长性能是必需的，因为在一个猪舍里，所有猪的日龄几乎都相同，所以减少应激反应就容易一些。

猪的健康指标通常是根据以这组猪的数量为基础的猪的死亡数（死亡率）来估测的，但另一方面，预期的生产性能的降低也是反映疫病影响的更加重要的指标。建立在每周把年轻的易感仔猪移到彻底清扫和消毒过的生产猪舍里的全进全出系统，给猪提供了最佳的生长条件，配合一个设计很好的记录系统，将能够准确地测算出一个养猪项目对任何希望采用的疫病控制方案后发生的变化。因此，全进全出系统还有一个使监测指标容易操作的额外作用。

讨论思考题

1. 仔猪断奶后导致腹泻的主要原因有哪些?

2. 某仔猪生产专业场，2009 年 10 月产仔 81 窝，窝平均产仔 12 头，平均初生重 1.25kg。10 月至 2010 年 3 月分娩舍内平均温度为 9℃，相对湿度 95%。初生仔猪与母猪同栏饲养在水泥地面上，卫生状况较好。仔猪生后普遍下痢，且10 日龄左右皮肤苍白，被毛蓬乱，有的仔猪突然呼吸困难而死亡。仔猪 20 日龄开食，30 日龄正式补料，每天饲喂 4 次，35 日龄断奶，断奶时平均个体体重 5.0kg，仔猪断奶后吃料较少，且腹泻较多。医药费花了不少，仔猪死了将近 30%。据畜主讲，泌乳母猪日粮中蛋白质水平为 10%，消化能浓度为 11.7MJ/kg，钙 0.5%，总磷 0.4%，食盐 0.40%。仔猪料、泌乳母猪的多种维生素和微量元素添加剂由国内知名厂家购入，并按要求添加。泌乳母猪日粮量为 5kg。母猪很瘦，后期少乳，母猪不能在仔猪断奶后 1 周左右发情配种。试问其原因有哪些，应如何改进?

实训操作

实训一 初生仔猪护理养育

【目的要求】学会初生仔猪护理养育方法。

【实训内容】初生仔猪护理养育

【实训条件】仔猪箱、电热板、红外线灯、亚硒酸钠维生素E注射液、铁钴合剂、75%酒精溶液、注射器、碘酊、活动挡板、标记笔、耳号钳子、偏嘴钳子、手术刀、脱脂棉等。

【实训方法】

1. 早吃初乳 仔猪出生后，若不进行超前免疫应立即吃初乳，如果进行超前免疫，免疫后2h也要马上吃初乳。如果仔猪不吃初乳，就得不到母源抗体，仔猪抗病能力很低，一般不易成活。同时，初乳中含有其他营养物质是初生仔猪的唯一营养来源。加之仔猪生后体内贮备能量有限，如在短期内不能补充，就会出现低血糖现象。

全部仔猪吃过一段时间初乳后（吃饱），应将仔猪拿到仔猪箱内（箱内温度控制在32～34℃），这样既能让母猪休息又可以防止初生仔猪接触脏东西引发下痢，50～60min后再拿出来吃初乳，吃饱后再拿回仔猪箱内。在放置仔猪箱的同时要用防压栏与母猪隔开，防止母猪拱啃。产后2～3d内一直这样操作，有利于母仔休息及健康。

2. 固定奶头 固定乳头的原则：弱小仔猪在前；中等仔猪居中；强壮仔猪在后。如乳头数多于产仔数，由前向后安排，放弃后边乳头。具体做法是，首先将仔猪按照体重或体质由小到大或由弱到强进行顺序编号，使用标记笔写在仔猪背部。然后将母猪的乳房由左至右，由前到后进行虚拟编号，每次哺乳时使用手或挡板将仔猪分开，对号哺乳，经过2d左右即可以将乳头固定。最初几天要定时安排仔猪哺乳。平时把仔猪捉进仔猪箱中，定时放出哺乳。

3. 温度控制 仔猪生后调节体温能力差，必须为其提供适宜的环境温度，防止冻死。生后第一周温度控制在32～34℃，以后每周降温2℃。在产床上设置仔猪箱、电热板和红外线灯。观察仔猪躺卧时的状态判定其温度是否合适。如温度适宜，仔猪就会均匀平躺在仔猪箱中，睡姿舒适；如温度偏高，仔猪会四散分开，将头朝向有缝隙可吹入新鲜空气的边沿或箱口；如温度低，则会挤堆或叠层趴卧。

4. 补铁、补硒 缺硒地区母猪没有饲喂添加硒的饲料，仔猪出生后第1天肌内注射亚硒酸钠维生素E注射液0.5mg。出生后3日龄内注射铁钴合剂，每头仔猪150～200mg。注射前用75%酒精溶液消毒，注射部位在颈部或臀部深层肌肉，注意严格按照每1头仔猪使用1个针头进行注射，防止交叉感染。

5. 寄养、并窝 无母猪哺乳、母猪产后无乳或母猪产仔极少的仔猪由寄养母猪哺乳。应注意：选择性情温顺，泌乳量高的寄养母猪；母猪产期相近，最好不超过3d；仔猪寄养前吃足初乳；要进行防辨认处理——干扰母猪嗅觉，用寄养母猪的尿液和奶水涂抹仔猪全身；最好安排在夜间进行，注意看护，防止母猪辨认出来，咬伤寄养仔猪。

6. 防止压死、踩死、咬死 注意防止有些母猪因母性差、产前营养不良、产后口渴烦躁、产后患病等导致母猪脾气暴躁，出现咬吃仔猪的现象。再加上母猪体重大，弱小仔猪不能及时躲闪，容易被母猪压死或踩死。因此，仔猪出生1周内要求安排饲养员认真看护，并且安装防压栏。

7. 仔猪编号 为了便于仔猪管理，方便记录和资料存档，应将仔猪在生后3d内进行编号，具体方法如下：

（1）打耳号法（大排号法）。规则：上3下1，左个位右十位。左耳尖100，右耳尖200。左耳中间孔400，右耳中间孔800。

操作者抓住仔猪后，用前臂和胸腹部将仔猪后躯夹住，用一只手的拇指和食指捏住将要打号的耳朵，用另一只手持耳号钳进行打号。注意要避开大的血管；避免母猪咬伤操作者。

（2）上耳标法。操作者把耳标书写好后，将上部和下部分别装在耳标器的上部和下部。把仔猪抓住后，操作者用前臂的肘部和胸腹部将仔猪保定好，然后用耳标器将耳标铆上，注意要避开大的血管。

（3）电子识别。有条件的养殖场，可以将仔猪的个体号、出生地、出生日期、品种、系谱等信息转译到脉冲转发器内，然后装在一个微型玻璃管内，插到耳后松弛的皮肤下。需要时用手提阅读器进行识别阅读。

8. 仔猪出生后的其他处理

（1）剪牙。为了防止初生仔猪的乳齿咬伤母猪乳头和牙齿变形，仔猪出生后，使用医用剪刀或无锈钢偏嘴钳将仔猪胎齿（8个）在齿龈处全部剪断。操作时，用一只手抓握住仔猪的额头部，并用拇指和食指用力捏住仔猪上下颌的嘴角处，将仔猪嘴捏开，然后，用另一只手持偏嘴钳在齿龈处，将上、下、左、右所有的乳齿全部剪断。剪后将剪刀或偏嘴钳消毒，防止交叉感染。

（2）断尾。防止咬尾和母猪将来本交配种方便，仔猪生后1周内，使用偏嘴钳子将其尾巴断掉（可以留1/3），然后消毒，防止交叉感染。

（3）去势。仔猪生后1周内，将不做种的雄性仔猪去势，此时去势止血容易，应激小。具体方法为：首先一只手贴仔猪两后腿根将其两后腿紧紧抓握住，使用消毒棉签蘸取5%碘酊溶液将仔猪阴囊消毒，然后使用经消毒处理的手术刀将两个阴囊和睾丸分别竖向切开，顺势将睾丸挤出，割断精索，最后将切口消毒。

【实训报告】写出初生仔猪护理的关键点。

【考核标准】

考核项目	考核要点	等级分值					备注
		A	B	C	D	E	
态度	端正	10～9	8.9～8	7.9～7	6.9～6	<6	考核项目和考核标准可视情况调整
初生仔猪护理	学会护理养育方法	40～36	35.9～33	32.9～30	29.9～27	<27	
仔猪编号	学会正确编号方法	20～18	17.9～15	14.9～12	11.9～9	<9	
仔猪其他处理	学会仔猪其他处理方法	20～18	17.9～16	15.9～14	13.9～12	<12	
实训报告	填写标准、内容翔实、字迹工整	10～9	8.9～8	7.9～7	6.9～6	<6	

实训二　仔猪开食补料

【目的要求】掌握仔猪开食时间，学会仔猪开食补料方法。

【实训内容】

1. 仔猪开食。

2. 仔猪补料。

【实训条件】7、15 日龄仔猪、喂饲器或饲槽、自动饮水器或水槽、仔猪开食饲料等。

【实训方法】

1. 开食　把第一次训练仔猪吃料称为开食，一般在仔猪出生后 5～7d 开始。先将仔猪饲槽或喂饲器搬到仔猪补饲栏内并打扫干净。投放 30～50g 的仔猪开食料，然后把仔猪赶到补饲栏内。饲养员蹲下，用手抚摸抓挠 1～2 头仔猪，待仔猪安稳后将仔猪料慢慢地塞到仔猪嘴里，每天训练 4～6 次（集中 1～2 头训练仔猪）。经过 3d 左右的训练，仔猪便学会采食饲料，其他仔猪仿效学会采食饲料。生产上，多在开食前 2～3d 固定抚摸抓挠 1～2 头仔猪，每天 4～6 次，每次 5min 左右，到开食当天一边抚摸抓挠，一边向仔猪嘴里塞料，同样训练 3d 左右。

2. 补料　一般在仔猪 15～20 日龄时，每天给仔猪补料 6 次，开始每次每头 20～50g。根据情况以不剩过多饲料为宜。所剩饲料不卫生时，应将剩料清除干净，喂母猪时应重新投料。

【实训报告】叙述仔猪开食的方法和步骤。

【考核标准】

考核项目	考核要点	等级分值					备注
		A	B	C	D	E	
态度	端正	10～9	8.9～8	7.9～7	6.9～6	<6	考核项目和考核标准可视情况调整
仔猪开食	叙述开食概念	40～36	35.9～32	31.9～28	27.9～24	<24	
仔猪开食补料	开食补料方法	40～36	35.9～32	31.9～28	27.9～24	<24	
实训报告	填写标准、内容翔实、字迹工整	10～9	8.9～8	7.9～7	6.9～6	<6	

实训三　健康猪群观察

【目的要求】学会猪群健康观察。

【实训内容】健康猪群静态、动态观察。

【实训条件】猪场猪群。

【实训方法】

1. 静态观察　观察猪站立和睡卧的姿势，呼吸和体表状态。健康猪在温度适宜时睡卧（姿势）常取侧卧姿势，四肢伸展；在低温环境中采取四肢蜷于腹下的平卧姿势，站立平稳，呼吸均匀深长，被毛整齐有光泽，无色素沉着的皮肤呈粉红色。

2. 动态观察　观察猪群起立姿势、行走步态、精神状态、饮食排泄情况。健康猪起立敏捷，行动灵活，步态平稳，有生人接近时出现警惕性凝视。采食时节奏轻快，尾巴自由甩动。粪呈圆柱形，落地后变形，颜色受饲料影响，一般呈浅橙色、灰色或黑色。

【实训报告】详细记录观察结果，正常猪的精神状态、运动及躺卧姿势，皮肤颜色以及皮肤有无出血、丘疹、肿胀、结痂、脱毛等。采食情况、粪便颜色性状、尿量颜色、呼吸运动等。

参考资料：

1. 猪临床检查的要点

（1）通过仔细的视诊、观察个体及群体的变化，对发育程度、营养状况、皮肤变化、精神状态、运动行为、呼吸、采食与排泄等项内容，仔细观察。

（2）注意听取病理性声音，如喘息、咳嗽、喷嚏、咬牙、呻吟等。

（3）进行周密问诊及流行病学调查。

2. 一般检查

（1）体格、发育、营养程度。仔猪体躯矮小、结构不匀称、消瘦、被毛蓬乱无光，甚至成为僵猪常提示有慢性病，如：猪瘟、副伤寒、气喘病、链球菌性心内膜炎、慢性传染性胸膜肺炎、各种寄生虫病等。

（2）姿势、运动。在温度适宜时，猪仍然采取四肢蜷于腹下的平卧姿势可能有心脏疾病。呈犬坐姿势提示呼吸困难，常见于肺炎、心功能不全、贫血。猪运步缓慢、行动无力，可由于衰竭和发热引起。病猪跛行时应注意关节有无肿胀变形，蹄部有无损伤。引起关节肿胀变形的疾病有：猪丹毒、链球菌病等。如果猪群中相继出现多数跛行的病猪并传播迅速时，应考虑是否存在口蹄疫、水疱病，此时要仔细检查蹄部有无水疱烂斑。另外，跛行还可由风湿引起。

（3）皮肤。皮肤发绀可见于循环及呼吸系统障碍，如：猪繁殖-呼吸障碍综合征、猪肺疫、猪接触性传染性胸膜肺炎、仔猪副伤寒、应激综合征等。猪眼睑水肿常见于猪水肿病、猪繁殖-呼吸障碍综合征、链球菌病。皮肤发红可见于发热。皮肤苍白可见于贫血。皮肤剧痒并伴有出血、结痂等提示螨虫病的可能。皮肤有疹块可见于皮炎肾病综合征、猪丹毒、猪痘等。皮肤有出血点，多发于猪的腹下、四肢常是猪瘟的表现。猪鼻盘干燥见于发热病。体表有较大的坏死和溃烂提示有坏死杆菌病。

（4）眼。出现脓性分泌物是有化脓性结膜炎，尤其应注意猪瘟。结膜潮红可能是局部炎症，也常见于各种热性病。结膜苍白见于贫血。结膜黄染见于肝病和溶血过程。贫血黄疸常见于断奶仔猪多系统衰竭综合征、嗜血支原体病等。结膜发绀见于呼吸系统和循环系统障碍或者中毒。脑部疾病时可出现眼球震颤。

（5）淋巴结。对猪常检查腹股沟浅淋巴结，其他体表淋巴结不易触及。在猪瘟、猪丹毒、断奶仔猪多系统衰竭综合征、弓形虫等常见淋巴结明显肿胀。

（6）消化系统。观察是否存在呕吐、便秘、腹泻、直肠脱落。

（7）泌尿系统。公猪排尿时，尿流呈股状断续（交替）的短促排出，母猪排尿时后肢展开、臀下倾、后肢弯曲、举尾、背腰弓起。尿正常时为水样，在发热和饮水减少时尿呈黄色，泌尿系统炎症时可见血红尿或尿中有血块。初生仔猪溶血、嗜血支原体病可见血红蛋白尿。

（8）生殖系统。母猪外阴有脓性或白色的排出物，可能是膀胱炎、肾盂肾炎、阴道炎或子宫炎。前两种病可发生于任何阶段的母猪，但在妊娠期间较多见，后两者常发生在配种或产仔后。外阴单侧肿常由创伤引起，双侧水肿见于玉米赤霉烯酮中毒和嗜血支原体病。猪患布鲁氏菌病和乙型脑炎时可见睾丸肿大。

（9）神经系统。食盐中毒、日射病可见兴奋不安；伪狂犬病可见间歇性抽搐；病猪倒地、四肢划动可见于各种脑炎和猪水肿病。

（10）体温、心跳、呼吸数。引起体温升高的疾病很多，感染、应激等均可引起体温升高。体温过低可见于濒死期、严重下痢猪；在母猪也常见体温过低，适当补充能量或治疗后可很快恢复正常，多由饲养管理不善引起。在发热时心跳次数增加，如果心跳次数显著减少常提示预后不良。呼吸次数增加可由于呼吸器官疾病，也可由于发热、心衰、贫血等引起；常见疾病为气喘病、伪狂犬病、繁殖-呼吸障碍综合征、嗜血支原体病、缺铁性贫血、应激综合征等。

三者之间的关系一般是并行的，体温升高，则心跳和呼吸次数增加；体温下降，则心跳和呼吸次数减少。如果体温下降而心跳次数增加，多为预后不良之兆。

【考核标准】

考核项目	考核要点	等级分值					备注
		A	B	C	D	E	
态度	端正	10～9	8.9～8	7.9～7	6.9～6	<6	考核项目和考核标准可视情况调整
静态观察	叙述猪正常行为	40～36	35.9～32	31.9～28	27.9～24	<24	
动态观察	叙述猪正常行为	40～36	35.9～32	31.9～28	27.9～24	<24	
实训报告	填写标准、内容翔实、字迹工整	10～9	8.9～8	7.9～7	6.9～6	<6	

实训四　猪群周转计划编制

【目的要求】能够编制猪群周转计划。

【实训条件】期初猪群结构状况、计划期末按任务要求达到的存栏头数、猪群配种分娩计划、出售和购入猪头数、淘汰种类、头数和时间，由一个猪群转入另一个猪群的头数、猪场工艺参数等。

【实训方法】根据上述材料，填写猪群周转计划表（表实 2－1）。

表实 2－1　猪群周转计划表

项　目		上年存栏	月　份												年末存栏
			1	2	3	4	5	6	7	8	9	10	11	12	
基础公猪	月初数 淘汰数 转入数														
检定公猪	月初数 淘汰数 转入数 转出数														
后备公猪	月初数 淘汰数 转入数 转出数														

（续）

项　目		上年存栏	月份 1	2	3	4	5	6	7	8	9	10	11	12	年末存栏
基础母猪	月初数 淘汰数 转入数														
检定母猪	月初数 淘汰数 转入数 转出数														
后备母猪	月初数 淘汰数 转入数 转出数														
哺乳仔猪															
保育猪															
育成猪															
生长猪															
肥育猪															
月末存栏总数															
出售淘汰总数	保育猪 后备公猪 后备母猪 肥育猪 淘汰猪														
备注															

【实训报告】编制出你校或当地某猪场的猪群周转计划

【考核标准】

考核项目	考核要点	等级分值 A	B	C	D	E	备注
态度	认真、不迟到早退	10～9	8.9～8	7.9～7	6.9～6	<6	考核项目和考核标准可视情况调整
填写猪群周转计划表	数据准确、格式规范	80～72	71.9～64	63.9～56	55.9～48	<48	
实训报告	格式正确、内容充实、分析透彻	10～9	8.9～8	7.9～7	6.9～6	<6	

实训五 饲料供应计划编制

【目的要求】根据已知条件，学会猪场饲料计划的编制。

【实训内容】猪场年度饲料计划编制。

【实训条件】瘦肉型猪日粮定额见表实2-2、瘦肉型猪平均日增重和料重比见表实2-3。

表实2-2 瘦肉型猪日粮定额

类别	体重（kg）	风干料量（kg）	类别	体重（kg）	风干料量（kg）
妊娠前期母猪	<90	1.5	泌乳母猪	<90	4.8
	90～120	1.7		90～120	5.0
	120～150	1.9		120～150	5.2
	>150	2.4		>150	6.5
妊娠后期母猪	<90	2.0	种公猪	<90	1.4
	90～120	2.2		90～150	1.9
	120～150	2.4		>150	2.3
	>150	3.3			

表实2-3 瘦肉型猪平均日增重和料重比

饲养期	阶段结束平均重（kg）	平均日增重（g）	饲养天数	料重比
哺乳期	6.5	170	28	2.5
保育期	22.5	385	35	2.61
生长期	57.5	575	35	3.30
肥育期	97.5	800	77	3.78
合计			175	

（1）饲料需要量=猪群头数×日粮定额×饲养天数。如某猪场有杜洛克成年公猪20头，体重150～180kg，经查瘦肉型猪饲养标准其日粮定额为2.3kg，则该猪群在1周内的饲料需要量为20×2.3×7=322kg。

（2）饲料需要量=猪群头数×料重比×平均日增重×饲养天数。如某工厂化猪场采用四段法饲养瘦肉型肉猪（4、5、5、11周），现其有200头断乳仔猪转入保育舍，则该群仔猪的饲料需要量为200×2.61×0.385×35=7 033.95kg。

（3）饲料供应计划的制订。猪场根据本场饲料需要量计划和饲料基地饲料来源，从社会购入数量等条件就可以编制饲料供应计划。由于一个猪场可能存在多个不同猪群，故需要计算不同类别猪群饲料需要量，累计后得出总饲料需要量。如果需要计算原料需要量，则按其相应饲料配方进行计算后得出。

【实训方法】

第一步，根据公式，饲料需要量=猪群头数×日粮定额×饲养天数，计算出各类猪群的每天、每周、每季（计13周）、每年（计52周）的饲料需要量。

第二步，根据计算结果，按饲料损耗率0.5%计，安排各种配合饲料的季度供应量计划。

【实训报告】调查当地某猪场的生产统计资料，如各类猪群常年存栏数、饲养天数、饲料转化率、平均日增重、饲料来源和价格等，制定其饲料供应计划。

【考核标准】

考核项目	考核要点	等级分值					备注
		A	B	C	D	E	
态度	端正	10～9	8.9～8	7.9～7	6.9～6	<6	考核项目和考核标准可视情况调整
瘦肉型猪日粮定额	叙述不同类型猪的日粮量	40～36	35.9～32	31.9～28	27.9～24	<24	
饲料供应计划制定	能够根据猪场数据资料编制饲料供应计划	40～36	35.9～32	31.9～28	27.9～24	<24	
实训报告	填写标准、内容翔实、字迹工整	10～9	8.9～8	7.9～7	6.9～6	<6	

模块三　肉猪生产

知识要求

了解肉猪生产前准备工作内容、饲料类型的相关概念及饲喂方法的概念，掌握常规肉猪生产技术。

技能要求

学会肉猪饲粮配制

项目一　常规肉猪生产前准备工作

在肉猪生产前，首先要将圈舍准备好，并彻底清扫和消毒，为肉猪提供舒适、清洁、卫生的生活环境；其次要选择好饲料、搞好人员培训、合理组织猪群，及时做好猪群的驱虫、去势和免疫接种工作，为安全、高效肉猪生产做好准备。

任务一　圈舍准备和消毒

1. 圈舍准备　肉猪多采用舍饲。圈舍的小气候环境条件如舍内温度、湿度、通风、光照、噪音、有害气体、尘埃和微生物等都会在一定程度上影响肉猪的健康和生产力水平的发挥。肉猪舍要求保温隔热，舍内的温度、湿度条件应满足肉猪不同生长阶段的需求，同时要求通风良好，空气中有毒有害气体和尘埃等有害物质的含量应越低越好。因此，肉猪舍在进猪前，必须检查圈舍的门窗、圈栏和圈门是否牢固，圈舍的地面、食槽、输水管路和饮水器是否完好无损，通风及其他相关设施能否正常工作等，如发现问题及时进行更换或维修。

2. 圈舍消毒　消毒是减少圈舍病原微生物、降低猪群发病率的重要措施。消毒前要对圈舍进行彻底清扫，包括地面、墙壁、围栏、粪尿沟等，特别要重视对天花板或屋梁、通风口的彻底清扫，然后用高压水冲洗，最后进行严格的消毒，干燥后才能投入使用。

圈舍消毒时，最好选择没有残留和毒性，对设备破坏性小，在猪体内不会产生有害积累的消毒剂。建议消毒方法和步骤为：先清除舍内固体粪便和污物，再用高压水冲洗围栏、食槽、地面、墙壁和粪尿沟等处；将圈舍通风干燥12～24h后，使用甲醛、高锰酸钾熏蒸消毒，要求每立方米空间用36%～40%甲醛溶液42mL、高锰酸钾21g，在温度21℃以上、相对湿度70%以上的条件下，封闭熏蒸24h（应该注意，熏蒸主要适于密闭猪舍，并要特别注意安全）；打开门窗通风后方可使用，也可以对墙壁、天棚、地面和食槽使用2%～3%的氢氧化钠水溶液喷雾消毒，6～12h后用高压水将残留的氢氧化钠冲洗干净；干燥后调整圈舍温度达15～22℃，即可转入肉猪进行饲养。

任务二　饲料准备

饲料是养猪生产的基础，饲料成本占肉猪生产成本的70%～80%，饲料质量将直接影响肉猪生产的经济效益，因此，肉猪肥育前要根据不同生长发育阶段备足质量优良的饲料。

目前，市场上猪用配合饲料产品主要有全价配合饲料、浓缩饲料、添加剂预混合饲料三种类型，肉猪饲喂哪种类型的饲料，猪场应根据自己的饲养规模、技术水平和本地饲料条件合理选择。各种配合饲料的质量标准，见表3-1。

表 3-1 配合饲料质量标准

饲料名称	标准编号
仔猪、肉猪配合饲料	GB/T 5915—93
肉猪混合饲料	ZBB 46003—88
瘦肉型肉猪配合饲料	SB/T 10076
仔猪、肉猪浓缩饲料	GB 8833—88
仔猪、肉猪复合预混合饲料	GB 8832—88

规模较小的猪场或本地能量饲料原料贫乏的区域，适合选用全价配合饲料饲喂肉猪。全价配合饲料是按猪的饲养标准和原料的营养成分科学设计配合而成的，除水分外可以完全满足肉猪生长发育所需要的各种营养物质，因此，营养全面，饲养效果好。直接饲喂肉猪，使用方便，节省饲料加工设备的投入和劳动力成本，同时可以避免采购各种饲料原料带来的风险。

规模较大、本地又富产玉米、饼粕、麸皮等农副产品的猪场，可以选用浓缩饲料和添加剂预混合饲料，自己购买玉米、麸皮等原料，根据饲料厂家提供的配料指南配成全价饲料后饲喂肉猪。这样可以降低饲料成本，但猪场要配备相应的饲料加工车间、加工设备和人员，并要选购质量符合要求的原料。常用原料玉米、豆粕、麸皮的感官检验方法如下：

1. 玉米 籽粒整齐均匀，色泽呈现黄色或白色，无发霉味、酸味、虫、杀虫剂残留，杂质含量不要超过 1%，玉米安全水分不超过 14%。感官检验可采用看、捏、咬等方法。看：将玉米放于盘内或手掌上，水分高的玉米籽粒粒形膨胀，整个籽粒光泽性强；捏：用手指触摸，通过手对玉米的籽粒捻、压、捏等来感觉软硬，如籽粒较硬，则水分小，反之水分大；咬：将玉米放入口中，用牙齿咬碎，根据破碎程度，牙齿感觉和发出声音高低，判断玉米水分大小。

如果玉米脐部明显凹下，基本与胚乳相平，有皱纹，齿咬时有清脆的声音，用指甲掐比较费劲，大把握玉米有刺手感，水分一般为 14%～15%；脐部明显凹下，齿咬不震牙，但能听到玉米碎时发出的响声，用指甲捏脐部，稍费劲，水分一般为 16%～17%；脐部稍凹下，很易咬碎，外观有光泽，用手指甲掐不费劲，水分一般为 18%～20%；水分过高时，胚部凸起，光泽强，用手掐脐部有水渗出。

2. 豆粕 豆粕是以大豆为原料，经浸提法提取油脂后的饲料原料，粗蛋白含量应在 43%以上。它的感官性状应呈淡黄色的不规则的碎片状，豆片厚度均匀，不要有过量豆皮，色泽一致，颜色太深表示加热过度或大豆原料变质，太浅可能加热不足。风味为烤黄豆香味，无酸败、霉味、焦化及其他异味，无结块、虫蛀现象。豆粕的水分含量要在 13%以下，用手抓散性很好。不要有玉米粉、玉米胚芽粕、豆饼等掺杂物。

3. 麸皮 麸皮是小麦加工成面粉时的副产品，主要由小麦的种皮、糊粉层以及少量胚乳组成，其营养价值因小麦品种、加工工艺不同，差异很大，一般麸皮中水分小于 12.5%，粗蛋白 15%左右，粗纤维小于 10%。麸皮呈细碎屑状，颜色淡黄褐色到红褐色，色泽新鲜一致。具有粉碎小麦特有的香甜风味，无发酸、发霉味，无石粉、花生皮、稻糠等杂质。

任务三 人员培训

肉猪生产前，要选择合适的饲养员，并进行职业素质、业务能力等方面的培训，使其能尽快熟悉各项工作制度、掌握各项生产技术，胜任所担负的工作。培训一般包括以下内容：

1. 培养职业兴趣 使饲养员热爱本职工作。

2. 学习肉猪生产的规章制度 如《猪场卫生防疫制度》、《消毒制度》、《猪场免疫程序》、《驱虫程序》、《技术操作规程细则》等。

3. 掌握肉猪生产技术 猪只组群、猪群调教、防疫、驱虫、消毒、温湿度及通风量控制等。

4. 熟悉日常工作程序 ①每天喂料2～3次，投放饲料量要恰当，取料时注意检查饲料的结构和颜色，发现异常及时报告，投料前检查每个料槽，清除槽底剩料；②观察猪群的各种情况，调节猪舍内空气环境；③供给猪只充足的清洁饮水，每天注意查看饮水器是否能正常使用；④每天两次清扫粪便、污物及霉烂变质饲料，并立即从污道运至粪污贮存处理场，以保持猪舍的清洁卫生；⑤做好肥育猪上市出栏工作，及时对空栏清洗消毒；⑥及时将病残猪、死猪运到指定地点处理；⑦记录生长肥育舍转入转出头数，肥育期平均日增重、饲料消耗、疾病、死亡和出栏头数等。

小知识 猪源及组群

1. 肉用生长猪的选择 生长猪质量的好坏直接影响肉猪的生长速度、饲料转化率和猪群的健康。因此，选择好肥育用生长猪是肉猪生产的先决条件。

(1) 外购生长猪的选择。从外地购进生长猪进行肥育风险较大，除生长猪的质量不易控制外，还容易带入病原，因此，不要购买来路不明的生长猪，肉猪生产者要预先了解当地疫情，并同母猪饲养场（户）签订购销合同，届时选购合格的生长猪。

挑选生长猪时，应认真观察生长猪的健康状况。优良生长猪的标准是：生长猪被毛直而顺，皮肤光滑，白猪应是皮肤红晕，有色猪皮肤光亮，四肢站立正常，眼角无分泌物，对声音等刺激反应正常，抓捉时叫声清脆而洪亮；粪便不过干、不过稀、尿无色或略呈黄色，呼吸平稳，体温正常，鼻突潮湿且较凉；生长猪四肢相对较高，躯干较长，后臀肌肉丰满，被毛较稀、腹部较直。

猪场应设立隔离舍区，外购生长猪要在隔离舍区，隔离观察饲养15～30d，没有发现疫病，方可进入生产区。外购生长猪进场前，要对生长猪、隔离舍及用具进行严格消毒。

(2) 本场生长猪的要求。本场培育的生长猪除少数病残者剔出外，大部分要转入肉猪舍肥育，但肉猪起始重大小会影响肥育效果，因此要提高肥育生长猪的体重和整齐度。

体重大小不同，肥育效果差别很大，正像俗语所说："初生差一两，断奶差一斤；入栏差一斤，出栏差十斤"。目前，大部分瘦肉型猪种及其杂交后代的生长速度都较快，仔猪28日龄断奶体重一般为7～8kg以上，63日龄体重达20kg以上，这为肉猪生产打下良好的基础。

肉猪生产除要求有较大的起始重外，还要有较高的整齐度，发育整齐的生长猪，可以原窝转入肉猪舍的同一栏内肥育，而不需重新分群，减少了转群应激，便于饲喂和管理，可以做到同期出栏，有利于提高肉猪的生产效果和猪舍利用率。

2. 生长猪的组群 根据猪的行为特性，肉猪群饲不但能有效地利用圈舍面积和生产设备，提高劳动生产率，降低肉猪生产成本，而且可以充分利用肉猪合群性及采食竞争性的特点，促进食欲，提高增重效果。肉猪群饲时，经常发生争食和咬架现象，既影响了猪的采食和增重，又使群体的整齐度降低、导致大小不均，因此，肉猪群饲时必须合理组群。

(1) 饲养密度与群体大小要合理。饲养密度是指平均每头猪占用猪栏的面积。正常情况下，猪群中个体与个体之间要保持一定距离。饲养密度过大，使个体间冲突增加，炎热季节还会使圈内局部温度过高，这些都会影响猪群的正常休息和采食，从而影响猪的生长速度和饲料转化率。饲养密度过小，则会降低猪舍利用率。

肉猪的饲养密度的大小与猪的年龄、管理方式和圈舍地面形式等因素有关。

猪只的年龄越大，个体与个体之间应保持距离越大，需要的占栏面积就越大，所以生长猪的前期和后期的饲养密度应该有所区别。

规模化、集约化猪场，因为环境条件和卫生防疫有较为可靠的保障，并尽可能减少肉猪的建筑和设备成本分摊，猪群饲养密度可以大些；而中小规模的猪场或养猪户，则因为猪舍和设备相对较为简陋，饲养密度过大会对猪群的健康和生产水平会造成较大的不良影响，因此饲养密度应该稍小一些。

猪场圈舍的地面形式有两种，即混凝土实体地面和漏缝或半漏缝地板地面，通常后者的饲养密度要比前者大一些。

根据我国集约化养猪场建设标准和各地区的实际情况，猪群饲养密度可以参考表3-2中的数据。

表3-2 肉猪适宜饲养密度

(赵书广．中国养猪大成．2003)

肉猪体重阶段 (kg)	每栏头数	1头肉猪的占栏面积 (m^2)	
		混凝土实体地面	漏缝地板地面
20～60	8～12	0.6～0.9	0.4～0.6
60～100	8～12	0.8～1.2	0.8～1.0

肉猪组群时，不但要考虑饲养密度，还应考虑群体大小。如果群体过大，猪只之间的位次关系容易削弱或打乱，使个体之间争斗频繁，互相干扰，影响采食和休息。肉猪的最有利群体大小为4～5头，但这样会相应的降低圈舍及设备利用率。实际生产中，在温度适宜、通风良好的情况下，每圈10～15头为宜，一般不要超过20头。

(2) 组群方法要恰当。肉猪组群时，应根据其来源、体重、体质、性别、性情和采食特性等方面合理进行。不同杂交组合的仔猪有不同的营养需要和生产潜力，有不同的生活习性和行为表现，如果合在一起饲养，既会互相干扰影响生长，又不能兼顾各杂交组合的不同营养需要和生产潜力，各自的生产性能难以得到充分的发挥。因此，应按杂交组合合理组群，避免因生活习性不同而造成相互干扰，也可以满足营养需要使同一群的猪只发育整齐，同期出栏。性别不同则行为表现不同，肥育性能也不相同，如去势公猪具有较高的采食量和生长速度，而小母猪则生长略慢，但饲料转化率高，胴体瘦肉率高，因此，应将相同性别的猪组为一群。肉猪组群后会争斗和抢食，体重过小或太弱的猪往往不能得到足够的饲料而影响生长，一般要求一群内的生长猪体重差异不超过3～5kg。

为减轻猪群争斗、咬架等现象造成应激，建议组群时要采取四项措施：①主张原窝肥育，即同窝哺乳或保育的猪组群在一起；②用带有气味的消毒剂对猪群进行喷雾消毒以混淆气味、消除猪只之间的敌意；③分群前停饲6～8h，但在要转入的新圈舍食槽内撒放适量饲料以使猪群转入后能够立即采食而放弃争斗；④在新圈舍内悬挂“铁环玩具”或播放音乐以转移其注意力。

(3) 必要时适当调群。肉猪组群后，在短时间内会建立起较为明显的群体位次，此时要尽可能地保持群体的稳定，但是经过一段时间的饲养后（特别是在生长期结束、体重达到60kg左右时），应对猪群进行再次调整。

需要注意的是，调群只适用于三种情形：①群内个体因生长速度不同而出现较明显的大小不均现象；②猪群因体重增加而出现过于拥挤的现象；③群内有的猪只因疾病或其他原因已被隔离或转出，造成饲养密度过小。根据猪的生物学特性和行为学特点，调群时应采取“留弱不留强、拆多不拆少、夜合昼不合”的原则。

(4) 组群后及时调教。肉猪在组群和调群后，要及时进行调教。肉猪调教的内容主要有两项。

①防止“强夺弱食”。为使群内的每个个体都能采食充足的饲料，组群后应防止大猪抢食弱小仔猪饲料，措施主要有两方面，一是采食槽位要足够长，每头猪至少要有30cm长的槽位，并在食槽内均匀投放饲料；二是分槽位采食，每头猪一个槽位。

②训练“三点定位”：训练肉猪形成“三点定位”的习惯，使猪在采食、休息和排泄时有固定的区域，并形成条件反射，以保持圈舍的清洁、卫生和干燥。“三点定位”训练的关键在于定点排泄。猪一般多在圈门处、低洼处、潮湿处、墙角处等地方排泄，排泄时间多在喂饲前或是在睡觉刚起来时。因此，在猪群迁入新圈舍之前，事先把圈舍打扫干净，特别是猪的睡卧区，并在指定的排泄区堆放少量的粪便或洒些水，然后再把猪群转入，猪只便会到粪污区排便，使猪养成定点排便的习惯。如果这样仍有个别猪只不按指定地点排泄，应及时将其粪便铲到指定地点并守候看管，经过3～5d，猪只就会养成采食、睡卧、排泄三点定位的习惯。调教成败的关键在于抓得早（猪迁入新圈舍后立即进行）和抓得勤（勤守候、勤看管）。

任务四　驱虫、去势和免疫接种

1. 驱虫　驱虫可以增进猪的健康，有利于猪生长发育，并能防止激发疾病，提高肉猪生产的经济效益。

猪体内寄生虫以蛔虫、姜片吸虫感染最为普遍，主要危害3～6月龄的猪只，病猪多无明显的临床症状，但表现生长发育慢，消瘦，被毛无光泽，严重时生长速度降低30%以上，有的甚至可能成为僵猪。外购仔猪一般应驱虫两次，第一次在进场后7～14d进行，2～3周后进行第二次驱虫。常用药物有伊维菌素、阿苯哒唑、丙硫咪唑等，使用时要按照使用说明书操作。值得指出的是，群体口服驱虫药时，要求每头猪都能够摄入相应的驱虫药剂量，防止体大强壮的猪摄入剂量过多，造成中毒。服用驱虫药后，应注意观察，若出现副作用或不良反应，应及时解救。驱虫后排出的虫卵和粪便，应及时清除，并进行发酵处理以防再度感染。

猪常见的体外寄生虫是猪螨虫，病猪生长缓慢，病部痒感剧烈，因而常以患部摩擦墙壁或圈栏，或以肢蹄搔擦患部，甚至摩擦出血，以至患部脱毛、结痂，皮肤增厚形成皱褶或龟裂。驱除的办法很多，如伊维菌素、阿维菌素或多拉菌素及其制剂是高效、安全、广谱的抗寄生虫药物，口服和注射均可，对猪的体内、体外寄生虫都有较好的驱除效果，皮下注射用量为每千克体重 0.2～0.3mg，连续用药 2 次，两次用药时间间隔 5～7d；口服用量 20mg/kg，连续饲喂 7d。

2. 去势　猪的性别和去势与否，对猪的生长速度、饲料转化率和胴体品质都会产生一定的影响。研究表明，不去势的公猪与去势的公猪相比，生长速度提高 12%，胴体瘦肉率增加 2%，饲料转化率提高 7%。然而，小公猪生长到一定的年龄和体重以后，体内会产生雄性激素，导致肉中带有难闻的膻气味而影响肉的品质。因此，肉用小公猪以及种猪场不能做种用的小公猪应及早去势。母猪一般性成熟较晚，在出栏前一般未达到性成熟，对猪肉品质不会产生影响，所以小母猪不必去势。不同性别大白猪的蛋白质与脂肪的沉积量见表 3-3。

表 3-3　不同性别大白猪的蛋白质与脂肪的沉积量

（陈清明．现代养猪生产．1997）

性别	平均日增重（g）	日沉积蛋白质（g）	日沉积脂肪（g）
公猪	855.0	108.7	211.5
母猪	702.0	83.5	196.0
去势公猪	764.0	87.7	264.4

现代养猪生产主张 7～10 日龄去势，对于没有及时进行去势的小公猪或外购的小公猪如果没有去势，应及早去势，一般情况下，在进场后 2 周左右一切完全正常时进行。具体操作如下：保定小公猪时，操作者左手握住小猪的右前腿倒提起来，右手抓住右侧膝前皱褶，使小猪左侧躺卧于地面上，头部向操作者左侧，尾部向操作者右侧，背部朝向操作者。操作者以左脚踩住猪的颈部，右脚踩住尾根，并用左手腕部按压在小猪右侧大腿的后部，使该腿向前向上。操作者以左手中指的背面由前向后顶住右侧睾丸，拇指和食指捏在阴囊基部，将睾丸挤向阴囊底，使睾丸固定不易活动和缩回，并使阴囊壁绷紧。先用 5%的碘酊消毒阴囊，然后右手持阉割刀或手术刀，在睾丸最突出的阴囊上作一纵向切口，避开阴囊中缝和纵隔，一次切透阴囊壁和总鞘膜，挤出睾丸。睾丸挤出后，撕断附睾尾韧带（亦称鞘膜韧带），以右手向外牵引睾丸，以左手拇指尖和食指刮断精索。再在同一切口摘除左侧睾丸，即在阴囊纵隔上作一切口，挤出左侧睾丸，按上法摘除。术后刀口部位再次消毒，以防止感染。将猪放开之前，用右手将包皮内的残留液体挤出，以免滞留影响排尿。

在去势的前 1d，对猪舍进行彻底消毒，以减少环境中病原微生物的数量，减少病原微生物与刀口的接触机会。猪去势后，应给予特殊护理，防止体大仔猪拱咬体小仔猪的创口，引起失血过多而影响猪的健康，并应保持圈舍卫生，防止创口感染。

3. 免疫接种 自繁自养的猪场，在70日龄前一般都完成了各种疫苗的预防接种工作，转入肉猪舍后，一直到出栏无须再接种疫苗，但应定期对猪群进行采血，检测猪体内的各种疾病的抗体水平，防止发生意外传染病。因此，仔猪在哺乳期和保育期，必须按照猪场的免疫程序，认真做好预防接种工作，防止漏免。

外购仔猪时，首先要注意三点：①尽可能从非疫区选购；②选购的仔猪要有免疫接种和场地检疫证明；③采用“窝选”，即选购体重大、群体发育整齐的整窝保育猪。其次，仔猪购进后，要对仔猪隔离观察2～4周，应激期过后，根据本地区传染病流行情况进行一些传染病的免疫接种，一般猪瘟必须免疫接种。有条件的养殖场，应依据国家《动物防疫法》监测以下疾病：口蹄疫、水疱病、猪瘟、猪繁殖-呼吸障碍综合征、伪狂犬病、乙型脑炎、猪丹毒、布鲁氏菌病和结核病等。

项目二 常规肉猪生产技术

任务一 科学配合饲料

1. 确定适宜的营养水平 饲料营养水平的高低，对肉猪的生长速度和胴体品质产生有重要影响，特别是能量水平和蛋白质水平。在同样的猪种和环境条件下，合理营养水平的饲料，不仅可以提高猪的生长速度和饲料转化率，而且可以改善胴体品质，获得良好的经济效益。

（1）能量水平。饲料能量水平与肉猪生长速度和胴体瘦肉率的关系非常密切。在饲料蛋白质和氨基酸水平相同的条件下，猪的能量摄入量多，猪生长迅速，饲料转化率高，而背膘厚则增加，不同能量水平对肉猪生产性能的影响见表 3-4。

表 3-4 不同能量水平对肉猪生产性能的影响

（赵书广．中国养猪大成．2003）

消化能（MJ/kg）	14.6	13.2	11.7
平均日增重（g）	817	750	647
饲料/增重	2.57	2.44	2.90
平均膘厚（mm）	26.09	18.90	17.36

由上表可以看出，高能量水平对肉猪生长速度有利，但对胴体品质不利，而且猪在高能量水平下高生长速度的主要原因在于猪的体内的脂肪的大量沉积。因此，在猪的肥育后期，可以采用限饲的方法以控制猪的能量的摄入量，提高胴体瘦肉率。

针对我国饲料条件，兼顾肉猪的生长速度、饲料转化率和胴体瘦肉率等，饲料消化能以12.12～13.38 MJ/kg 为宜。

（2）蛋白质和氨基酸水平。饲料蛋白质含量对肉猪的生长速度、饲料转化率和胴体瘦肉率均有很大影响。

饲料能量水平一定的条件下，肉猪的生长速度、饲料转化率在一定范围内（蛋白质含量9%～18%）随饲料蛋白质水平的提高而提高，但当蛋白质超过 18%时，生长速度不再提高，虽然瘦肉率还会提高，但会明显增加饲料成本。故 NRC（1998）认为，瘦肉型猪体重20～50 kg 时，蛋白质为 18%；体重 50～80 kg 时，蛋白质为 15.5%；体重 80～120kg 时，蛋白质为 13.2%。

除蛋白质水平外，蛋白质品质也是一个重要的影响因素，蛋白质品质就是氨基酸的种类、含量和比例。肉猪所需的必需氨基酸有 10 种，对于玉米-豆粕型日粮，赖氨酸是第一限制性氨基酸，它对猪的生长速度、饲料转化率的影响较大。瘦肉型猪饲料中赖氨酸的水平为：体重 20～50kg 时应为 0.83%；体重 50～80kg 时应为 0.67%；体重 80～120kg 时应为0.52%。

(3) 矿物质和维生素。肉猪饲粮中钙、磷含量因体重不同而异，体重20～50kg阶段，钙含量应为0.60%，有效磷含量为0.23%；体重50～80kg阶段，钙含量应为0.55%，有效磷含量为0.19%；体重80～120kg阶段，钙含量应为0.45%，有效磷含量为0.15%；食盐全期通常占风干饲料的0.30%左右。其他矿物质的添加量，应根据NRC（1998）酌情添加。

肉猪对维生素的吸收和利用率很难准确测定，目前饲养标准中规定的需要量实质上是供给量，只是一般情况下最低必需量，在实际生产中可酌情增加。一般维生素添加量应是标准的2～5倍，并且在配制饲料时一般不计算能量饲料和蛋白质饲料原料中各种维生素的含量。

(4) 粗纤维。粗纤维含量是影响饲料适口性和消化率的主要因素。肉猪饲料中粗纤维含量的增加，可以降低饲料转化率和猪的生长速度，故为了肉猪生产水平应限制饲粮中的粗纤维水平。建议肉猪体重在50kg以下阶段，粗纤维含量不高于5%～6%，体重在50kg以上阶段，不高于7%～8%，最高不超过9%。

2. 科学设计饲料配方 饲料配方的设计是肉猪饲养的关键技术之一。在设计饲料配方时，首先应该了解当地的饲料资源和饲料的利用价值；其次要根据猪的生理特点和营养需要设计出一个较为完善的饲料配方；最后在使用所设计出的饲料配方的过程中，根据实际效果不断调整和完善配方，以求达到最理想的饲喂效果，降低生产成本，提高养猪生产的经济效益。肉猪饲料配方可参考表3-5。

表3-5 肉猪饲料配方

饲料配方（%）	体重（kg）			营养水平（MJ/kg，%）	体重（kg）		
	20～50	50～80	80～120		20～50	50～80	80～120
玉米	62.3	65.0	64.7	消化能	13.47	13.24	13.01
次粉	5.0	5.0	5.0	粗蛋白	18.01	15.71	14.48
麸皮	5.0	10.0	15.0	钙	0.61	0.53	0.46
豆粕	23.0	15.0	10.0	有效磷	0.23	0.19	0.15
棉粕	2.0	2.5	3.0	赖氨酸	0.86	0.69	0.60
磷酸氢钙	0.4	0.2	—	蛋氨酸+胱氨酸	0.60	0.53	0.50
石粉	1.0	1.0	1.0				
食盐	0.3	0.3	0.3				
预混料	1.0	1.0	1.0				
合计	100.0	100.0	100.0				

3. 日粮和饲粮的概念 日粮是指一头猪在一昼夜（24h）内所采食的各种饲料组分的总量。当日粮中各种营养物质的种类、数量及其相互比例能满足猪的营养需要时，则称之为平衡日粮或全价日粮。

生产实践中，为满足集约化养猪生产和饲料加工生产的需要，常为相同生产目的的猪群体生产大量配合饲料，再按日分顿喂给。这种按日粮中各种饲料组分的比例配制的大量配合饲料，称为饲粮。

任务二　选择适宜的肥育方式

猪的肥育方式对肉猪的生长速度、饲料转化率、胴体瘦肉率及养猪效益都有重要影响，目前常用的肥育方式主要有“直线肥育”和“阶段肥育”两种方式。现代养猪生产考虑营养合理利用、固定资产折旧和人工费用等因素主张“直线肥育”。

“直线肥育”就是根据肉猪生长发育不同阶段营养需要的特点，生长肥育全期实行丰富饲养，使猪在最短时间出栏的肥育方式。

“直线肥育”方式，满足了肉猪各阶段的营养需要，发挥了猪的生长潜力，能获得较高的生长速度，提高肉猪的出栏率和商品率，但猪的胴体瘦肉率略低。

任务三　采用合理的饲喂方式与方法

1. 饲喂方式　肉猪常用的饲喂方式主要有两种，即自由采食和限量饲喂。不同的饲喂方式可以得到不同的饲养效果，现代养猪生产主张自由采食。

自由采食就是对肉猪的日粮采食量、饲料营养水平和饲喂时间不加限制的饲喂方法。

生产中最常应用的方法是将饲料装入自动食槽，任猪自由采食；另外，有些猪场是按顿饲喂，但每顿都能够使猪完全吃饱，这种方法也是自由采食。

自由采食方式的最大特点是可以最大限度地提高猪的生长速度，但猪的脂肪沉积较多，胴体瘦肉率偏低，饲料转化率也有所降低。

2. 饲料类型选择

（1）干粉料。配制好的饲料不加水直接饲喂。饲喂干粉料省工省时，饲喂效果也较好，而且便于应用自动食槽饲喂，但要保证充足、清洁卫生、爽口的饮水。

（2）湿拌料。将饲料和水按一定比例混合后饲喂，一般料水比例为 1∶1。湿拌料既可以提高饲料的适口性，又可避免产生饲料粉尘。饲喂效果较好，与用干粉料饲喂没有差异，但要要求随时拌随时喂，以免冬季结冰、夏季腐败变质。如果水的比例过大，则饲料过稀，既影响猪的干物质采食量，又冲淡了胃液不利于消化，会降低猪的生长速度和饲料转化率。

（3）颗粒料。颗粒料提高了适口性，同时可以避免猪只挑食，因此，饲养效果优于干粉料和湿拌料。试验表明，饲喂颗粒料可提高生长速度和饲料转化率 5%～8%，但加工成本高于干粉料。随着饲料工业的发展，颗粒料加工成本越来越低，由于提高生长速度和饲料转化率获得的效益已高于加工成本，目前应用颗粒料的猪场越来越多。

3. 饲喂次数和饲喂量　肉猪的饲喂次数和饲喂量应该根据饲料类型、生长阶段、饲喂方式及一天内猪的食欲变化情况等合理安排。

猪的体重在 50kg 以上，胃肠容积小，消化能力差，相对饲料需要量多，每天应喂3～4次，体重 50kg 以后，胃肠容积大，消化能力增强，可减少饲喂次数，每天可以喂 3 次。如果是精料型饲粮，体重 50kg 以上的猪，每天喂 2 次和 3 次，其生长速度和饲料转化率基本无差异。如果饲料中包含较多的青粗饲料或糟渣类饲料，则应增加饲喂次数。

每两次饲喂的间隔应尽量保持均衡，饲喂时间应选择在猪食欲旺盛的时候，例如，夏季每日喂 2 次，以早上、傍晚为宜，这时候凉爽，猪的食欲旺盛。

肉猪的饲喂量可根据环境条件灵活控制，一般在 15～22℃的条件下，肉猪日喂量及预期日增重可参照表 3-6。

表 3-6 肉猪日喂量及预期日增重

体重阶段（kg）	日喂混合精料（kg）	预期日增重（g）
20～35	1.5	500
35～60	2.0	600
60～90	2.80	800

任务四 提供适宜的环境条件和充足饮水

现代肉猪生产要求采用舍饲，其猪舍的环境条件要求清洁卫生、舒适安静、温度适宜、湿度适当、光照合理、通风良好、有害气体含量少。

1. 保持圈舍清洁卫生、舒适安静 肉猪舍要每天清扫1～2次，夏季还可以在清扫后冲刷地面和食槽，以便及时清除舍内的粪便、饲料残渣及其他污物，保持圈舍清洁。猪舍应每周消毒一次，消毒时要选用对猪的皮肤和黏膜刺激性较小的消毒剂（如季铵盐类消毒剂、卤素类消毒剂），消毒要彻底，地面、食槽、围栏、墙壁、门窗和天花板等都要消毒，最好使用高压喷雾消毒器械，不仅省工省时，而且消毒效果好。

2. 控制好舍内小气候环境

（1）温度。温度是肉猪最主要的小气候环境条件，对肉猪的生长速度、饲料转化率及健康都有重大影响。在高温环境中猪的采食量降低，同时猪为加大散热而使其维持需要增加，因此，生长速度和饲料转化率也随之降低；在低温环境中，猪的采食量增加但机体散热量也大大增加，为保持体温恒定，机体加快体内代谢以促进机体产生更多热量，这样猪的维持需要也明显增大，猪的生长速度和饲料转化率也下降。当温度在20～28℃，舍内温度每下降1℃，肉猪每天需要增加能量209.2kJ；温度在12～20℃，舍内温度在此温度下限值时，每下降1℃，肉猪每天需要增加能量418.4kJ。这表明温度每下降1℃，每头肉猪每天将多消耗饲料15～33g。温度对肉猪生产性能的影响见表3-7。

表 3-7 温度对肉猪生产性能的影响

（加拿大阿尔伯特农业局畜牧处等．养猪生产．1998）

温度（℃）	日喂量（kg）	平均日增重（g）	耗料：增重
0	5.06	540	9.45
5	3.75	530	7.10
10	3.49	800	4.37
15	3.14	790	3.99
20	3.22	850	3.79
25	2.62	720	3.65
30	2.21	440	4.91
35	1.51	310	4.87

温度过高或过低都会对猪的健康产生明显的不良影响，降低猪的抵抗力和免疫力，诱发

各种疾病，所以控制好猪舍温度是养好猪的关键之一。

温度对肉猪的胴体组成也有影响，温度过高或过低均显著影响脂肪的沉积，使瘦肉率提高，但如果有意识地利用不适宜的温度来生产较瘦的胴体则不合算。

不同体重的猪对于温度的要求不一样，随着体重的增加最适温度逐渐下降。体重20～40kg的猪，其适宜温度为24～27℃，体重40～60kg的猪，适宜温度为21～24℃，体重60～90kg的猪，适宜温度为18～21℃，体重90kg以上的猪，适宜温度为15～18℃。

在养猪生产中，夏季应采取覆盖遮光网、打开通风系统、喷洒凉水等降温措施；冬季应采取封严门窗、开暖风炉、敞开式猪舍覆盖塑料薄膜等保温措施。

（2）湿度。湿度对肉猪的影响远远小于温度。温度适宜时，相对湿度在45%～90%之间对猪的采食量、生长速度和饲料转化率没有明显影响。对猪影响较大的是低温高湿和高温高湿。低温高湿，即会增加体热的散失，加重低温对猪只的不利影响；高温高湿，即会影响猪只的体表蒸发散热，阻碍猪的体热平衡调节，加剧高温所造成的危害。同时，空气相对湿度过大时，还会促进微生物的繁殖，容易引起饲料、垫草的霉变；空气相对湿度低于40%也不利，容易引起皮肤和外露黏膜干裂，降低其防卫能力，增加呼吸道和皮肤疾病。因此，肉猪环境的相对湿度以50%～80%为宜。

（3）光照。一般情况下，光照对肉猪的生产性能影响不大。然而适宜的太阳光照，对猪舍的杀菌、消毒，提高猪只的免疫力、抗病力及预防佝偻病都有很好的作用。但光照不要太强，否则会影响猪的休息和睡眠，甚至导致咬尾。一般建议生长肥育舍的光照度为40～50lx，光照时间为8～10h。

（4）通风。猪舍的通风量不但与肉猪的生长速度和饲料转化率有关，而且也与猪的健康关系密切。

猪在肥育前，一方面要做好圈舍的修缮以防止贼风危害猪群，另一方面要做好猪舍的通风换气设施的维修，以确保有效的通风量。猪舍的通风以横向自然通风为宜，横向自然通风的猪舍跨度8m以内通风效果较好，跨度超过8m要辅以机械通风。在自然通风时，猪舍的门窗并不能完全替代通风孔或通风道，要想保证猪舍的通风效果，在设计猪舍时应该留有进风孔和出风孔。

（5）有害气体。猪的采食、排泄、活动以及通风、饲养管理操作等，都会在猪舍内产生大量的有害气体和尘埃。猪舍内的有害气体主要包括氨气、硫化氢和二氧化碳。舍内有害气体和尘埃的大量存在，会降低猪体的抵抗力，增加猪体感染疾病的机会，特别是皮肤病和呼吸道疾病，所以养猪生产中应尽可能地减少有害气体和尘埃的数量。一般要求，肉猪舍内氨气的浓度不得超过20mg/m^3，硫化氢的浓度不得超过10mg/m^3，二氧化碳的浓度不得超过0.15%。

减少肉猪舍有害气体和尘埃的方法有：加强通风换气、及时清除粪尿污水、确定合理的饲养密度、保持猪舍一定湿度、建立有效的喷雾消毒制度等。

3. 供给充足清洁饮水　水在体内主要参与体温调节、消化吸收与养分运转、营养物质合成与分解、废物排泄等一系列新陈代谢过程。肉猪缺水或长期饮水不足，健康状况下降，猪体内水分减少8%时，即出现严重的干渴感觉，食欲丧失，并因黏膜干燥而降低对疾病的抵抗力，如果水分丧失20%时即可引起死亡。

肉猪的饮水量随其生理状态、环境温度、体重、饲料类型等因素而变化。一般情况下饮水量为其风干饲料采食量的3～4倍或其体重的16%。环境温度高时饮水量增大，而温度低时减少，冬季猪的饮水量为采食量的2～3倍或其体重的10%，夏季为采食量的5～6倍或体重的23%以上。

为满足肉猪的饮水需要，应在圈栏内设置自动饮水器，自动饮水器的高度应比猪肩高5cm，水流速度至少1L/min，保证猪能够经常饮到充足、清洁、卫生、爽口的饮水。

任务五 选择适宜的出栏体重

1. 影响出栏体重的因素 影响肉猪出栏体重的因素很多，如肥育猪的类型、猪的生长发育特点、消费者的需求、生产者的经济效益等。

(1) 猪的类型。肉猪的生长发育规律是：开始时生长速度较慢，以后逐渐加快，达到高峰后维持一段时间，之后又会下降。增重的早晚及维持时间的长短，因猪的类型而各有不同。一般来说，地方品种及含地方品种血液比较多的杂交猪，其增重高峰出现的早，而且持续时间较短，适宜出栏的体重较小；而瘦肉型品种及其杂交猪，增重高峰出现的晚，持续时间长，适宜出栏的体重较大。

(2) 猪的胴体瘦肉率。随着猪体重的增长，胴体瘦肉率逐渐降低。据研究，体重在60～120kg之间的猪，体重每增长10kg，胴体瘦肉率大约下降1%以上，出栏体重越大，胴体越肥，瘦肉率越低。北京黑猪不同体重屠宰胴体测定结果见表3-8。

表3-8 北京黑猪不同体重屠宰胴体测定结果

(赵书广．中国养猪大成．2003)

宰前体重 (kg)	屠宰率 (%)	膘厚 (cm)	肌肉 (%)	脂肪 (%)	皮 (%)	骨 (%)
70	69.99	2.84	55.66	26.32	7.41	10.48
80	71.63	3.21	53.73	29.08	7.10	9.89
90	72.41	3.50	51.48	32.31	6.60	9.57
90以上	74.00	4.10	49.29	36.50	7.85	8.34

(3) 消费需求。国际市场对胴体的要求较高，如供应东南亚市场的活大猪以体重90kg、胴体瘦肉率58%为宜，活中猪体重不超过40kg；供应日本及欧美市场的猪，胴体瘦肉率要求在60%以上，体重在110～120kg为宜。国内市场，大中城市和农村也不一样，一般城市中要求瘦肉率偏高，出栏体重可略小些，而农村对瘦肉率的要求不太高，出栏体重可适当大些。

(4) 生产者的效益。生产者的经济效益与肉猪的出栏体重也有密切关系，出栏体重的大小直接影响肥育期的平均日增重和饲料转化率。同时生产者还必须考虑猪在出栏时的市场售价及以后价格变化趋势，如果目前价格较高或价格逐渐走高，生产者往往有惜售心理，致使出栏体重较大，目前价格较低或价格逐渐走低，生产者往往急于出售，出栏体重较小。

2. 适宜出栏体重的选择 生产者应综合影响出栏体重的各种因素，根据不同的市场需要灵活确定适宜的出栏体重。一般情况下，以地方猪为母本的二元、三元杂交猪出栏体重在90～100kg为宜，全部为国外引入猪种杂交生产的“洋二元”、“洋三元”杂交猪出栏体重以110～120kg为宜。

小知识 常用药物的休药期

休药期是指从最后一次给药时起到出栏屠宰时止，药物经排泄后在体内各组织中的残留量不超过食品卫生标准所需要的时间。在休药期内不可屠宰出售。常用药物的休药期参见无公害肉猪生产允许使用的抗寄生虫药和抗菌药及使用规定 NY 5030—2001。

知识链接

知识链接一　特色肉猪生产

一、无公害肉猪生产技术

1. 无公害肉猪的概念　无公害食品的生产是建立在常规农业的基础上，通过从农田到餐桌的全程安全质量控制，使产品达到无公害食品的要求（有害物质的残留量控制在允许水平以下）。

2002年7月，农业部在全国范围内组织实施了“无公害食品行动计划”，推行市场准入制和农产品质量安全认证制度并实施生产全过程的监管。特别是《无公害食品——猪肉》（NY 5029—2001）、《无公害食品——生猪饲养管理准则》（NY/T 5033—2001）、《无公害食品——生猪饲养兽药使用准则》（NY 5030—2001）、《无公害食品——生猪饲养饲料使用准则》（NY 5032—2001）、《无公害食品——畜禽饮用水水质》（NY 5027—2001）等标准的实施，标志着我国养猪生产也进入了无公害生产阶段。

无公害肉猪是指在养猪生产全过程中，采用无公害、无残留、无激素的饲料添加剂，控制环境和饮水质量标准，规范兽药的使用品种、用量等，以保证生产出的猪肉重金属、抗生素含量低，不含激素，达到国家无公害标准的肉猪。

2. 无公害肉猪生产技术　无公害肉猪生产应涵盖养猪生产全过程，从场址选择、猪种引进、饲养管理、环境控制到屠宰加工、粪污处理等各方面都要按照国家相关规定和标准执行。

（1）选择无公害生产基地。猪场必须选在生态环境良好，不受工业“三废”污染及城镇生活、医疗废弃物污染的区域。地方疾病高发区不能作为无公害猪肉生产地。

猪场地势干燥，排水良好，距干线公路、铁路、城镇居民区1km以上，3km内无大型化工厂、矿场、皮革加工厂、肉品加工厂、屠宰场或其他污染源。

猪场周围设有围墙和防疫沟，并建绿化带；生产区、生活区、管理区之间应分开。

（2）引进健康猪种。从达到无公害标准的猪场引进种猪或肉用仔猪，并按《种畜禽调运检疫技术规范》（GB 16567—1996）标准进行检疫，不得从疫区引进种猪和仔猪。引进猪要隔离观察15～30d，确定无疫病方可进场饲养。

（3）控制饲料品质。猪场使用的饲料及其添加剂要符合《无公害食品——生猪饲养饲料使用准则》（NY 5032—2001）规定，来源于疫病洁净地区，无霉烂变质，未受农药污染或病原体感染。饲料原料、饲料添加剂或全价饲料实行定点采购，并经饲料质检部门检验，产品中重金属含量、违禁药物、黄曲霉毒素不超标。

猪场加药饲料和不加药饲料要有明显标记，并做好饲料更换记录，出栏前严格按休药期规定更换饲喂无药的饲料。在饲养中严禁使用影响生殖的激素、具有激素的物质、催眠镇静药、肾上腺素类药，如克伦特罗等。

（4）保证猪场水质。猪场应采用井水或自来水，严禁使用被污染的河水。

猪饮用水应符合《无公害食品——畜禽饮用水水质》（NY 5027—2001）标准，并经常清洗消毒饮水设备，避免病原体滋生。

(5) 控制猪舍环境条件。按《畜禽场环境质量标准》(NY/T 388—1999) 控制猪舍环境，在冬季可采用建日光塑料温棚或建设火墙加热的方式提高舍温；夏季采取搭凉棚、洒水或湿帘通风等办法降低舍温。并采取喷水的方式调控湿度，创造适宜环境。

(6) 坚持预防为主，防治结合的原则。猪场应采用“全进全出”的饲养管理模式，按照《中华人民共和国动物防疫法》和《中、小型集约化养猪场兽医防疫工作规程》(GB/T 17832—1999) 的有关规定，建立隔离区，实施灭鼠、灭蚊、灭蝇工作，其他家畜家禽严禁入内。饲养人员每年检查身体，患有肝炎、布病、结核等传染病者，不得从事养猪生产。

按照疫病防疫程序和寄生虫控制程序定期免疫和驱虫，疫苗和药品要来源于兽医部门经营的合格新产品。

定期对猪场周围环境、猪舍、用具进行消毒。发生传染病时，要在 24h 内上报当地畜牧主管部门，对发病猪及时隔离，积极治疗，严禁转移或销售。

治疗时按照《无公害食品——生猪饲养兽药使用准则》(NY 5030—2001) 规定的药物和用法进行，出栏前 15～20d 停止一切用药，防止药物残留。

(7) 防止屠宰加工污染。按照《畜禽屠宰卫生检疫规范》(NY 467—2001)、《食品卫生微生物学检验——肉与肉制品检验》(GB 4789.17—2003)、《肉类加工厂卫生规范》(GB 12694—1990) 要求，加工场所要清洁卫生，严格消毒，达到国家质量标准，并且通风良好，水源充足卫生。所有器具必须彻底消毒，不允许有清洁剂残留；工作人员定期检查身体，不允许有传染病的人上岗，遵守工作制度，以防两次污染。

凡是患有恶性传染病的肉猪要采取不放血的方法屠杀后销毁，对于检出的病变组织和脏器要按照《畜禽病害肉尸及其产品无害化处理规程》(GB 16548—1996) 规定分别进行销毁、化制和高温处理。

(8) 做好猪场粪尿及废弃物的无害化处理。猪场的粪尿和废弃物进行固液分离，分别对固形物和液体进行发酵降解，利用其发酵降解产物生产出适合植物生长的专用固体有机肥料和液体有机肥料。推荐“猪-沼-果（蔬）”生态模式，就地吸收、消纳、降低污染，净化环境。

二、有机猪生产技术

1. 有机猪的概念　在猪的生产过程中不使用含有农药、化肥、生长激素、化学添加剂、化学色素和防腐剂等化学物质，不使用基因工程技术，符合国家食品卫生标准和有机食品技术规范要求，并经国家有机食品认证机构认证，许可使用有机食品标志的猪称为有机猪。

有机猪不同于无公害猪，其生产过程中绝对禁止使用含有农药、化肥等化学物质和基因工程技术，而无公害猪可以有条件使用，只是要将有害物含量控制在规定标准内。因此，有机猪生产比无公害猪生产严格得多，需要建立全新的生产体系。

有机猪生产需具备四个条件：①各种原料来自于有机农业生产体系或野生天然产品；②生产过程中绝对禁止使用农药、化肥、激素等人工合成物质，并且不允许使用基因工程技术；③生产过程中必须建立严格的质量管理体系、生产过程控制体系和追溯体系，因此一般需要有转换期，转换过程一般需要 2～3 年；④必须通过合法的有机食品认证机构的认证。

2. 有机猪生产技术

(1) 使用有机饲料。饲料原料要求来自于有机农业生产基地，在收获、干燥、贮存和运输过程中未受化学物质的污染；在猪场实行有机猪管理的第一年，猪场按照有机食品要求自产的饲料可以作为有机饲料饲养本场的猪。不能以任何形式使用人工合成添加剂，可以选用一些酶制剂、寡聚糖、酸制剂、糖萜素和中草药等作为饲料添加剂来提高日增重和饲料转化率，增强机体的抗病力和免疫功能。其他矿物质和维生素添加剂应按照国际有机产品认证中心（OFDC）认证标准选用天然物质。

（2）选好猪种。有机猪应选择适应性好、抗病力强的猪种，最好来自有机种猪场，如必须引进常规种猪时，一定要有4个月的转换期，引入后必须按照有机方式饲养。

（3）控制猪场内外环境。猪场的环境质量对生产有机猪有直接的影响，因此，要对猪场所在地的大气、用水和土壤进行质量检测，在三项综合污染指数符合OFDC（国家环境保护总局有机食品发展中心）标准的前提下才可经营。

猪场要建立生物安全体系，猪场周围种植5～10m宽的防风林，控制场内空气中有害气体、尘埃。建造猪舍时避免使用对猪明显有害的建筑材料和设备。猪栏内要有运动场，让猪有一定的户外活动空间。猪舍要保持空气流通，自然光线充足。猪场必须重视污水处理，使猪场具备良好的生态环境，有利于猪的健康。

（4）关注猪群健康。猪场要有完整的防疫体系，并保证各项防疫措施配套、简洁、实用。对猪舍进行消毒时，应选用OFDC允许的清洁剂或消毒剂，并使用OFDC允许的药物在猪场杀灭老鼠、蚊蝇等有害动物，严禁饲养犬、猫等动物。病猪治疗时，要采取隔离治疗的办法，根据不同的情况进行分类处理。如必须对病猪使用常规兽药时，则一定要经过该药的降解期（半衰期）的2倍时间之后才能出栏。

（5）重视猪群福利。有机猪饲养，要尽可能地满足生猪的生理和行为需要，各阶段的猪都要不能采用高床离地和单体笼位的饲养方式，保证猪有撅地、拱土、拱垫料等自然行为表达的机会和一定的活动空间。加强动物福利，避免剪牙、断尾、并栏等工作。

三、特味猪肉生产

1. 特味猪肉含义 随着人民生活水平的不断提高，我国畜产品的消费需求呈现多样化和优质化的特点，对肉猪生产提出了更高的要求，既要有较高的瘦肉率，更要口感好、风味佳、安全性高。口感、风味、安全已成为公众的消费新时尚，特味猪肉已应运而生。

特味猪肉是指按无公害肉猪生产工艺生产的品质优良、营养丰富、完全性高、口感良好、风味独特的猪肉。

2. 特味猪肉生产技术 特味猪肉来源于特味肉猪。特味肉猪不但要严格按照无公害肉猪生产要求组织生产，而且要突出猪肉品质的改善，要求猪肉营养、口感、风味俱佳。改善猪肉品质主要从以下三方面着手：

（1）抓好特味肉猪的育种。目前，我国饲养的大白、长白等猪种虽然生长快，瘦肉率高，但肌纤维粗，肌间脂肪低，味道不佳。在我国的地方猪种如香猪、黄淮海黑猪、蓝塘猪、莆田猪、太湖猪、藏猪、玉江猪等，虽然猪肉风味较好，但瘦肉率较低，脂肪偏多。利用先进的育种技术培育脂肪少、风味优的猪种是特味肉猪生产的关键。

（2）抓好饲料品质。生产特味肉猪，抓好饲料品质很重要。通过饲喂专门化饲粮，产生具有特殊内在品质如富含几类脂肪酸和其他有益组分的猪肉，但是饲料中不允许使用任何抗生素、激素、违禁药品等有害物质，只能加入一些纯植物或中草药如桑叶、香草、黄芪、金银花、杜仲、芦荟等物质来改善猪肉风味。为提高猪群健康水平，还可以在饲料中加入微生态制剂、酶制剂、酸制剂、糖萜素等新型添加剂。

（3）抓好环境控制。严格控制猪场环境，猪场的空气、用水和土壤不能含有害有毒物质。建立生物安全体系，加强猪舍清扫和通风，控制空气中有害气体和尘埃。重视粪污处理，使猪场具备良好的生态环境，防止异味在猪肉中沉积。

知识链接二　发酵床养猪技术

一、发酵床养猪的意义与特点

1. 发酵床养猪的意义　随着我国养猪业规模化程度的不断提高，环境污染越来越严重，严重制约了我国养猪业的可持续发展。形成制约养猪业发展的因素，主要集中在以下几个方面：首先，随着规模化程度的提高，粪尿排放量越来越大，越来越集中；其次，与化肥相比，有机肥体积大，运输不方便，肥效低等，使用受到了一定的局限；第三，养殖业是微利性行业，无力承受高额的粪污治理设施以及运转成本的负担；第四，粪污处理技术不完善，无论是堆肥处理还是污水处理都没有解决臭气的问题，工厂化处理程序复杂；第五，随着城市化的进程，猪场周边的土地逐渐减少，缺少足够的可销纳粪污的农田。发酵床养猪技术可以轻易解决上述诸多难题。

发酵床养猪技术是利用当地自然环境中的土壤微生物，按一定方式和比例与锯末、稻壳、秸秆等农副产品以及一定量的壤土、盐、营养剂等混合制成有机垫料发酵床。猪饲养在发酵床上，排泄的粪尿随时与垫料混合，所含的挥发性臭气及时被垫料吸附，同其他有机物一起被垫料中的微生物就地消化分解，不用清理粪便，也没有污水产生。发酵床垫料可以3～5年清理一次，废弃垫料用作生物有机肥。它是一种无污染、无臭气、零排放的新型环保养猪技术。

发酵床养猪技术的工艺流程见图3-1。

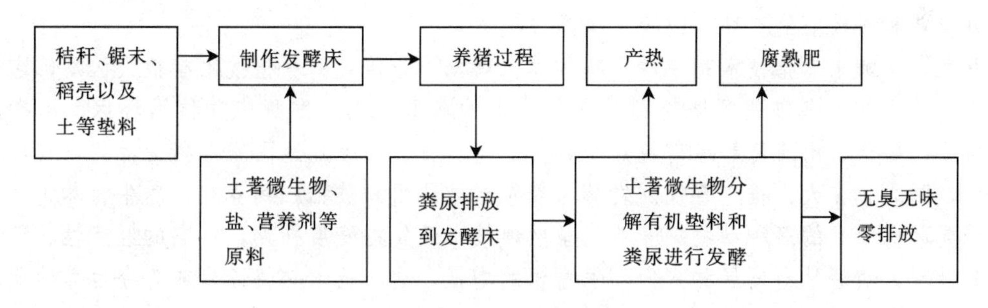

图3-1　发酵床养猪技术粪尿处理工艺

2. 发酵床养猪技术的特点

（1）零排放、无污染、环境得到优化。生物发酵床养猪技术解决了养猪业粪污染治理的难题，将粪污染治理关口前移，粪便随排泄随发酵分解，饲养过程中自始至终无污染，无臭气，零排放让人畜恶劣的生产生活环境、条件得到了改善，有效地解决了农村养殖现状中“粪便满地、污水横流、苍蝇扑面、臭气熏天”的不和谐现象，新农村环境得到了优化。

（2）节水、节煤、节约能源。由于发酵床养猪技术不用冲洗猪舍，大大地减少了用水的数量，节水效果极其显著；微生物分解猪的粪尿、垫料的同时产热，提高了冬季猪舍的温度，节省了能源，降低了生产成本，提高了劳动效率及经济效益。

（3）睡暖床，接触土著微生物，提高适应性，增强抗病力。生物发酵床中的有机垫料在分解猪粪尿的同时，产生热量，发酵床中心温度可达40～50℃，有效地提高了猪床及猪舍温度，猪经常睡卧在“暖床”上，与传统的水泥地面相比，腹部温度得到了有效的提高，使得猪的胃肠功能得到了改善，消化道疾病得到了有效的控制。

土著微生物存在于养猪自然环境中，是自然生态系统的组成部分。因此，猪舍内的强势土著微生物群不会对生态环境造成影响。应用土著微生物发酵床养猪，通过呼吸以及拱翻、采食机制，猪的呼吸道、消化道黏膜随时接触土著微生物，使得猪对环境的适应性得以强化，通过免疫、占位等机制和效应，有效地抑制了来自外界的病原菌侵袭，使得病原菌的危害程度大大降低，有效地增强了猪的抵抗力，提高了猪的机体健康。

由于发酵床养猪技术提高了猪的适应性，减少了疫病发生，药品、疫苗用量减少。提高了养猪的效益。

（4）改善了肉质，为市场提供放心肉。发酵床养猪技术由于提高了猪的体质健康和抗病力，减少了预防和治疗用药，同时限制了饲料中添加抗生素，使得猪肉中的药物残留大幅度降低；另外，在该养殖方式下，猪的生物习性得到了满足，猪的运动得到了加强，猪的福利得到了重视和提高，有效地提高和改善了猪肉的质量，为市场提供了安全放心食品。

（5）提高了经济效益、社会效益、生态效益。发酵床养猪技术在干清粪工艺基础上可节约用水70%，在北方地区冬季可节约用煤79%，节约用电54%，节约用药75%，节省饲料10%，节省劳动力25%，提高成活率3.5%。扣除垫料和菌种及营养剂的投入，平均每头猪可节约成本124元，经济效益显著。

该项技术从源头上解决了养猪业的粪便污染问题，饲养者不再受有毒有害气体的影响，邻里之间不再因为臭气吵架，为构建和谐社会作出了贡献，社会效益显著。

该项技术显著地减少了粪尿、污水和臭气的排放量，有效地利用了种植业的副产品，促进了种植业和养殖业的循环，改善了生态环境。

总之，发酵床养猪技术是一种全新的养猪理念，与传统的养猪技术有很大区别，它是微生物工程技术在生态农业领域特别是养猪业中的典型应用。发酵床养猪因环保、生态、省时、省工、省料、肉质好等显著特点受到美、德、日、韩等发达国家养猪业界的欢迎，普及面很广，国内也在大力推广普及。发酵床养殖已被试用和被推广到养鸡、养牛、养鸭，以及其他需要环保除臭的多种动物饲养业。虽然该技术还处在发展初期，但它的经济性、环保性已充分显现，随着社会发展和人们环保意识的增强，这一技术必将逐步成为今后养殖业采用的重要饲养方法之一。

二、发酵床养猪的基本原理

1. 发酵床养猪技术的由来 发酵床养猪是一种基于微生物处理技术解决养猪业粪污排放与环境污染的一种生态环保养猪技术。该技术于20世纪70年代由日本民间发现并应用于农业生产实践，称为“自然养猪法”，属于自然农业的一个组成部分，技术成熟。目前，该技术已从日本、韩国推广到亚洲、欧洲、非洲、美洲等世界各地。我国于1996年开始分别从日本、韩国引进该项技术，首先在福建、江苏、吉林、山东、北京等省市示范推广，至今已有25个省市自治区推广应用。由于生物发酵床养猪技术能够有效地解决猪的粪污治理问题，改善环境，增进猪体健康，减少发病，提高经济效益、社会效益和生态效益，促进动物、人类与自然的和谐发展，因而得到社会各界的高度关注，也引起了广大养猪业者的重视。

发酵床养猪技术依据微生态理论、免疫学理论、环境控制理论以及动物行为学、动物饲养学、动物生理生化等理论，集动物生产、环境保护、生态循环等领域各项技术于一体，将粪污治理由后端治理前移至源头治理和过程治理，有效地解决了当前养猪业存在的粪污治理难题，促进了养猪业朝着可持续发展方向迈进。可以用以下理论学说解释发酵床养猪技术的原理。

2. 发酵床养猪的基本原理

(1) 优势菌群说。正常微生物菌群与动物和环境之间所构成的微生态系统中，微生物菌群中的优势菌群对整个菌群起决定作用。在发酵床养猪技术中，使用当地土著微生物菌种作为分解发酵菌群，一方面可以在粪污治理中起到发酵分解作用，另外，更重要的作用是利用发酵床内外一致的当地优势的土著微生物菌群来抑制突发的外来病原菌的侵袭。

(2) 微生物夺氧说。土著微生物菌群是由一群好氧、厌氧的细菌、放线菌、真菌等多种环境微生物组成。在制作的发酵床中，好氧性微生物在发酵床上部繁殖，对粪尿等有机物进行有氧分解，而发酵床下部逐渐造成了厌氧状态，则土著微生物中的厌氧微生物在期间大量繁殖，发酵床上下构成了一个相互呼应的生态系统，维持着好氧菌和厌氧菌的动态平衡。

(3) 膜菌群屏障说。由于发酵床内存在着强大的土著微生物的优势菌群，饲养在发酵床上的猪通过拱翻、嬉戏、玩耍、奔跑、采食垫料等行为，呼吸道和消化道黏膜长时间、不间断地接触与当地外界环境一致的土著微生物菌群，这些优势菌群通过“占位”机制，附着在黏膜表面，起到了屏障作用，抑制了病原菌的侵袭。这就是发酵床养猪可以提高猪的适应性和抵抗力，减少发病率的理论依据。

(4)“三流运转”理论。土著微生物菌群进入猪的体内，可以成为非特异性免疫调节因子，增强吞噬细胞的吞噬能力和B细胞产生抗体的能力，促进肠蠕动，维持黏膜结构完整，从而保证了微生态系统中基因流、能量流和物质流的正常运转。

(5) 合成B族维生素。土著微生物在发酵床垫料中可以产生多种B族维生素，通过猪的拱食进入猪的体内，提供维生素营养，加强动物体的营养代谢。

(6) 产生抗生素类物质。土著微生物中的多种菌类可以分泌某些抗生素，通过采食进入体内，起到抵抗病菌侵袭的作用。

目前，由于发酵床养猪技术是一项崭新的养殖技术，国内外对发酵床运行机制鲜有报道，对微生物添加剂的真正作用机理尚不十分清楚，有待微生态学、动物营养学、动物生理生化学及微生物学等多学科的科学工作者的通力协作，才能全面深入地揭示其内在微生态平衡规律。

三、发酵床养猪技术

发酵床养猪技术主要是在过去传统的养殖模式下，改善了养殖的外部环境条件，与传统养殖模式相比，在以下四大方面有所不同，构成了发酵床养猪技术的核心内容。

1. 猪舍设计

(1) 设计原则。微生物的活动需要有一定的湿度，在发酵分解有机垫料时还会产生大量的热，而高温、高湿在动物养殖环境中是很强的逆境，所以发酵床猪舍的设计首先要考虑解决高温、高湿的问题。解决高温、高湿问题的建筑设计原则在于——通风。

(2) 屋顶设计。北方地区发酵床养猪猪舍的类型宜采用双坡式或半钟楼式屋顶、四面墙体或三面墙体加一面塑料大棚式设计。

半钟楼式屋顶设计即在猪舍的顶端纵轴南向设计一排立式通风窗，由于阳光的照射以及发酵床的温度，猪舍内部空气受热膨胀，比重变小，从顶部位置通风窗流出，底部南北两侧通风口吹入凉爽的风上移。如此循环往复，形成了舍内良好的空气对流现象，舍内空气得以有效交换。良好的通风使得发酵床内的水分蒸发，圈底则保持疏松柔软状态。发酵床面的上升气流带走了猪床表面的水分，使得与猪体接触的床面湿度降低，给猪创造了适宜的生活环境。在冬季，虽然舍外的低温和寒风使得北墙的通风窗不能打开，但是，由于采取了屋顶通风立窗的设计以及对发酵床湿度和菌种活性的有效调控，可以有效降低舍内湿度以及排除污浊气体，必要时可打开北侧中层通风窗，以确保通风换气质量。

(3) 猪舍跨度。由于发酵床养猪技术有其特殊性，因此猪舍要有一定的跨度和举架高度，以便创造适宜微生物生长的良好环境和利于舍内气体充分交换的空间。猪舍的跨度一般不低于 8m，通常设计成 9～12m。猪舍的举架高度以舍内地面计不低于 2.5m，猪舍长度因地制宜。一般来说，猪舍面积不应低于 $100m^2$。

(4) 墙与窗。猪舍的北墙设计成“品”字形低开与中开两层通风窗。低开通风窗的下沿距过道地面的高度与食槽的高度一致，为 20～30cm，每栏 2 个，呈低而宽的矩形。中开窗为每栏一个，呈窄而高的立窗，与猪接触的窗户要使用铁栅栏罩上，防止猪破坏窗户。

这种低开窗在夏季可以表现出良好的通风效果；在冬季则封闭以利保温，必要时可打开中开通风窗换气。

猪舍南侧墙上的窗户尽量设计成大窗户，以便通风和采光。窗户下沿高于发酵池面20～30cm，以发挥良好的通风作用。上沿应尽量高举，以增大透光角度，利于采光。南侧墙如果设计成塑料大棚式，则通风、采光效果更佳，但应注意夏季的遮光和冬季的保温。

(5) 猪舍内部设施。猪舍设计成单列式或双列式猪床，每栏面积根据猪场生产规模确定。猪栏高度在 50～80cm。猪舍位于发酵池中间的南北向隔栏应深入床下一定深度，防止猪拱洞钻过混栏。

食槽和水槽分别设于猪栏的两端，采食与饮水过程中不断往返于食槽与水槽之间，使猪得到了运动，这样既增强了猪的体质健康，又使得猪在不断运动过程中，将粪尿踩踏入发酵床内，利于发酵。

猪栏北侧沿着栏杆下面建成东西走向的食槽或设自动料槽供猪只采食。南侧猪栏两栏结合部安装自动饮水器。每栏设两个，其高度依据养殖对象而异，下设集水槽将水向外引出，流入东西走向的水沟内，以防止猪饮水时漏下的水弄湿床面，流进发酵池；水沟有一定的斜度，由东西两侧流向猪舍中间，在此处向墙外引出一个排水管，使水排向舍外的渗水井。

单列式猪舍北侧设计成通长的过道，宽 0.9～1.2m；过道内侧与发酵池之间留出 1.5～1.8m 宽的水泥硬床面，为猪在炎热夏季创造一个可以倒卧散热的休息环境。南侧发酵池与南墙之间留出 0.5m 左右过道，以方便排水沟的设计，同时还可以避免夏季雨水由窗户直接流入发酵床。

通风设计有两种方式：一种是自然通风，另一种是机械通风。自然通风应当在猪舍的顶部设计通风窗；机械通风可采取负压排风湿帘通风降温措施。猪栏一定要设计成通风良好的栅栏，不要设计成传统的圈墙。

2. 土著微生物与营养液

（1）土著微生物的种类与作用。土著微生物是指生活于当地土壤中的一群普通的微生物区系，包括固定碳素的光合细菌、抑制病害的放线菌、分解糖类的酵母菌以及在厌氧状态下能够有效分解有机物质的乳酸菌等多种微生物组成的群落。

土著微生物的作用是利用猪粪尿以及有机垫料中的氮源、碳源作为自身的营养物质，分解有机物。土著微生物所需要碳氮比在20～25∶1时，微生物的繁殖力最强。

土著微生物可在当地山上或沟谷里腐殖土较多的地方，或者在秋后刚收割的稻茬、麦茬上采集，保存放置7d左右，即可形成土著微生物原液。

将土著微生物原液稀释500倍与麦麸或米糠混拌，再加入稀释500倍的各种营养剂，调整水分达65%左右，在室温下堆积发酵。当物料内温度达到50℃以上时，应每天翻堆1～2次，5～7d后即可形成土著微生物原种，干燥后保存。

（2）营养液的制作。营养剂是指为土著微生物准备的营养物质，包括用初春生长的耐寒性较强或生长较快植物的生长点制作的天惠绿汁，用当归、甘草、桂皮、生姜、大蒜五种原料各自用米酒、红糖、烧酒等发酵酿制后配比而成的汉方营养剂，用植物性来源或动物性来源的乳酸菌，以及用鲜鱼的废弃物制作的生鱼氨基酸等。

3. 发酵床的制作

（1）垫料选择。根据土著微生物的发酵特点，发酵床的有机垫料可以采用当地来源广泛的农副产品，例如锯末、稻壳、玉米秸秆、麦秸、花生壳、玉米穗轴、玉米苞叶、食用菌渣等，也可使用一部分树木间伐和修剪下来的木枝等垫底。

微生物分解有机物时，同化5份碳时需要同化1份氮来构成它自身细胞体，因为微生物自身的碳氮比大约是5∶1。在同化（吸收利用）1份碳时需要消耗4份有机碳来取得能量，所以微生物吸收利用1份氮，需要消耗25份有机碳。即微生物对有机物的正常分解的碳氮比应为25∶1。由于猪粪、尿的氮素来源持续无限，因此，有机垫料应选择碳氮比高的原料制成。另外，为了保持发酵床维持较长时间（3～5年）不清理，即保持有机垫料消耗速度较慢，一方面应选择粗纤维中木质素含量高的材料制作发酵床，另一方面也要根据粪便的分解程度，向发酵床内及时添加适当的碳源以及营养活性剂，以保证发酵的正常进行。

一般粗纤维含量较高的植物源有机物，碳氮比都很高，可以达到60～100∶1。各种有机物质的碳氮比值见表3-9。

表3-9　各种有机物质的碳氮比值

有机物	猪粪	锯木屑	稻壳	麦秸	玉米穗轴	玉米秸秆	稻草
碳氮比	14.3∶1	491.8∶1	75.6∶1	96.9∶1	88.1∶1	53.1∶1	58.7∶1

（2）发酵床的设计。发酵床按垫料位置可分为地上式、地下式和半地下式三种：

地上式猪床垫料层位于地平面以上，适用于我国南方地下水位较高的地区。优点是猪栏高出地面，雨水不容易溅到垫料上，地面水不易流到垫料内，通风效果好，垫料进出方便。缺点是运送饲料上坡不方便，在北方寒冷地区冬季不保温。

地下式猪床垫料层位于地平面以下，床面与地面持平，适用于我国北方地下水位较低的地区。优点是猪舍整体高度较低，造价相对低，猪转群方便，运送饲料方便，冬季保暖。缺点是夏季雨水容易溅到垫料里，整体的通风效果比地面槽式稍差。

半地下式发酵床适用于地下水位线适中的大部分地区，此种方法可将地下部分取出的土用于猪舍走廊、过道、平台等需要填满垫起的地上部分用土，因此，减少了运土的劳动，降低了制造成本。同时，由于发酵床面的提高，使得通风窗的底部也随之提高，避免了夏季雨水溅入发酵床的可能，同时也降低了进入猪舍过道的坡度，便于运送饲料。建议北方地区采用此种方式。

发酵床的深度决定有机垫料的量，与猪的粪便产生量及饲养密度有关，根据猪饲养阶段的不同而异。一般来说，保育猪60～80cm；生长肥育猪80～100cm。在发酵床内部四周砖墙上用水泥抹面，发酵池底部为自然土地面。

(3) 发酵床的制作。以100m^{2}猪舍计算，需要锯末、玉米秸秆、稻壳、花生壳或玉米穗轴粉碎物等物质15 000kg、红土（黄土）1 500kg、天然盐48kg、土著微生物原种200kg、水4 000kg、天惠绿汁、乳酸菌、鲜鱼氨基酸原液各8kg（使用其500倍稀释液），可分三层制作，按如下顺序进行：

①第一层。铺秸秆40～50cm厚，铺红土、天然盐、土著微生物原种、营养剂。

②第二层。铺20cm厚锯末和稻壳混合垫料，其中锯末占2/3、稻壳占1/3；调整水分至30%～50%；铺红土、天然盐、土著微生物原种、营养剂。

③第三层。铺20cm厚锯末和稻壳混合垫料，其中锯末占1/3、稻壳占2/3；调整水分至15%～30%；铺红土、天然盐、土著微生物原种、营养剂。

④第四层。在表面覆盖一层5cm稻壳，喷少许水，以不起粉尘为度。发酵床填满后即可放入猪饲养，经2～3个月后，发酵床内温度可达40～50℃。

4. 发酵床养猪的日常管理 在土著微生物发酵床养猪技术中，发酵床的日常管理是该项技术中至关重要的关键技术之一。

土著微生物菌群分解粪便的能力，取决于菌群自身的活力，而菌群自身的活力受到来自多方面的环境因素影响。猪舍的结构，温度、湿度、通风、采光条件，有机垫料的厚度、踩实程度及其温度、湿度、碳氮比例，猪群的密度、粪尿排泄量及其分布的均匀程度等，这些都决定着土著微生物群的活力和发酵床的使用效果及寿命，决定着土著微生物发酵床养猪技术的成败。因此，有必要掌握土著微生物发酵床养猪技术的特点及其与传统养猪饲养管理方式的区别。

(1) 监测垫料温度。要经常监测垫料温度，重点监测表面以下−5cm、−20cm和−40 cm三层的垫料温度，后两层是微生物菌中繁殖和活跃的地区，粪尿的分解主要是在这里完成的，应该有较高的温度，一般来说，−20cm左右的温度应该达到40℃以上，−40cm左右应该达到50～60℃，而表层温度应控制在26～28℃。如果表层和中层温度过高，应该控制和调整该层垫料的湿度，降低湿度可以控制温度。不要采用提高湿度降低温度的措施，这样往往会因为过高的湿度导致发酵床损坏。

通常发酵床垫料的最高温度段应该位于发酵床的中层偏下段，保育猪发酵床为向下20～

30cm 处、育成猪发酵床为向下 40～60cm 处。如果按照日常操作规程养护，高温段还是向发酵床表面位移，则需更新发酵床垫料。

发酵床内温度持续降低，粪尿分解速度缓慢，垫料颜色逐渐加深，并且出现臭味，这是菌种活力降低、日常管理不到位、翻松不及时的表现。应及时采取措施，防止死床现象的发生。

(2) 调整垫料的湿度。调整发酵床不同深度垫料水分含量，可以调整发酵床的产热。发酵床技术本身的特点就是利用微生物分解粪便，而分解粪便的过程就是一个产热过程。粪便的分解过程主要集中在发酵床向下 20～40cm 深度之中，将向下 20～40cm 的垫料水分调整为 30%～40%，将表面向下 20cm 的垫料水分控制在 15%～30%，这样，表层垫料湿度较低，当局部被粪尿增加了湿度，则局部产热量上升。下层粪便分解区发酵产生的热量，在由下向上传递的过程中递减，这样既创造了表层湿度较低、温度不高的舒适环境，又使得粪便得以正常分解。

要注意防止发酵床垫料过于干燥，垫料水分降到一定程度后，微生物的繁殖就会受阻或者停止。垫料过干在猪奔跑时可见飞扬的粉尘，此时应向发酵床喷洒天惠绿汁、氨基酸液等活性营养剂稀释液或水分，以保持土著微生物菌群的活性。

发酵床垫料不能过于潮湿，合适的水分含量通常为 40%～50%，因季节或空气湿度的不同而略有差异。实践中应把握“手握成团、松后即散”的程度，即在检查垫料水分时，用手抓起垫料攥紧，如果感觉潮湿，松后即散，可判断为 40%～50%的水分；如果感觉有水但未流出，松后成团，抖动即散，可以判断为 60%～65%；如果攥紧垫料有水从指缝滴下，则说明水分含量为 70%～80%。如果过湿，极易出现床面变硬现象，会抑制菌种活力，严重时会造成死床，因此，垫料过湿可增加垫料翻耕次数，或及时补充新鲜干燥垫料，以便通过蒸发、稀释等手段降低水分含量。与此同时，为了减少垫料湿度过大要防止饮水系统漏水或雨水、冷凝水等进入发酵床。

(3) 重视猪舍通风。发酵产热是发酵床养猪技术的特色之一，夏季高温是我国大部分地区以及南方地区的季节特点，因此，夏季高温季节如何应用发酵床养猪是该项技术中的关键问题。众所周知，温度、湿度和通风是矛盾中相互制约的三个方面，它们相辅相成，共同维系着养殖业的健康环境。在发酵床养猪技术中，不能忽视通风技术的运用。加强通风可以使得发酵床表层垫料保持较低的温度，减少夏季高温的不良影响。

采取两项技术措施解决通风问题。一是自然通风设计。采取南侧开大窗、北侧开小窗，南、北窗都采用低开窗以及开天窗的外围护设计，增强南北对流通风，造成暖湿气流上升从天窗流出，冷凉的气流从低开的南北窗流进，形成一个良好的空气循环。二是采用机械通风。建议采用轴向负压通风，如能安装水帘通风设施更佳。

(4) 及时补充、翻松与更新垫料。及时补充垫料是保持发酵床性能稳定的重要措施。发酵床在消化分解粪尿的同时，垫料也会逐步损耗，床面会自行下沉，当床面下沉超过 20cm 以上时，应及时补充垫料，同时应补充土著微生物、生土、盐、营养剂和水等。

每天检查发酵床的菌群活力和垫料的踩实状况，当发酵床温度过低或者床面垫料被猪踩踏变硬时，应当以 20～40cm 深度翻松床面，有条件可采用机械翻耕。每次翻耕时应注意观察垫料温度和湿度，根据具体情况，采取具体措施。一般情况下，垫料湿度较高时容易踩实，饲养密度较大时容易踩实，猪的体重大时容易踩实，垫料过细时容易踩实。应当根据发酵床不同部位的干湿程度、松硬程度有选择地翻松垫料，避免不区分具体情况，全翻一遍，造成劳力的浪费。

当发酵床表层垫料腐熟到一定程度时，可以根据肥料需用情况挖出约 20cm 深的腐熟好的部分，作为生物有机肥出售，然后按照顺序填入新的垫料。

(5) 控制饲养密度。猪的饲养密度是根据猪的生长发育不同阶段、发酵床的菌种活力以及猪粪尿的发酵程度而定。一般而言，体重 30kg 以下的保育猪为每头 0.4～0.6m^2，30～60kg 的育成猪每头 0.8～1.2m^2，60kg 以上的肥育猪每头 1.2～1.5m^2。同批饲养的猪体重应整齐一致，控制在±4kg 的范围内，以便于饲养管理。

(6) 保证猪栏内有一定的硬台面比例。建造猪舍时，在猪栏内设计出一定面积的水泥硬台面供猪只自主选择休息地点，实践中采用 1.2～1.5m 宽的水泥硬台面效果较好。按照猪栏面积计算，水泥硬台面的比例一般按照 20%设计建造。

(7) 铺设隔热材料。在炎热的夏季，如果出现发酵床表面温度过高，猪只表现怕热，水泥硬台面拥挤等情况，可在发酵床面上铺垫隔热效果较好的木板、水泥板等供猪休息躺卧，为安全度夏较好的临时措施。需要注意经常将临时地板下面的垫料翻松，防止时间长了造成局域性霉变或死床。

(8) 猪舍周围的绿化。猪舍周围种植高大阔叶树或种植草坪，可减少太阳辐射热，并减少地面反射热进入猪舍。提高猪舍外围防护结构隔热能力，如屋顶粉刷石灰浆、加设天花板并覆以隔热材料，另外可以在生态猪舍窗户上覆盖上遮阳网，既不影响通风，又可以避免太阳辐射造成猪舍温度升高。

(9) 疏粪管理。猪习惯于在固定的地方排泄，粪尿集中的地方湿度大，消化分解速度慢，应及时将粪便以及局部湿度过大的垫料散布到无粪便较干燥处与垫料混合，加快粪尿的分解速度。通常保育猪可 2～3d 进行一次疏粪管理，中、大猪应每 1～2d 进行一次疏粪管理。

实践中经常出现的问题是：只将粪便散开，不管下面被尿液浸湿的垫料，长期下去，该局部出现不热、发黑、变臭、变成泥浆状等现象。应当采取将粪便连同被尿液浸湿的垫料一齐疏散开来的管理方法。

(10) 运动管理。采取"八分饱"的饲喂方案以及采食、饮水分开的猪舍结构设计，可以充分调动猪的运动和拱翻习性，通过强化运动，增强猪的体质健康，利用猪在运动中的踩踏和拱翻习性，部分完成疏粪工作。

(11) 卫生管理。及时打扫水泥硬台面以及水池、水沟，保持各部位的清洁卫生，尤其注意防止饮水器下面的水漏堵塞。

知识链接三　猪场污物处理

一、猪场固体废弃物的处理

1. 猪粪便的处理

(1) 堆肥化处理。除了将猪粪直接施入农田的原始施肥方法以外，常见的堆肥技术是对猪粪进行堆积发酵，通过控制粪便的水分、酸碱度、碳氮比、空气、温度等各种环境条件，利用微生物的好氧发酵分解猪粪中的各种有机物，并使之达到矿质化和腐殖化的方法。矿质化是微生物将有机物变成无机养分的过程，腐殖化则是有机物再合成腐殖质的过程，也即是粪肥熟化的标志。

此法可释放出速效性养分，产生高温环境（可达60～70℃），杀灭病原微生物、虫卵等，与厌氧发酵相比，产生臭气较少，最终生成无害的腐殖质类的肥料，可用作基肥和追肥，通常其施用量可比新鲜粪尿多4～5倍。

堆肥过程中微生物活动的主要参数见表3-10。

表3-10 堆肥过程中微生物活动的主要参数

（张克强、高怀友．畜禽养殖业污染物处理与处置．2004）

堆料	调理剂与膨胀剂	含水量（%）	通气状况	温度（℃）	初始C/N	初始C/P	初始pH
有机废物	一定孔隙率及强度	45～65	O_2含量为气体体积的15%～20%	45～65	35～30	75～150	4.5～8.0

堆肥技术可分为自然堆肥和工厂化机械堆肥两大类。

自然堆肥就是将猪粪自然堆积起来，定时翻堆或者在肥堆内设置通风管道，为需氧微生物提供好氧发酵条件，经过矿质化和腐殖化过程，制成有机肥。自然堆肥的方法由于产量、质量不稳定，不能满足现代农业的需求，因而，产生了有机堆肥的工厂化生产技术。工厂化堆肥生产技术是采用先进的工艺和设备，对原料质量要求严格，并及时调整，控制生产过程，流水化作业，生产数量大大提高，产品质量稳定，因此，成为现代农业有机肥的生产主要方式。

堆肥发酵槽搅拌设备如图3-2所示。

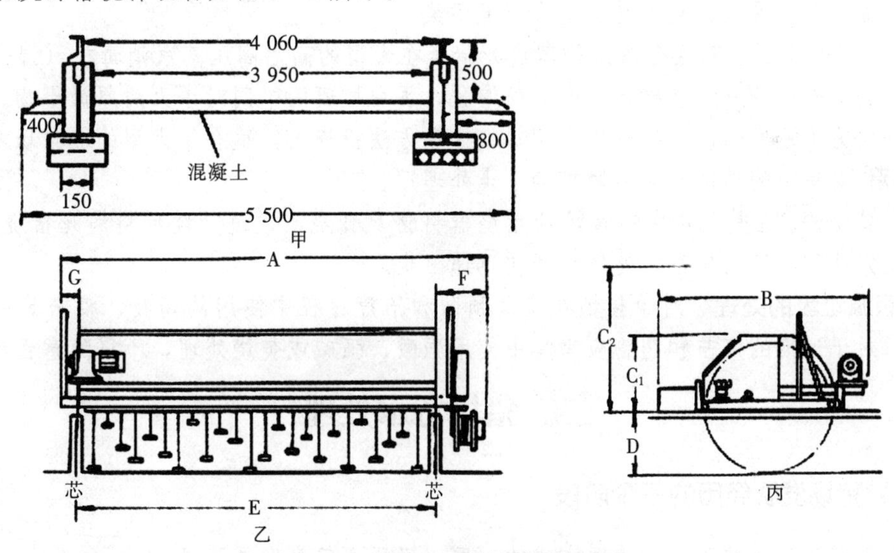

图3-2 堆肥发酵槽搅拌设备示意

甲．发酵槽基础尺寸（mm） 乙．发酵槽搅拌机前视 丙．发酵槽搅拌机斜视

A. 全宽 B. 全长 C_1．全高 C_2．升起高度 D. 发酵槽深 E. 发酵槽宽 F. 电缆自动卷盘侧宽 G. 电动机侧宽

（2）用作培养基料。这是一种间接用作饲料的办法，与直接用作饲料相比，饲料安全性好，营养价值较高，不涉及伦理观念，只是过程和设备复杂一些。

培养单细胞（如荧光假单细胞菌）作为蛋白质饲料，或培养酵母等微生物制成发酵饲料，或培养噬菌体作为食用菌的培养料。

培养蝇蛆、蚯蚓作为高蛋白饲料。蚯蚓是环节动物，生活在土壤中，喜欢吞食土壤和粪便等。用粪便饲喂蚯蚓，既可处理粪便，又可繁殖蚯蚓，提供富含动物性蛋白质的饲料。粪便经蚯蚓处理后，速效氮大大增加，肥效提高。

（3）生物发酵床处理。采用生物发酵床养猪技术，用锯末、稻壳、秸秆等农林副产品和采集当地的土著微生物制成垫料，铺垫在猪舍内，制作发酵床猪栏。猪在发酵床上饲养，排泄的粪尿随时与垫料混合，所含的挥发性臭气及时被垫料吸附，同其他有机物一起被垫料中的微生物就地消化分解，猪场没有粪污产生。发酵床垫料可以利用3～5年清理一次，废弃垫料用于制作生物有机肥。

2. 病死猪的处理 猪场由于疾病或其他原因总会有猪的死亡现象发生。做好病死猪处理是防止疾病流行的一项重要措施。对病死猪的处理原则一是对因烈性传染病而死的猪必须进行焚烧火化处理；二是对其他伤病死的猪可用深埋法和高温分解法进行处理。我国《畜禽养殖业污染防治技术规范》（HJ/T 81—2001）规定，病死畜禽尸体要及时处理，严禁随意丢弃，严禁出售或作为饲料再利用。

病死猪的处理方法通常有深埋法、高温分解法和焚烧法：

（1）深埋法。在小型猪场中，病死猪不多，对于非烈性传染病致死的猪可以采用深埋法进行处理。选择远离水源、居民区的地方，并且在猪场的下风向、离猪场有一定的距离处，设置两个以上填埋井。填埋井为混凝土结构，深度超过2m，直径1m，在井底撒上一层生石灰，井口加盖密封。填埋时在每次投入病猪尸体后应覆盖10cm以上的熟石灰。井填满后，必须使用黏土填埋压实并封闭井口。深埋法是传统的病死猪处理方法，其优点是不需要专门的设备投资，简单易行。缺点是易造成环境污染。

（2）高温分解法。高温分解法处理病死猪是在大型的高温高压蒸汽消毒机（湿化机）中进行的。高温高压的蒸汽使猪尸中的脂肪熔化，蛋白质凝固，同时杀灭病原微生物。分离出的脂肪可作为工业原料，其他可作为肥料。这种方法投资大，适合于大型的养猪场或大、中型养猪场相对集中的地区及大中城市的卫生处理厂。

（3）焚烧法。在焚化炉中通过燃油燃烧器将猪尸焚烧，通过焚烧可将病死猪烧为灰烬。这种处理方法彻底消灭病毒，处理病死猪迅速卫生。

3. 医源垃圾的处理 对于猪场在疾病预防和治疗过程中使用的药物、疫苗等一定要妥善保管，对于过期的疫苗和药物应当集中使用强酸、强碱或焚烧处理，不得随意丢弃。

二、猪场污水处理

（一）猪场发展经历的三个阶段

我国规模化猪场按照粪污清理方式的不同，经历了三个发展阶段。

1. 第一个阶段 是水冲清粪、水泡清粪阶段。即在20世纪80～90年代，采用高压水枪冲洗，利用漏缝地板将粪尿冲入排污沟，进入集污池，然后将猪粪残渣与液体分开，残渣加工成肥料，污水通过发酵处理。这种方式的缺点是：用水量大；排出污水COD、BOD值较高；处理污水的日常维护费用大；污水处理池面积大；投资费用也相对较大。显然，这个技术路线早已不适合我国节水节能的要求。

2. 第二个阶段 是干清粪阶段。这种模式从20世纪90年代以后逐渐被普遍采用，即采用干湿分离技术，人工捡拾固形粪便，运至堆粪场加工处理，剩余的少量粪便和尿液用水冲洗，猪舍地面改用舍内浅排污沟，大大减少了冲洗地面用水。这种方案虽然增加了人工费，克服了“水冲粪法”的缺点，但这个方法仍有一定的污水，对环境还是有一定的污染。

3. 第三个阶段 是在前面技术路线基础上，融入资源化利用、生态化治理、源头治理等诸多理念，多种行业参与，多种技术集成而形成的粪污治理阶段。代表性的技术方案有如下几种：一是资源化利用的沼气生产方案，沼气用于取暖、烧水做饭、照明或发电。该方案的缺点是沼渣、沼液仍需后续处理，北方地区冬季低温影响沼气的产气量；二是生态模式的猪—沼—果、猪—沼—菜、猪—沼—鱼等方案，需要农牧产业间有机融合；三是生态环保发酵床养猪技术方案。它是彻底解决养殖业粪尿污水排放问题，尤其是解决了多年困扰养殖业的臭气污染难题的一项综合技术集成方案，被称为是“养殖业的一场革命”。

（二）猪场污水处理原则

应遵循“资源化、无害化、减量化”原则，改进猪场生产工艺，采用干湿分离、雨污分离、生态治理、源头治理、种养结合等技术路线，改进各种技术和工艺，采用投资较少、操作简单易行、运行费用较低的处理方案，实现污水达标排放。污水排放标准见表3-11。

表3-11 一些国家及地区的畜禽养殖业污水排放标准

（王凯军．畜禽养殖污染防治技术与政策．2004）

地区	BOD_5（mg/L）	COD_{cr}（mg/L）	SS（mg/L）	pH	NH_3-N（mg/L）	TP（mg/L）	大肠杆菌量（个/L）
日本	≤160	≤200	—	4.8～8.6	≤120	—	$\leq 3\times10^6$
德国	≤30	≤170	—	—	≤50	—	≤16
英国	≤20	≤30	—	—	≤30	—	—
新加坡	≤250	—	—	—	—	—	≤5
韩国	≤150	≤150	—	—	—	—	—
中国	≤150	≤400	≤200	—	≤80	—	≤10 000

（三）猪场污水处理方法

1. 污水中的污染物质 在猪场排放的污水中含有大量的有机物。这些有机物在水中首先使水混浊，当水中氧气充足时，在好氧性微生物作用下，有机氮最终被分解为硝酸盐类稳定的无机物。水中溶解氧耗尽时，有机物进行厌气分解，产生甲烷、硫化氢、硫醇之类的恶臭，使水质恶化，不能达标排放。

猪场污水中的污染物质一般以BOD值、COD值、SS值、大肠菌群、细菌总数等表示。

（1）BOD（生化需氧量）：指水中有机物在需氧性细菌作用下进行生物化学分解时所消耗的氧量。水中有机物含量越高，生物氧化过程所消耗的氧也越多，而且有机物含量高时，所含微生物及病原菌也越多。因此，通过生物需氧量的测定，可以间接评定水被有机物污染的程度，也可作为细菌污染的间接指标。通常用“5日生化需氧量”（BOD_5）来表示，即20℃下培养5d，1L水中溶解氧减少的量。

(2) COD（化学耗氧量）：指用化学方法氧化1L水中的有机物所消耗的氧量。被氧化的包括水中能被氧化的有机物和还原性有机物，而不包括化学上较为稳定的有机物。此法测定速度快，只能相对地反映出水中有机物含量，但完全脱离了水中微生物分解有机物的条件。

(3) SS（固体悬浮物）：指污水中凝絮体、胶体团等活性污泥浓度，单位mg/L。通常使用真空抽滤泵加硝酸纤维滤膜方法测定。

(4) 细菌总数：指1mL水在普通琼脂培养基中，在37℃经24h培养后，所生长的各种细菌集落总数。

(5) 大肠菌群：水中大肠菌群的量，一般用以下两种指标表示。大肠菌群指数：指1L水中所含大肠菌群的数目。大肠菌群值：指发现1个大肠菌群的水的最小容积（mL）。两者互为倒数关系，即：大肠菌群指数=1 000/大肠菌群值。

2. 污水处理的方法 污水的处理方法可分为物理、化学、生物处理方法三大类，其中以物理和生物处理方法应用较多。

(1) 物理处理方法。猪场污水处理常用的物理处理方法包括格栅过滤、沉淀、机械分离等，主要用于去除污水中的机械杂质。

①格栅过滤。格栅是一种最简单的过滤设备，为一组平行的栅条制成的框架，斜置于废水流经的渠道上，分为粗格栅和细格栅。它是污水处理工艺流程中必不可少的部分。其作用是阻拦污水中较粗大的漂浮和悬浮固体，以免阻塞孔洞、闸门和管道，并保护水泵等机械设备。

②沉淀。沉淀是在重力作用下将重于水的悬浮物从水中分离出来的一种处理工艺，它是废水处理中应用最广泛的方法之一。

沉淀法可用于在沉沙池中去除无机杂粒；在一次沉淀池中去除有机悬浮物和其他固体物；在二次沉淀池中去除生物处理产生的生物污泥；在絮凝后去除絮凝体；在污泥浓缩池中分离污泥中的水分，使污泥得到浓缩等。

常见的沉淀池种类有平流式沉淀池、辐流式沉淀池、竖流式沉淀池和斜板（管）沉淀池四种。在猪场污水处理中常用前三种。

③机械分离。对于清粪工艺为水泡粪或水冲粪工艺的猪场，其排出的粪尿水混合液，一般要用机械分离机进行固液分离，以大幅度降低污水中的悬浮物含量，便于污水的后续处理；同时要控制分离出的固形物含水率，以便于其处理和利用。

常用的固液分离机有振动筛（平型、摇动型和往复型）、回转筛和挤压式分离机。

④调节池。猪场污水的流量和浓度在昼夜间有较大的变化，为保证污水处理构筑物正常工作，不受污水高峰流量和浓度变化的影响，需设置调节池，以调节水质水量。对于猪场的污水处理，调节池是一个重要的、不可缺少的部分。

(2) 化学处理方法。污水的化学处理方法是利用化学反应使污水中的污染物质发生化学变化而改变其性质。一般可分为中和法、混凝处理法、氧化还原法、吸附法、膜分离法等，在猪场污水处理中常用混凝处理法。

混凝处理法是向污水中投入一定量的药剂，经脱稳、架桥等反应过程，使水中呈胶体状的污染物质形成絮体，再经过沉淀或气浮过程，使污染物从废水中分离出来。通过混凝处理可降低废水的浊度、色度，去除高分子物质、呈胶体的有机污染物、某些重金属毒物和放射性物质，也可去除磷等可溶性盐类和有机物。

传统的混凝剂主要为硫酸铝，其效果好，使用广泛，其次是铁盐，如硫酸亚铁、三氯化铁等。为了强化和改善混凝过程，开发研制了一些新的混凝剂，如聚合铝、聚合铁、聚合铁铝以及聚丙烯酰胺、活化硅酸、骨胶等高分子絮凝剂。

目前的化学处理方法还有用于污水消毒的液氯、臭氧、次氯酸钠、紫外线等消毒剂等。

(3) 生物处理方法。猪场污水生物处理方法，分厌氧处理、好氧处理以及自然生态处理三大类。

①厌氧处理。厌氧处理是指猪场排放的污水中没有大气中氧的输入，有机物在厌氧菌的作用下水解为不稳定的酸，再由产甲烷细菌发酵，产生二氧化碳与甲烷。厌氧消化可以除去大量的可溶性有机物，去除率达85%～90%，而且运行用电费用比好氧生物处理工艺节省10倍左右。我国采用的厌氧处理核心工艺主要有厌氧消化池、上流式厌氧污泥床（UASB)、厌氧复合床反应器（UBF）等。

沼气就是利用家畜粪便与其他有机废弃物混合，在一定条件下进行微生物厌氧发酵而产生的。沼气的主要成分是甲烷，它是一种发热量很高的可燃气体，其能值约为37.84kJ/L，可为生产、生活提供能源，同时沼渣和沼液又可作为有机肥料。

沼气生产中应注意以下原则：首先应当使沼气池密闭，保持无氧环境；其次要合理搭配制沼原料；第三原料的浓度要适当，原料与加水量的比例以1∶1为宜；第四保持池内适宜的pH为7～8.5；第五保持适宜的温度为20～30℃，当沼气池内温度降到8℃时产气量迅速减少，超过40℃时，产气速度也大幅度减少；第六加入发酵菌种，并经常进行进料、出料并搅拌池底，以促进细菌的生长、发育和防止池内表面结壳。

沼气厌氧发酵技术在不断改进，已由最初的水压式发展到较先进的浮罩式、集气罩式、干湿分离式和太阳能式等类型；开始应用干发酵、两步发酵、干湿结合发酵、太阳能加热发酵等发酵工艺新技术；由小型沼气池逐渐向发酵罐、大中型集中供气沼气发酵工程发展。目前，发酵温度采用常温（10～26℃)、中温（28～38℃）和高温（48～55℃）发酵，气压有低压式、恒压式等多种形式。畜禽场沼气工程的产气量见表3-12。

表3-12　部分畜禽场沼气工程的产气水平参考值

原料种类	工艺类型	装置规模（m^3）	发酵温度（℃）	产气率［m^3/（m^3·d)］
猪粪	USR	300	35～38	1.7～2.2
	UASB+AF	2～130	16～33	0.8～1.3
牛粪	USR	120	35	1.5

注：UASB表示上流式厌氧污泥床；AF表示厌氧滤器；USR表示上流式污泥床反应器。

②好氧处理。好氧处理是利用曝气机将氧气充入生物塘，使粪便中好氧微生物生长繁殖，分解有机物。好氧处理包括活性污泥法、接触氧化法、生物转盘、氧化沟、序批式反应器（SBR)、膜生物法（MBR）等工艺方法。

③氧化池法。氧化池法的原理是利用好氧微生物发酵，分解粪便固形物产生单细胞蛋白。

氧化池为长圆形，池内安装搅拌器，其中轴安装的位置略高于氧化池液面，搅拌器不断旋转，可使污水中的固体粪便加速分离，使分离的粒子悬浮于池液中，同时向池液供氧，并使池内的混合液沿池壁循环流动，使氧化池内有机物充分被好氧微生物发酵利用，生成菌体蛋白。搅拌器转速快则供氧多，一般以 80～100r/min 为宜。

④活性污泥法。活性污泥法是水中微生物在其生命活动中产生多糖类黏液，携带菌体的黏液聚集在一起构成菌胶团，菌胶团具有很大表面积和吸附力，可大量吸附污水中的污染物颗粒而形成悬浮在水中的生物絮凝体——活性污泥，有机污染物在活性污泥中被微生物降解，污水因此而得到净化。

活性污泥处理系统的生物反应器是曝气池。此外，系统的主要组成还有二次沉淀池、污泥回流系统和曝气及空气扩散系统。

⑤生物膜法。生物膜污水处理是与活性污泥法并列的一种污水好氧生物处理技术。这种处理法的实质是使细菌等微生物和原生动物、后生动物一类的微型动物附着在滤料或某些载体上生长繁育，并在其上形成膜状生物污泥——生物膜。污水与生物膜接触，污水中的有机污染物作为营养物质，为生物膜上的微生物所摄取，污水得到净化，微生物自身也得到繁衍增殖。

生物膜污水处理法是发展中的污水生物处理技术。该工艺包括生物滤池（普通生物滤池、高负荷生物滤池、塔式生物滤池）、生物转盘、生物氧化和生物流化床等。生物滤池是早期出现、至今仍在发展中的污水生物处理技术，而后三者则是近 20～30 年来开发的新工艺。

⑥自然生态处理。自然生态处理主要是利用生物塘、人工湿地、土地处理系统等。

a. 生物塘。生物塘是一种生物处理构筑物。主要利用菌藻共生的作用处理废水中的有机污染物，塘中的异养型细菌将水中有机污染物降解成 CO_2 和水，同时消耗水中溶解氧；而塘中藻类则利用太阳光进行光合作用，以 CO_2 中的碳作为碳源，合成自身机体并释放出氧气。当生物塘的有机负荷高、塘的底部或整个塘都没有溶解氧时，则主要靠厌氧细菌的厌氧发酵作用降解塘中溶解态或固态有机污染物。

生物塘按微生物反应类型划分，可分成厌氧塘、兼性塘、好氧塘、曝气塘、深度处理塘等。

b. 人工湿地处理系统（artificial wetland treatment systems）。人工湿地处理系统是一种新型的废水处理工艺。其功能就是在各种湿地生物的共同参与下，将进入湿地系统的污染物质——同时也是湿地生物的营养物质，经过系统内各环节进行分解、吸收、转化、利用，达到去除目的。其特点是出水水质好，具有较强的氮、磷处理能力，运行维护管理方便，投资及运行费低，比较适合于管理水平不高，水处理量及水质变化不大的城郊或乡村。

人工湿地处理技术包括表流式人工湿地和潜流式人工湿地系统两大类。潜流式人工湿地系统包括平流系统和垂直流系统；垂直流系统又分为上流式和下流式。人工湿地系统如图 3－3 所示。

在表流式系统中，污水在表层蛇形缓缓流过，有机物被水生植物充分利用，对氨氮有良好的去除效果，去除率≥90%。其优点是投资省，缺点是负荷低，在北方地区冬季表面会结冰，夏季往往滋生蚊蝇、散发臭味，目前已较少采用。在潜流式系统中，污水在湿地床的表面下流动，一方面可以充分利用填料表面生长的生物膜、丰富的植物根系及表层土和填料截留等作用，提高处理效果和处理能力；另一方面由于水流在地表下流动，保温性好，处理效果受气候影响较小，且卫生条件较好，它是目前国际上较多研究和应用的一种湿地处理系统，但此系统的投资略高。该系统去除氮、磷和 SS 效果较好。

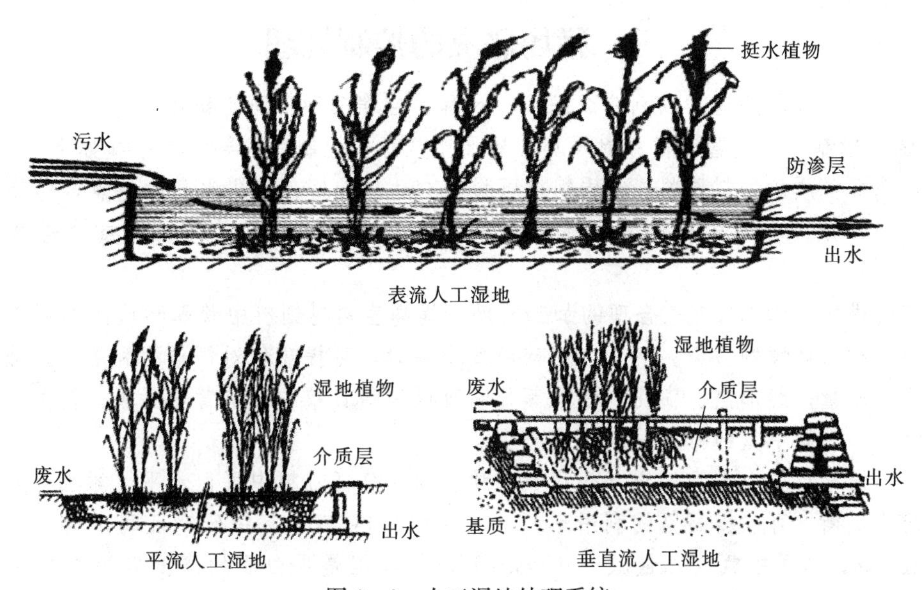

图 3－3　人工湿地处理系统

（刘凤华．家畜环境卫生学．2006）

c. 土地污水处理系统（land systems for wastewater treatment）。土地污水处理系统是20世纪60年代后期在各国相继发展起来的。它主要是利用土地生态系统的自净能力来净化污水的工程设施。土地以及其中的微生物和植物的根系对污染物的净化能力很强，包括土壤的过滤截留、物理和化学的吸附、化学分解、生物氧化以及植物和微生物的吸收和摄取等作用。

土地污水处理的主要过程是：污水通过流经一个稍倾斜的均衡坡面的土壤时，土壤将污水中处于悬浮和溶解状态的有机物质截留下来，在土壤颗粒的表面形成一层薄膜，这层薄膜里充满着细菌，能吸附污水中的有机物，并利用空气中的氧气，在好氧菌的作用下，将污水中的有机物转化为无机物，如二氧化碳、氨气、硝酸盐和磷酸盐等；土地上生长的植物，经过根系吸收污水中的水分和被细菌矿质化的无机养分，再通过光合作用转化为植物体的组成成分，从而实现有害的污染物转化为有用物质的目的，并使污水得到利用和净化处理，使水质达到排放要求。土地污水处理系统见图 3－4。

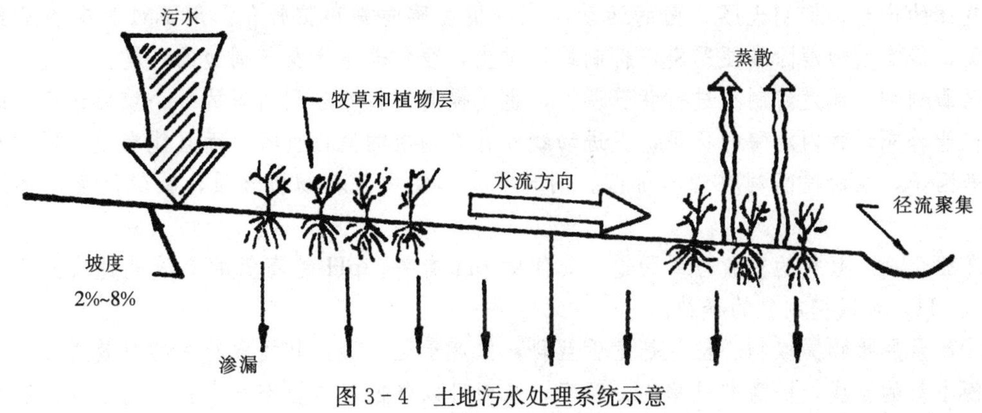

图 3－4　土地污水处理系统示意

（刘凤华．家畜环境卫生学．2006）

三、猪场恶臭的控制处理

猪场恶臭的控制处理可以划分成源头、过程、后端三种不同的处理方式。

1. 源头控制 通过营养措施对恶臭控制属于从源头控制。主要控制措施如下：

(1) 选择优质的饲料原料。优质饲料原料具有适口性好、消化率高的特点，能提高猪的饲料转化率，减少粪便的排出量。降低粪尿中的恶臭物质及其前体物，减少恶臭气体的产生。

(2) 改进饲料加工工艺。合理的加工有助于提高畜禽对饲料中营养物质的利用率，减少饲料的浪费和对环境的污染。例如，粉碎粒度下降时，可提高猪对饲料的利用率，减少干物质和氮的排出量；经加热、膨化、制粒等处理可以消除日粮中的抗营养因子；提高蛋白质的消化吸收率，粪尿中氮的排出量就相应减少。

(3) 降低日粮蛋白水平，添加合成氨基酸。通过降低日粮中蛋白水平，添加氨基酸以调节氨基酸的平衡，可以提高氮的利用率，减少氮的排出。Canh 等研究证明，猪日粮蛋白水平每降低 1%，粪尿中氮散发量减少 10%～12.5%，但是蛋白质的降低应该控制在一定范围，过低的蛋白质水平，虽然可以显著降低排泄物中氮的含量及畜禽舍的恶臭，但同时也是以生产性能降低为代价。

(4) 增加非淀粉多糖的量。非淀粉多糖可以改变尿氮和粪氮的比例，将代谢产生的氮转化为微生物蛋白的形式，使尿氮排泄量减少，粪氮排泄量增加，而尿氮转化为氨的速度明显高于粪氮，因而增加日粮中非淀粉多糖的量有利于减少氨的产生与散发量。据报道，每添加 1%的非淀粉多糖就能降低 0.6%的氨气排放；在猪日粮中添加 30%的甜菜渣后，能够降低排泄物中 47%的氨排放量，还能明显降低粪臭素和吲哚的浓度。非淀粉多糖本身具有抗营养作用，利用非淀粉多糖时要慎重选择。

(5) 有效饲料添加剂的应用。

①益生素。益生素是能够提高饲料转化率和控制环境污染的饲料添加剂，可以减少氨和腐败物质的过多生成，降低肠道内容物中氨、甲酚、吲哚、粪臭素等的含量，从而减少粪便的臭气。如芽孢杆菌具有很强的蛋白酶、脂肪酶、淀粉酶的活性，且能降解植物性饲料中某些较复杂的碳水化合物。枯草芽孢杆菌在大肠中产生的氨基酸氧化酶及分解硫化物的酶可将吲哚类化合物完全氧化，将硫化氢氧化成无臭、无毒的物质。EM 可减少氨、胺、硫化氢等有害气体的产生，抑制大肠杆菌的活动，减少蛋白质向氨和胺转化。用 EM 饲喂畜禽或处理粪便，能有效地消除粪便恶臭，抑制蚊蝇滋生，净化养殖场及其周边的环境。

②酶制剂。通过酶制剂进行营养调控，也是提高饲料养分利用率的一个重要途径。酶制剂不但能补充动物内源酶的不足，促进动物对营养物质的消化吸收，而且能有效降低饲料中抗营养因子，从而提高饲料营养价值。同时减少粪便中营养物质含量，减轻恶臭对环境的污染。

③酸化剂。氨气的释放与胃肠道、粪便的 pH 有关，pH 越高氨的释放就越快，所以加酸降低 pH，可以抑制氨的释放。

④丝兰属植物提取物。丝兰是龙舌兰科，原产于北美洲，其提取物中的有效成分可以限制粪便中氨的生成，提高有机物的分解率，从而可以降低畜禽舍空气中氨气的浓度，达到除臭的效果。不仅能除臭，还能提高肥育猪的增重速度和饲料转化效率。丝兰的除臭作用有人

认为与调节猪肠道微生物区系的平衡有关，也有人认为是丝兰提取物的两个活性中心分别与氨气和硫化氢、甲基吲哚结合发挥作用的。所以对丝兰的除臭机理尚有争议，其具体的机理还有待进一步研究探讨。

⑤沸石。沸石是一种含水的碱金属或含碱土金属的铝硅酸盐矿物。它的分子结构属于开放型，有很大的吸附表面和很多大小均一的空腔和通道，可选择性地吸附 NH_3、H_2S、CO_2、SO_2 等有毒物质。同时由于它有吸水作用，能降低畜禽舍内空气湿度和粪便的水分，可以减少氨气等有害气体的毒害作用。猪的日粮中添加 5%的沸石，可使排泄物中氨的含量下降 21%。还可以选择与沸石结构相似的海泡石、膨润土、凹凸棒石、蛭石、硅藻石等矿物质，这些都有类似的吸附作用。

2. 过程治理　采用生物发酵床养猪技术，用锯末、稻壳、秸秆等农林副产品和采集当地的土著微生物混合成垫料，铺垫在猪舍内，制作发酵床猪栏。猪在发酵床上饲养，排泄的粪尿随时与垫料混合，所含的挥发性臭气及时被垫料吸附，同其他有机物一起被垫料中的微生物分解；由于猪在垫料床上嬉戏、玩耍，身体上分泌出的代谢产物随时被有机垫料清洗干净，因此，这种养殖方法猪体清洁，猪场没有粪污产生，没有冲圈污水，更没有恶臭的空气污染。不用采取额外的粪污处理工艺设施，在养殖过程中自动解决了粪污的排放与治理，即是一种“零排放”的养殖技术。

3. 后端处理　对猪场粪便在排泄后将其清理收集起来进行处理，对残留的猪粪及尿用水冲洗产生大量污水，再对污水进行处理的方法都属于后端治理。后端治理主要是采取物理、化学和生物三种处理方法。物理和化学处理方法存在投资大、操作复杂、运行成本高的问题；生物法具有处理效率高、无二次污染、所需设备简单、便于操作、费用低廉和管理维护方便的特点，已成为恶臭治理的一个发展方向。目前，猪场恶臭对空气的污染一直没有彻底有效的解决方案。

(1) 物理除臭法。

①吸收。利用恶臭气体的物理或化学性质，使用水或化学吸收液对恶臭气体进行物理或化学吸收而除臭。用水作吸收液吸收氨气、硫化氢气体时，其脱臭效率主要与吸收塔内液气比有关。当温度一定时，液气比越大，则脱臭效率也越高。水吸收的缺点是耗水量大、废水难以处理，易造成二次污染。使用化学吸收液时，通过化学反应生成稳定性的物质来达到脱臭效果。当恶臭气体浓度较高时，一级吸收往往难以满足要求，此时可采用二级、三级或多级吸收。目前工业上常用的吸收设备主要有表面吸收器、鼓泡式吸收器、喷淋式吸收器。

②吸附。气体附着在某种材料外表面的过程称为吸附。吸附的效率取决于材料的面积和质量，而面积和质量又取决于材料的孔隙度。吸附的效果还取决于被处理气体的性质，被处理气体的溶解性高、易于转化成液体的气体其吸附效果较好。

最常用的吸附材料是活性炭，对 H_2S、NH_3 和 SO_2 的吸附性较高。工业上常使用的吸附装置常由圆柱形的容器组成，内设两个活性炭吸附床。当被污染的气体通过吸附床时则被活性炭吸附。吸附法比较适用于低浓度有味气体的处理。

天然沸石由于本身的特殊结构，对 NH_3 等气体有选择性地吸附作用，可以在收集起来的粪堆上撒布沸石粉，可以减低臭味。

(2) 化学除臭法。化学除臭剂可通过氧化作用和中和作用等化学反应把有味的化合物转化成无味或较少气味的化合物。常用的化学氧化剂有高锰酸钾、重铬酸钾、硝酸钾、双氧水、次氯酸盐和臭氧等，其中高锰酸钾除臭效果相对较好。根据研究表明，在 1kg 猪粪水中添加 500mg H_2O_2 气味明显减少。常用的中和剂有石灰、甲酸、稀硫酸、过磷酸钙、硫酸亚铁等。市场上常见的喷雾除臭剂有 OX 剂（美国生产）和 OZ 剂（韩国生产），通过表面喷洒的方法处理堆肥以及废水处理场散发的臭气，具有除臭消毒作用。

(3) 生物除臭法。生物除臭法是利用微生物来分解、转化臭气成分以达到除臭目的，因此也称微生物除臭法。生物除臭法分三个过程：第一个过程是将部分臭气由气相转变为液相的过程：第二过程是溶于水中的臭气通过微生物的细胞壁和细胞膜被微生物吸收，不溶于水的臭气先附着在微生物体外，由微生物分泌的细胞外醇分解为可溶性物质，再渗入细胞；第三过程是臭气进入细胞后，在体内作为营养物质为微生物所分解、利用，使臭气得以去除。

近年来，生物发酵床养猪技术采用垫料中微生物处理粪便，可在短时间内将猪粪中的有机物分解，达到除臭的目的。另据报道，在猪粪中添加光合营养细菌能明显减少含氮臭气成分的挥发，有明显的除臭作用。

在采取上述除臭方法的同时，还要加强科学管理，采取强化畜禽粪尿、污水的处理与利用技术，进行场区绿化，正确而及时地处理畜禽尸体，加强日常卫生管理等综合性措施才能达到良好的除臭效果。

讨论思考题

1. 简述肉猪舍的清洗消毒的方法和步骤。

2. 如何做好生长猪的组群工作？

3. 为什么要重视肉猪舍的环境控制？如何为肉猪提供适宜的环境条件？

4. 2008 年 7 月，山东省潍坊市某养猪户从外地购进仔猪 70 头，平均体重为 12kg，未做任何处理就进场饲养，据饲养员讲，全期猪饲粮玉米 50%、豆粕 10%、麦麸 15%、稻壳粉 21%，预混料（含有矿物质、维生素和一定数量赖氨酸）4%，之后猪群一直生长发育不良，肥育过程中患病死亡 1 头，6 个月后出栏时，平均体重 90 kg。请为该养猪户分析原因并提出改进措施。

实训操作

无公害肉猪饲粮配合技术

【目的要求】使学生在理解无公害肉猪饲粮与一般肉猪饲粮的要求和区别的基础上，学会无公害肉猪饲料的配合技术。

【实训内容】

1. 查阅瘦肉型猪饲养标准及常用饲料原料营养成分表。配制无公害肉猪饲粮时，必须参照无公害肉猪饲粮的国家标准和行业标准。

2. 根据某猪种的特点，制定出该肉猪日粮的营养含量或日粮营养标准。

3. 肉猪饲粮配方的制定方法。

4. 根据配方生产加工配合饲料的一般过程。无公害肉猪配合饲料的加工、运输、储存和使用要求。

【实训条件】某肉猪猪种的增重成绩和营养需要资料，所用饲料原料（含添加剂）的规格、数量、价格、参考用量等资料，GB 13078—2001《饲料卫生标准》，NY 5032—2001《无公害食品—生猪饲养饲料使用准则》，《允许使用的饲料添加剂品种目录》，《饲料药物—饲料添加剂使用规范》，计算工具等。

【实训方法】

第一步，根据瘦肉型猪饲养标准，并参考某肉猪猪种的增重性能和营养需要资料，确定出该肉猪猪种的阶段采食量和预期增重速度。同时，根据对本地区饲料原料市场的分析结果，结合国家无公害肉猪生产的有关标准、准则和规范，确定所选用的饲料原料种类及其营养成分含量。

第二步，根据肉猪的阶段采食量和预期增重速度，制定出肉猪日粮应该达到的营养水平。

第三步，将肉猪日粮应该达到的营养水平，转换为饲粮营养含量。

第四步，根据饲粮营养含量要求和选用的饲料原料及其营养成分含量，计算并进行饲料配方的试设计。

第五步，将试配方投入饲养试验，并根据饲养试验的结果进行适当调整，筛选出最佳配方。

第六步，进行配合饲料的生产加工，进行配合饲料的质量检测和无公害认证，并对合格的配合饲料产品进行推广应用。

【实训报告】填写出饲粮配方报告单（二联单）

表实3-1　饲料配合单（存根）　年　月　日　　　**饲料配合单**　年　月　日

<table>
<tr><td colspan="4">猪种</td><td rowspan="6">第　　号</td><td colspan="4">猪种</td></tr>
<tr><td colspan="2">适用猪群</td><td colspan="2">生产阶段</td><td colspan="2">适用猪群</td><td colspan="2">生产阶段</td></tr>
<tr><td colspan="2">预期日增重（g）</td><td colspan="2">采食量（kg）</td><td colspan="2">预期日增重（g）</td><td colspan="2">采食量（kg）</td></tr>
<tr><td colspan="2">原料及配比（%）</td><td colspan="2">营养浓度</td><td colspan="2">原料及配比（%）</td><td colspan="2">营养浓度</td></tr>
<tr><td></td><td></td><td>DE（MJ/kg）</td><td></td><td></td><td></td><td>DE（MJ/kg）</td><td></td></tr>
<tr><td></td><td></td><td>CP（%）</td><td></td><td></td><td></td><td>CP（%）</td><td></td></tr>
</table>

（续）

		DM					DM	
		Ca					Ca	
		P					P	
		Lys					Lys	
说明				第　　号	说明			
使用单位					使用单位			
配方员		审核员			配方员		审核员	
质量检测和判定（合格与否）					质量检测和判定（合格与否）			
质量检测判定员签章					质量检测判定员签章			

【考核标准】

考核项目	考核要点	等级分值					备注
		A	B	C	D	E	
态度	认真、不迟到早退	10～9	8.9～8	7.9～7	6.9～6	<6	考核项目和考核标准可视情况调整
填写饲料配合单	数据准确、格式规范	80～72	71.9～64	63.9～56	55.9～48	<48	
实训报告	格式正确、内容充实、分析透彻	10～9	8.9～8	7.9～7	6.9～6	<6	

模块四 猪场经营管理

知识要求

了解猪场生产目标确定，掌握猪场常规管理。

技能要求

了解规模化养猪场生产概况、生产中经常遇到的问题，学会猪场日常管理。

项目一　猪场管理决策

随着时代的发展和畜牧业的不断进步，我国养猪生产逐渐由过去千家万户分散经营的模式逐渐向具有不同规模的生产模式方向发展。近年来，全国各地先后办起了许多规模化养猪场。有些养猪场设备十分先进，但是生产经营管理相对滞后，导致经济效益不佳，甚至亏损严重，直接原因就在于猪场饲养技术人员、资金和设备管理不完善，生产计划制定不科学。在这种形式下，猪场要取得较大的效益和长远的持续发展，除了加强科学技术应用以外，搞好猪场的经营管理就显得十分重要。经营管理就是猪场管理者利用现代化的管理手段，对猪场的生产、营销、分配、经济核算等活动进行周密计划、科学组织、统一安排和精细管理。在遵循管理学原理，符合实际情况的基础上，按照市场经济规律，合理分配人力、物力及财力，以最少的投入换取最大的效益。那么一个猪场能否取得预期的效益，猪场管理决策的制定和执行就是一个很重要的方面。良好的经营管理是保证养猪生产成功的必备条件之一，能够促进养猪业的可持续发展。管理者，无论是老板还是雇佣的普通工人，应考虑多种方案并按猪的生物学特性来开展管理工作。通常来说，一个猪场的管理决策和计划应当根据资金、栏舍面积、设施设备、市场需求等实际情况确定，就猪场生产经营类型来说，主要有以下四种（图 4-1）。

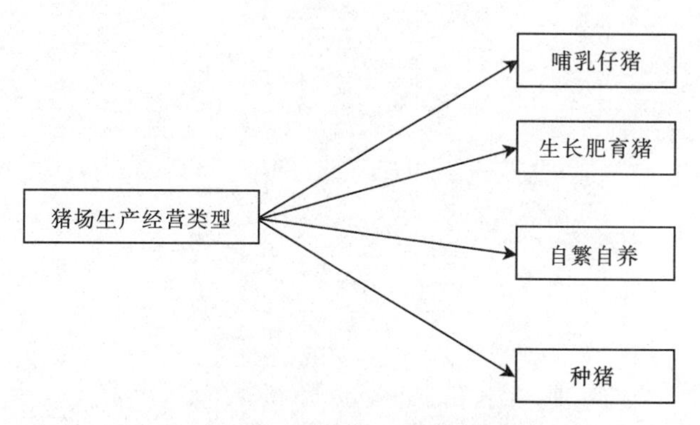

图 4-1　猪场生产经营类型

任务一　确定饲养猪的类型

1. 哺乳仔猪　哺乳仔猪生产场要求保育猪经过保育期饲养体重达到20～25kg，然后销售给生长肥育猪生产者。哺乳仔猪抗病能力较生长肥育猪弱，死亡率相对较高，通过科学的饲养管理可显著提高成活率。诸如加强各种疫病控制、妊娠期和哺乳期的饲养管理；尽早让初生仔猪吃到初乳、保持保育舍适宜的温度。这种养猪类型的优点是节省固定资本和流动资金、节省劳动力。缺点是经营者得到的利润比较微薄，而且还容易受到市场行情变化的冲击。从长远来看，这种单一的方式不值得提倡。

2. 生长肥育猪　生长猪指20～60kg的猪；而肥育猪是指猪从60kg至出栏。这种养猪类型的优点是需要投入资金较少、资金周转快（100～120d为一个周转期）。缺点是优秀的仔猪源不能得到保证，如从不同猪场购进的仔猪有引发本猪场疾病的危险。如果能保证仔猪良好的供应商，这种养猪类型的利润比较可观。

3. 自繁自养　也称全程饲养，即配种、分娩、肥育三个过程的结合，它克服了以上两种饲养方式的缺点，效益更高。这种养猪类型的优点是：①可以获得仔猪和肥育猪两方面的利润；②从场外进猪的可能性不大，潜在的疾病威胁降低；③市场的波动对效益影响相对较小。缺点是：①需要更多的固定资金投入和流动资金；②需要较长的生产周期；③需要更多的时间、劳动力和管理。

4. 种猪　这种养猪类型的目的是生产并出售种猪。饲养的种猪有纯种猪和杂交猪（如杂交一代）两种类型。

（1）纯种猪原种场。通过长期的科学育种，育成了外貌一致性、生产性能高的纯种猪。这种养猪类型的优点是在保证纯种种猪具有良好经济性能的前提下，利润较高。缺点是：①由于纯种猪缺少杂种优势，后代仔猪数量不如杂交种猪生产的仔猪多；②需要投入大量的人力、物力和财力，尤其是要进行长期的生产性能测定和系谱记录等大量育种工作；③需要建立稳定的客户群，以保证销售渠道的畅通。

（2）种猪扩繁场。种猪扩繁场的任务是提供父母代的种猪给客户。这种养猪类型的优点是：①种猪价格较高，利润有保障；②能得到原种场的技术支持。缺点是仍然要花较多时间进行育种记录和选种。

任务二　确定生产规模

一个猪场在确定了生产经营类型后，还必须确定猪的数量即生产规模的确定。为了计算一个猪场所需要各猪群数量、年出栏数、所需栏舍数，我们有必要先了解“繁殖周期、母猪年产窝数、猪群结构”这些概念。

1. 繁殖周期　繁殖周期决定母猪的年产窝数，直接关系着全年上市商品猪的数量，其计算公式如下：

繁殖周期＝母猪妊娠期＋仔猪哺乳期＋母猪断奶到受胎时间

其中，仔猪哺乳期国内一般采用35d，条件好的猪场采用21～28d断奶。母猪断奶到受胎时间分为两部分：一是断奶至下次发情时间，一般为7～10d；二是配种至受胎时间，这个指标取决于情期受胎率的高低。返情的母猪多养的天数平均分配给每头母猪，其所需天数＝21×（1－情期受胎率）。

例如，某猪场仔猪哺乳期为35d，断奶至下次发情时间为10d，分娩率是100%，所以该猪场的繁殖周期是＝114＋35＋10＋21×（1－情期受胎率）。通过这个例子我们可以得出以下结论：在其他条件固定的情况下，情期受胎率每增加5%，繁殖周期就减少1d。

2. 母猪年产窝数　母猪年产窝数即是母猪一年理论产仔的数值。其计算公式如下：

母猪年产窝数＝（365÷繁殖周期）×分娩率＝（365×分娩率）÷［114＋仔猪哺乳期＋断奶至下次发情时间＋21×（1－情期受胎率）］

由以上公式我们可以知道，母猪年产窝数与情期受胎率、仔猪哺乳期有关。例如某猪场母猪分娩率为100%，断奶至下次发情时间为10d，母猪年产窝数具体数值见表4-1。

表 4-1 母猪年产窝数与情期受胎率、仔猪哺乳期的关系表

情期受胎率（%）		65	70	75	80	85	90	95	100
母猪年产窝数（窝/年）	21d 断奶	2.40	2.41	2.43	2.45	2.46	2.48	2.50	2.52
	28d 断奶	2.29	2.31	2.32	2.34	2.35	2.37	2.38	2.40
	35d 断奶	2.19	2.21	2.22	2.24	2.25	2.27	2.28	2.30

从表 4-1 可以看出，情期受胎率每增加 5%，母猪年产窝数增加 0.01～0.02 窝/年；断奶日龄每减少 7d，母猪年产窝数增加 0.10～0.12 窝/年。当仔猪哺乳期为 21d 时，母猪年产窝数很容易就达到 2.40 窝以上；当仔猪哺乳期为 35d 时，母猪年产窝数很难超过 2.30 窝以上。另外，假如母猪分娩率为 90%，母猪年产窝数减少 0.11～0.13 窝/年。可见，断奶日龄和分娩率对母猪年产窝数影响最大，情期受胎率对母猪年产窝数也有一定影响。

3. 猪群结构 猪群结构就是指各类群的猪在全部猪群中所占的比例关系。猪群结构的划分可以保证猪场生产顺利进行，降低饲养成本，提高养猪经济效益。

（1）年产总窝数。年产总窝数＝年出栏头数/窝产仔数×出生到出栏的成活率

（2）每个单位时间转群头数（以 7d 为一个单位时间）。

①产仔窝数＝年总产窝数÷52（1 年总周数）

②妊娠母猪数＝产仔窝数÷分娩率

③配种母猪数＝妊娠母猪数/情期受胎率

④哺乳仔猪数＝产仔窝数×窝产仔数×成活率

⑤保育仔猪数＝哺乳仔猪数×成活率

⑥生长肥育猪数＝保育仔猪数×成活率

（3）猪群组数。通常以 7d 为一个单位时间，猪群组数等于饲养的周龄。

（4）猪群的结构。在猪群中，不同性别的猪应该保持适当的比例，以保证正常的更新和周转。育种场种公、母猪的比例一般为 1∶5；商品猪场公、母猪比例一般为 1∶25～30。各猪群存栏数＝每组猪群头数×猪群组数。不同规模猪场猪群结构详见表 4-2。

表 4-2 不同规模猪场猪群结构

（陈清明．现代养猪生产．1997）

猪群类别	生产母猪（头）					
	100	200	300	400	500	600
空怀配种母猪	25	50	75	100	125	150
妊娠母猪	51	102	156	204	252	312
分娩母猪	24	48	72	96	126	144
后备母猪	10	20	26	39	46	52
公猪（包括后备）	5	10	15	20	25	30
哺乳仔猪	200	400	600	800	1 000	1 200
保育猪	216	438	654	876	1 092	1 308
生长肥育猪	495	990	1 500	2 010	2 505	3 015
合计存栏	1 026	2 058	3 098	4 145	5 354	6 211
全年上市商品猪	1 612	3 432	5 148	6 916	8 632	10 348

4. 猪栏数量　猪栏的数量是否合理，关系着一个猪场能否用最少的猪栏投入保证原有生产计划有条不紊地进行。计算猪栏需要数量的公式如下：

猪栏分组数＝猪群组数＋消毒空舍时间（d）÷单位时间（7d）

每组栏位数＝每组猪群数量÷每栏饲养量＋备用栏位数

猪栏总数＝每组栏位数×猪栏组数

例如，某猪场采用空怀母猪和妊娠母猪小群饲养、泌乳母猪网上饲养，消毒空舍时间为7d，则万头猪场各饲养群猪栏配置数量如表4-3所示。

表4-3　万头猪场各饲养群猪栏配置数量

（杨公社．猪生产学．2002）

猪群种类	猪群组数	每组头数	每栏饲养量	猪栏组数	每组栏位数	总栏位数
空怀配种母猪群	5	30	4～5	6	7	42
妊娠母猪群	12	24	2～5	13	6	78
泌乳母猪群	6	23	1	7	24	168
保育猪群	5	207	8～12	6	20	120
生长肥育猪群	13	196	8～12	6	20	280
公猪群（含后备）	—	—	1	—	—	28
后备母猪群	8	8	4～6	9	2	18

项目二 饲养技术人员管理

饲养技术人员是养猪场的主力军，也是生产计划的执行者。因此，一个科学的生产计划是否收到理想的效果，关键还在于对饲养管理技术人员的管理。

（一）饲养技术人员来源

现代化的养猪场是一个有机整体，岗位人员主要包括育种员、兽医员、水电工、普通饲养员等。育种员和兽医员要求较高，除需具有过硬的畜牧兽医知识和专业技能外，还应具备生产一线的实践经验。这两类人才主要来自大专院校毕业生和从事多年的养猪技术人员。水电工要求具备专业的水电知识，丰富的实践经验，对猪场的水电布局和水电设备要相当熟悉。这类人可以从大专院校、电力公司等单位进行招聘，而普通饲养员各方面素质要求则相对低一些，但必须具备责任心强、吃苦耐劳的精神以及计划执行能力，如果不具备这些条件坚决不应招聘。这部分人也应该从中职或高职畜牧兽医专业毕业生中招聘。

（二）饲养技术人员管理

1. 技术培训 由于现代养猪场饲养规模较大、猪产品品质要求不断提高、猪病出现新的流行病学特点等因素，要求猪场技术人员的素质要不断提高，可对生产人员进行理论和实践相结合的技术培训。其中包括有选择性的参加各级技术推广会议和学术讨论会、猪场管理者亲自示范等方式。通过技术培训，要求每个饲养技术人员必须掌握一般的科学养猪的知识，了解猪的生物学特性，各阶段的饲养管理技术和措施，突发事件的应急方案，从而使他们自觉执行饲养管理操作规程，达到科学养猪的目的。

2. 职业道德教育 猪场由于分工的差异及岗位性质的原因，工作人员在工作量和劳动报酬等方面存在一定差异，有时岗位人员会出现一些情绪，出现不按照饲养操作要求工作，诸如不严格执行休药期制度，甚至虐待猪等行为。猪场管理者在工作人员上岗前要进行岗位培训，详细和具体地规定岗位职责及失职惩罚措施。另外在日常生活中，管理者要处理好不同岗位群之间，同一岗位不同人员之间的人际关系，在工作上要给予尊重、生活上应提供必要的硬件条件，对提出的合理要求应给予满足。

3. 劳动报酬 一般来说，劳动报酬是每个劳动者对自己所付出劳动的应得薪水，通常也是工作人员最关注的问题，包括工资、奖金及福利。工资是在岗位工作人员按规定完成既定的工作量后应得的部分。奖金是超额完成岗位工作量后得到的额外奖励部分。福利一般包括社会保险、带薪休假、节假日慰问物品（慰问金）等。劳动报酬必须尽到有效的劳动管理效应，充分发挥每位员工的工作积极性。

（1）劳动定额。劳动定额就是根据岗位职责，做到责任到人、按劳分配。这有利于克服过去“吃大锅饭、干好干坏一个样、偷懒耍滑”的弊端。管理者在制定劳动定额的时候既要体现数量要求，又要体现质量要求；还要根据各地区、饲养条件、环境等实际条件调整劳动定额。为了使劳动定额顺利实施，特别要抓好管理工作，可以是管理者直接管理，也可以是员工之间互相监督、举报。

（2）生产责任制。生产责任制是对猪场每一项生产任务都要明确规定质量、数量、完成时间、检查制度，落实到个人或工作小组完成。我国曾经出现过多种养殖形式，如集体责任制、小组责任制、联产承包责任制。近年来，规模猪场采用经济责任制的形式。经济责任制主要有项目承包、成本承包、联产计酬承包、一条龙承包等多种形式，充分调动了员工的积极性，保证了猪场的高效生产。下面介绍某规模化猪场肥育猪饲养员承包合同主要内容，仅供参考。肥育猪饲养员承包合同主要内容如下：

①饲养定额。饲养肥育猪 500 头。

②合同指标。71 日龄至上市：饲料转化率 2.8，成活率 98%。

③工作要求。负责日常肥育猪饲养管理，包括栏舍清洗、消毒、执行免疫程序和常见疾病治疗；负责肥育猪舍设施设备的检查，发现异常立即上报；在猪场管理员的指导下，积极参加猪场义务劳动、会议、培训和其他工作。

④必要说明。肥育猪达到上市日龄要求立即称重，计算饲料转化率。如因发生不可抗拒的自然灾害或烈性传染病造成猪死亡，饲养员无责任。人为因素造成猪死亡或伤残，饲养员造价赔偿，并扣工资 100 元。

⑤奖惩依据。基本工资为每月 600 元；71 日龄至上市的成活率提高（降低）1%奖励（惩罚）200 元；饲料转化率减少（升高）0.1 奖励（惩罚）20 元。

此外，猪场管理者也可以参照以下几个方面作为奖金发放：①岗位职责以外的额外工作量，如参与科研课题的工作或超出正常工作量的加班；②每窝产活仔数，如某母猪每窝产活仔数为平均 10 头，那么超过 1 头就可得到 2 元的奖励；③每窝断奶仔猪数，如每窝断奶仔猪数平均为 9 头，那么超过 1 头就可以得到 3 元的奖励；④生长肥育期的饲料转化率和对饲料浪费的控制；⑤正常休假时间仍继续上班，如每月养猪工人有 1d 休假，如果该月全月上班，可给予 50 元的奖励。

4. 保险　给猪场的饲养技术人员购买保险，既体现了管理者的人文关怀，又让他们无后顾之忧，细心地干好岗位工作。常见的保险有：养老、医疗、失业、工伤、生育等。

5. 动物的福利　猪的福利涉及多方面的内容，主要包括生理福利，即要避免猪饥饿和口渴；环境福利，即要为猪营造良好的生活环境；卫生福利，即要为猪减少疫病发生几率，对病猪要及时科学治疗；行为福利，即要给猪体现自由的权利，不能人为过多限制；心理福利，即要减少猪的焦虑和恐惧的情绪，如屠宰方式。

我国历来都是猪福利的推崇者。几千年来我国劳动人民创造的农家传统养猪方式，体现了人与自然、人与猪、猪与自然的和谐相处。随着规模化养猪方式的推广，养猪业出现了猪病蔓延、猪肉品质变差、猪生存环境恶化等一系列问题。近年来我国对动物福利愈加重视，以猪为代表的动物福利逐渐被推行。如 2007 年建设的“荣昌猪”资源保护场就是一个“猪福利”标准猪场。在这个猪场里，为减少对猪日常生活规律的人为干扰，所有圈舍都安装了闭路电视监控器。每头猪都告别了过去传统猪舍狭长、只能站立或躺下却不能转身活动的铁栅栏，住进至少 $10m^2$ 的“单间”。此外，该猪场为了有效改善和减少猪在产仔、分娩、疾病治疗等方面的困扰，还特地安装了猪高床分娩栏、保育高床等人性化的设施。

在国外，对动物福利的研究较多，并且出台了一系列法律法规。1988 年，瑞典立法规定：所有猪要使用垫草；禁止使用母猪限位栏；对猪断尾、去势等提出限制条件。2003 年，美国国家猪肉委员会发起了一场猪福利保证方案（SWAP）运动，该方案培养参观者在参观养猪环境后，给养猪者提供关于猪福利的建议和措施。2004 年，英国新的《猪福利法规》增加了给猪“玩具”的条文，以避免猪觉得生活枯燥，不遵守的养殖户将被罚 2 500 英镑。欧盟规定在 2013 年停止使用所有的妊娠舍，在西方许多国家，对猪早已强制实行了人道屠宰。人道屠宰，就是指包括猪的运输、装卸、停留待宰以及宰杀过程，采取合乎猪行为的方式，以尽量减少猪的紧张和恐惧。人道屠宰包括卸猪环节，驱赶环节、待宰环节、击晕和刺杀环节。具体的做法是：在宰杀猪时，必须先用一定的方法使猪昏迷、让其失去知觉，然后再放血使其死亡。

项目三　猪场营销

营销是指企业通过市场出售自己的产品，在实现产品的价值和使用价值过程中，所进行的计划、组织和控制等一系列工作的总称。种猪营销是育种公司生存的关键的一环，关系着效益的高低及能否生存，销售业绩的好坏也反映出育种工作的成效。在我国只有具有种畜禽许可证的猪场才可以经营种猪，而一般的猪场不具备这个资格。国外种猪的经营及销售有一些专门的机构提供便利。如在加拿大西部，种猪协会通过家畜交易会进行促销，省级农业部门和这些机构进行合作提供种猪健康证明，并协助计划和实施销售活动。在加拿大，很多种猪的交易都是由买卖双方通过直接谈判而促成的。

任务一　种猪销售

1. 种猪销售系统　种猪公司是指从事生产和销售种猪的公司，能提供购买方祖代、父母代的种猪。实际上育种公司从控制种源和长远的利润考虑，通常提供给买家的也可以是杂交一代小母猪或杂交公猪。这些种猪都是经过严格的科学选育和生产性能测定，具有良好的生产性能。

2. 营销技巧　营销是关于企业如何发现、创造和交付价值以满足一定目标市场的需求，同时获取利润的学科。它是联结社会需求与企业反应的中间环节，也是企业用来把消费者需求和市场机会变成有利可图的公司机会的一种有效的方法，同时是企业战胜竞争对手的重要方法。如何做好营销工作直接关系着种猪企业的前途和命运，在生产中要根据国情和当地的实际情况，立足于消费者，有的放矢地制定种猪的营销技巧，促进种猪经营者和消费者的双赢。常见的种猪营销技巧主要有以下几个方面：

（1）人员推销。推销人员是现代种猪营销的关键人物之一。作为种猪的推销者，首先要进行市场调查，搜集信息进行市场研究，通过多种方法联系有潜力的客户；其次是要为客户提供产品信息和售后服务，建立相互信任的关系，为客户解决后顾之忧；再次是要根据市场需求积极反馈信息给公司，为下一步的育种方向提供依据。最后推销人员还要在稳固既有客户的基础上，积极主动地开拓其他市场，提高公司种猪的市场占有率。

推销人员必须热爱公司，对所从事的种猪营销工作感兴趣；严格为公司保守商业秘密；具有扎实的专业知识和基本技能，对本行业的现状和最新动态要了然于胸；具备踏实肯干的精神，勇于进取。

（2）利用数字手段进行促销。有经验的购买商通常判断种猪质量好坏的第一印象就是种猪外貌，对于就近的购买商可以直接到种猪企业当面洽谈，而对于距离稍远的购买商，利用现代化的数字手段，制作一些图片和录像不失为理想的、可行性较高的选择。随着全球经济一体化进程加快、网络技术的发展，数字手段显得更加重要。因此，我们为了吸引更多的购买商，制作精美上乘的种猪图片和录像是赢得营销胜利的第一步。那么要想制作高质量录像，必须注意以下几点：①聘请经验丰富的人拍录像带，如专业的摄影师；②从不同角度对种猪的全貌进行拍摄，腿部、脚部及腹线重点拍摄；③用同样的方法和时间对每头猪进行拍摄以便于比较，每头猪的拍摄时间不长于 2min；④录像带上应附带种猪的生产性能和其他购买商关系问题的相关介绍；⑤拍摄前要对猪进行全身清洗；⑥不要过度剪辑录像，尤其是不要露出明显的剪辑痕迹，不然易造成误解；⑦选择适当的地方进行拍摄。如在猪舍内进行拍摄，选一个面积大的地方，这样猪就不会来回转身干扰正常拍摄。如果在猪舍外拍摄，有些不习惯待在外面的猪可能会表现得十分惊慌、狂躁或呆立不动，这时需要助手协助；⑧从出生开始，每月拍摄一次，记录种猪成长过程；⑨偏远地区和经济条件较差的种猪场可不请专业的摄影师。

（3）利用猪场观察区。为了有效避免外界疫病的传染，保护种猪场种群的健康，许多正规、专业、规模的种猪场都为购买商提供一个专门的猪场观察区。有关猪场观察区有以下几点注意事项：①进种猪场前，务必请购买商按照每个种猪场具体防疫要求进行如换鞋、换衣服、紫外灯消毒等必要措施；②提供一个窗口供观察。在设计窗口时要保证窗口大小应充分展示任何一头猪的长和高，这点保证了购买商能清楚地看到种猪的腹线、脚部、臀部；③提供可以让猪充分转身的空间，以便能够观察到猪的全貌。要想做到这一点，可以将围栏升高或将人站立观察的地方低于猪栏床，使猪的腹线与观察者的视线平行，并且提供台阶供人们在观察区从不同角度来更好地观察种猪；④建立一个猪舍与观察点的通信装置（如对讲机或电话）以方便通信联系；⑤提供一个光线好背景纯白的观察点；⑥在公示牌上注明相关信息供买主参阅。

任务二 肉猪销售

肉猪主要指商品代的猪饲养到上市日龄的猪群，也包括种猪场繁殖性能较差的淘汰种猪肥育而来。肉猪按生长发育可分为两个时期：体重 20～60kg 为生长期，称为小猪阶段；体重 60～90kg 为肥育期，称为大猪或催肥阶段。肉猪的销售应具备适宜的上市活重和肉猪的营销技巧两个方面。肉猪适宜的上市活重的确定，要结合生长速度、饲料转化率、屠宰率、胴体品质、市场价格走势等因素进行综合分析；就绝对生长速度来看，一般都是前期较慢，中期较快，后期最快；就饲料转化率来看，猪一般年龄越小，饲料转化率越高就越节约饲料；就体重来看，一般体重越大，屠宰率越高，肥肉也越多，瘦肉率就越低。我国地域辽阔，气候环境条件各异，各地饲养技术和管理水平参差不齐，饲养猪的品种和生产性能差别也较大。根据各地的大致饲养水平来看，猪适宜上市的体重在 70～100kg。具体来讲，地方猪种中早熟、矮小的猪及其杂种猪，适宜上市活重为 70～75kg，其他地方猪种及其杂种猪适宜上市活重为 75～85kg；我国培育的猪种以及以我国地方猪种为母本、国外瘦肉型猪种为父本的杂交猪，适宜上市活重为 85～90kg；国外培育的瘦肉型猪配套系，适宜上市活重为 90～120kg。

肉猪的营销技巧和上述种猪的营销技巧大致相同。目前，许多猪场加入了各类合作社（如各级生猪合作社），采取“定时、定量、定价”的“三定”原则销售肉猪。既保证了稳定的销售数量，又保证了稳定的销售利润。

项目四 猪场设施管理与技术资料管理

一、猪场设施管理

猪场的日常管理必须面面俱到，对以下几个方面要特别重视。

1. 必要的服务与供应 猪场要正常运行，除了具备合适的猪群之外，还应该保证饲料、药物供应充足。备用的饲料加工机械部件、低值易耗品如喷雾器、水管要有适当的储备。如果以上这些物品可以在较短的时间内购买，也可以储备数量不必过多。

2. 维修计划 由猪场出资人和管理人员共同制定一份维修计划，并落实到维修岗位责任人，从而确保对猪舍和设备的定期检查、发现问题的要及时修理。如果某些设备无法正常运转，将会影响许多工作的进行。

3. 水供应 猪场必须维持正常的供水管道（如自来水管道和井水管道）畅通和储水设备（如水塔和水塘）的安全蓄水，保证水的质量安全。此外，还应定期检查猪栏自动饮水器，遇到问题及时修理或更换。

4. 安全 猪场应制定安全规则并定期与全体饲养技术人员一起学习、讨论，保证全体员工都熟悉防火知识，撤离逃跑路线和程序。确保在主要办公区和生产区的适当位置找到紧急急救设备。

5. 保险 猪场的猪除了要购买保险外，猪舍也要进行防火、防盗、防台风、冰雹、暴雪等保险。

二、猪场技术资料管理

“当我不保存记录时，我丢失了一些猪；当我保存记录时，我丢失了很多猪；而当我保存记录并且做到每月按时检查核对时我丢失的猪更多”。曼尼托巴（Manitoba）的这句名言表明一个猪场技术资料的记录和管理的必要性。一般猪场技术资料包括“生产记录、经济记录、日志”三个方面。

（一）技术资料管理的意义

每头猪都有相应的资料记录。日常生产记录内容包括引种、配种、妊娠、分娩、肥育、转群、饲料消耗、药物使用等，一般以报表的形式记录。这些记录形成猪场内部管理的基础，构成管理的最关键因素。经济记录为场内现金的支出和收入提供账目，形成管理经济的基础。日志是对猪场内部每天多发生事情的事实，由记录和对在猪场内发生的每件事的描述组成。日志必须保证每天及时、如实填写。通过这些技术资料的记录，管理者可以从中总结得与失，分析成功与失败的原因。这极大地方便了管理者对出现的问题深入、集中分析，尽快实施新的解决措施，从而保证了猪场生产更有序、更安全、更高效。

（二）技术资料的记录整理

1. 生产记录 为了进行个体成绩登记和群体成绩记录，种猪育种者发现采用编号系统来帮助人们来识别个体的身份是很必要的。在某些商品猪群中，为了挑选后备母（公）猪，也需要一定个体标志。

（1）打耳缺。按照一定的记号原则，使用V形耳缺钳在猪的耳边剪“V”形缺口，以达到计数的目的。

打耳缺也存在一些不足之处：①当一个耳朵缺口较多的时候，号码可能难以辨认；②耳缺在猪打架、撕咬后可能造成缺损，难以确认号码；③如果耳缺打得过浅很容易自行愈合，影响辨认。

（2）上耳标。目前较简单和普遍的方法是给猪上耳标，为了保险起见，还可以给两个耳朵都打上耳标。耳标通常是圆形的塑料制成，耳标的正反两面都有数字。

（3）微芯片。微芯片是近年来才发展起来的一种新型的微创猪个体标志技术，一般植入的部位在猪商品价值较低的部位，如猪耳朵后背松弛的皮下。每个芯片都有自己的记录，且随时更新保存在计算机上，例如出生地、品种、父母信息、饲料消耗记录、用药记录等。消费者可以清楚地得到该猪的所有信息，做到产品安全追踪。

此外，还有一种刺标的记录方法，如在猪个体耳朵上用永久性墨水打入针孔来形成个体号，但打耳缺和刺标方法对猪的应激较大，并且影响了胴体的美观和整体。

2. 手写记录 手写记录是如今猪场较普遍的一种记录数据的方法，常用表格的形式分类记录。表4-4～表4-7列出了猪场实用的一些表格及报表。

表4-4 母猪配种记录表

母猪号	公猪号	胎次	配种日期	预产期	妊检1	妊检2	配种员	备注

表4-5 母猪产仔记录表

母猪号	公猪号	胎次	产仔日期	活仔数	木乃伊数	弱仔数	初生重	哺乳期	断乳数	断奶重	接产员	备注

表4-6 猪存栏周统计报表

项目	转入数	转出数	销售数	产仔数	产活仔数	死淘数	现存数	配种数	耗料量	饲料转化率	备注
种公猪											
空怀母猪											
妊娠母猪											
泌乳母猪											
后备母猪											

（续）

项目	转入数	转出数	销售数	产仔数	产活仔数	死淘数	现存数	配种数	耗料量	饲料转化率	备注
哺乳仔猪											
保育猪											
生长猪											
肥育猪											
合计											

记录日期：
报告人：

表 4-7　每周生产情况统计报表

（程德君，邢英新．优质猪肉生产技术问答．2003）

第　　周			日　　期		
配种妊娠车间	转入后备公/母猪（头）		保育车间	转入仔猪（头）	
	转入断乳母猪（头）			转出仔猪（头）	
	转出怀孕母猪（头）			转出均重（kg）	
	配种/返情复配（头）			耗料（kg）	
	母猪流产/阴道炎（头）			饲料转化率	
	淘汰公/母猪（头）			转出仔猪成活率	
	死亡公/母猪（头）			死亡（头）	
	周末存栏母猪空怀/配种（头）			周末存栏（头）	
	预产（窝）		生长猪车间	转入保育猪（头）	
分娩车间	实产（窝）			转出生长猪（头）	
	产活仔总数			转出均重（kg）	
	产畸形/弱仔（头）			耗料（kg）	
	死胎（头）			饲料转化率	
	哺乳仔猪病死/机械死亡（头）			转出仔猪成活率	
	断乳仔猪（头/窝）			死亡（头）	
	断乳仔猪平均重（kg）			周末存栏（头）	
	保育猪成活率		育肥车间	转入生长猪（头）	
	母猪淘汰/死亡（头）			出售肥育猪（头）	
	转出仔猪（头）			出售肥育猪（kg）	
	转出仔猪均重（kg）			耗料（kg）	
	转出成活率			饲料转化率	
	存栏哺乳仔猪（头）			出售猪成活率	
	存栏保育猪（头）			死亡（头）	
	存栏母猪分娩/待产（头）			周末存栏（头）	

此外，还可以参照表4-7的格式形成如配种妊娠车间、分娩车间、保育车间、生长猪车间、育肥车间的日报表，在日报表的基础上最后汇总成周报表、月报表、季报表、年报表等。

3. 计算机记录保存 随着养猪业规模的扩大和信息化技术的发展，猪场的日常记录通过计算机保存、管理和分析已不再是新鲜的事情。计算机在猪场应用主要有以下几个方面：

（1）进行生产管理。规模猪场每天都有大量的数据，如何对众多的数据进行分析并从中得出结论，对于猪场管理者来说是最重要的。计算机在进行数据的记录和分析方面较手写记录有无法比拟的优势。借助计算机可以进行猪育种值估计、公猪性能鉴定、母猪配种成绩、家系遗传成绩、胎次分布、猪死亡报告、饲养员承包任务完成情况、饲料药物库存情况、财务状况等情况的分析。

在国外，20世纪60年代就开始研发养猪生产管理信息系统，我国也研究出一些成熟的系统。如中国农业大学开发的GBS（猪种生产管理及育种分析系统）具有“生产和育种数据的采集、生产统计分析、生产计划管理、生产成本分析、育种数据的分析、系统自维护”6大功能。该系统为农业部畜牧兽医总站推荐产品，并已在全国种猪联合育种协作组（大白、长白、杜洛克）和1 300多家猪场内全面使用。四川农业大学与重庆市养猪科学研究院联合研发的NETPIG（种猪场网络管理系统）也在国内很多大型猪场得以成功运用。

（2）进行饲料配方设计。饲料费用占猪场生产成本的70%，也是决定养猪成本高低的主要因素。在配制饲料时，要根据各阶段猪营养需要、原料实际营养成分、原料价格来进行配制。要设计出既符合猪营养需要，又最大限度地降低成本的饲料配方，同时要具有可操作性。计算机设计饲料配方大多数采用线性规则算法。

（3）进行人事、档案、工资、财务管理。猪场的管理者要对猪场从业的所有员工进行人事档案、工资档案和财务档案进行严格管理，并且妥善保管以备总结查阅。

讨论思考题

1. 假如你准备养猪，请简要说说你准备采用的生产经营类型，并说明理由。

2. 某猪场仔猪哺乳期为28d，断奶至下次发情时间为8d，分娩率是95%，情期受胎率是90%。请问该猪场的繁殖周期是多少天？

3. 如果你准备进军养猪业，存栏生产母猪2 000头，那么猪群结构和猪栏配置分别是多少？

4. 你认为一个万头猪场应该设立哪些岗位，相应的岗位人员从何而来？如何在应聘者中挑选出好的职员？

5. 你认为在猪场管理中如何处理好与工人的关系？怎么留住技术骨干？

6. 最近某猪场养猪工人出现了工作懈怠的情况，猪场的生产水平也出现不同程度的下降。如果你是猪场管理者，会采取哪些措施提高工人的积极性？

7. 你认为在规模化养猪场中如何做到养猪效益和猪生产福利的最佳结合？

8. 你认为还有哪些种猪营销方式与技巧？假如你是一位推销员，你将怎么开展工作？

实训操作

参观调查规模化养猪场

【目的要求】了解规模化养猪场生产概况、生产中经常遇到的问题，掌握猪场的日常管理。

【实训内容】

1. 猪场的布局、猪舍类型。
2. 猪场各生产环节技术要点。
3. 猪场的经营管理。

【实训条件】规模化养猪场、猪场生产管理相关资料、卷尺、皮尺、记录本等。

【实训方法】

1. 准备工作　教师提前到猪场了解情况，制订出参观路线，安排讲解、指导人员。

2. 参观调查　参观调查过程在教师和猪场饲养管理人员指导下进行，具体内容如下：

(1) 根据不同品种猪的外貌特征识别所饲养的品种；了解猪场的饲养规模及猪群结构。

(2) 了解生产工艺流程及生产工艺的组织。

(3) 参观饲料加工调制过程；了解各类猪群的饲喂方式、饲料类型。

(4) 调查场区布局和各类猪舍，用卷尺和皮尺测定舍长、舍宽、舍高、过道、门、窗、猪栏、通风与排水设施等。

(5) 了解猪场的免疫和驱虫程序；参观消毒设施；了解消毒方法与用药；询问疾病发生与防制情况。

(6) 查阅配种、产仔、保育、生长肥育等生产记录；查看配种分娩计划、猪群周转计划、饲料供应计划；了解猪场的管理方式和劳动组织形式。

3. 讨论总结　学生根据调查的结果，讨论分析猪场存在的问题，提出改进意见。教师和猪场指导人员进行点评、总结。

【实训报告】

1. 写一份参观调查报告。
2. 绘制猪场布局平面图。

【考核标准】

<table>
<tr><th rowspan="2">考核项目</th><th rowspan="2">考核要点</th><th colspan="5">等级分值</th><th rowspan="2">备注</th></tr>
<tr><th>A</th><th>B</th><th>C</th><th>D</th><th>E</th></tr>
<tr><td>态度</td><td>端正</td><td>10～9</td><td>8.9～8</td><td>7.9～7</td><td>6.9～6</td><td><6</td><td rowspan="3">考核项目和考核标准可视情况调整</td></tr>
<tr><td>猪场布局平面图</td><td>画面清晰与实际相符画法正确</td><td>40～36</td><td>35.9～32</td><td>31.9～28</td><td>27.9～24</td><td><24</td></tr>
<tr><td>实训报告</td><td>填写标准、内容翔实、字迹工整、记录正确</td><td>50～45</td><td>44.9～40</td><td>39.9～35</td><td>34.9～30</td><td><30</td></tr>
</table>

附录

附录1　美国NRC猪饲养标准（90%干物质）（1998年部分）

附表1-1　配种公猪对日粮和每日氨基酸、矿物质、维生素和脂肪酸的需要量（90%干物质）[a]

日粮消化能含量（MJ/kg）		14.21	14.21
日粮代谢能含量（MJ/kg）		13.65	13.65
消化能摄入量（MJ/d）		28.42	28.42
代谢能摄入量（MJ/d）		27.30	27.30
采食量（kg/d）		2.00	2.00
粗蛋白质（%）[b]		13.0	13.0
		需要量	
		%或每千克日粮中含量	每日需要量
氨基酸	精氨酸	—	—
	组氨酸	0.19%	3.8g
	异亮氨酸	0.35%	7.0g
	亮氨酸	0.51%	10.2g
	赖氨酸	0.60%	12.0g
	蛋氨酸	0.16%	3.2g
	蛋氨酸+胱氨酸	0.42%	8.4g
	苯丙氨酸	0.33%	6.6g
	苯丙氨酸+酪氨酸	0.57%	11.4g
	苏氨酸	0.50%	10.0g
	色氨酸	0.12%	2.4g
	缬氨酸	0.40%	8.0g
矿物质	钙	0.75%	15.0g
	总磷	0.60%	12.0g
	有效磷	0.35%	7.0g
	钠	0.15%	3.0g
	氯	0.12%	2.4g
	镁	0.04%	0.8g
	钾	0.20%	4.0g
	铜	5mg	10mg

（续）

		需要量	
		%或每千克日粮中含量	每日需要量
矿物质	碘	0.14mg	0.28mg
	铁	80mg	160mg
	锰	20mg	40mg
	硒	0.15mg	0.3mg
	锌	50mg	100mg
维生素	维生素 A[c]	4 000IU	8 000IU
	维生素 E[c]	44IU	88IU
	维生素 K	0.50mg	1.0mg
	生物素	0.20mg	0.4mg
	胆碱	1.25g	2.5g
	叶酸	1.30mg	2.6mg
	可利用尼克酸[d]	10mg	20mg
	泛酸	12mg	24mg
	核黄素	3.75mg	7.5mg
	维生素 B_1	1.0mg	2.0mg
	维生素 B_6	1.0mg	2.0mg
	维生素 B_{12}	15μg	30μg
亚油酸		0.1%	2.0g

注：a. 需要量的制定以每日采食 2.0kg 饲料为基础。采食量应根据公猪的体重和期望的增重而调整。

b. 假设所用的是玉米-豆粕型日粮。赖氨酸需要量设定为 0.6%（12g/d）。其他氨基酸的需要量按照与泌乳母猪的相似的比例（以总氨基酸为基础）计算。

c. 换算关系：1IU 维生素 A=0.344μg 维生素 A 醋酸脂；1IU 维生素 D_3=0.025μg 胆钙化醇。

1IU 维生素 E=0.67mg D-α-生育酚或 1mgDL-α-生育酚醋酸脂

d. 玉米、高粱、小麦和大麦中的尼克酸不可利用，同样这些谷粒副产品中的尼克酸的利用率也很低，除非将这些副产品进行发酵或湿法研磨加工处理。

附表 1-2　妊娠母猪日粮中氨基酸的需要量（90%干物质）[a]

	配种体重（kg）					
	125	150	175	200	200	200
	妊娠期体增重（kg）[b]					
	55	45	40	35	30	35
	预期窝产仔数					
	11	12	12	12	12	14
日粮消化能含量（MJ/kg）	14.21	14.21	14.21	14.21	14.21	14.21
日粮代谢能含量（MJ/kg）[c]	13.65	13.65	13.65	13.65	13.65	13.65
消化能摄入量估测值（MJ/d）	27.84	26.19	26.77	27.32	25.56	26.23
代谢能摄入量估测值（MJ/d）[c]	26.73	25.14	25.71	26.23	24.54	25.18
采食量估测值（kg/d）	1.96	1.84	1.88	1.92	1.80	1.85
粗蛋白质（%）[d]	12.9	12.8	12.4	12.0	12.1	12.4
氨基酸需要量						
以真回肠可消化氨基酸为基础（%）						
精氨酸	0.04	0.00	0.00	0.00	0.00	0.00
组氨酸	0.16	0.16	0.15	0.14	0.14	0.15
异亮氨酸	0.29	0.28	0.27	0.26	0.26	0.27
亮氨酸	0.48	0.47	0.44	0.44	0.44	0.46
赖氨酸	0.50	0.49	0.46	0.44	0.44	0.46
蛋氨酸	0.14	0.13	0.13	0.12	0.12	0.13
蛋氨酸＋胱氨酸	0.33	0.33	0.32	0.31	0.32	0.33
苯丙氨酸	0.29	0.28	0.27	0.25	0.25	0.27
苯丙氨酸＋酪氨酸	0.48	0.48	0.46	0.44	0.44	0.46
苏氨酸	0.37	0.38	0.37	0.36	0.37	0.38
色氨酸	0.10	0.10	0.09	0.09	0.09	0.09
缬氨酸	0.34	0.33	0.31	0.30	0.30	0.31
以表观回肠可消化氨基酸为基础（%）						
精氨酸	0.03	0.00	0.00	0.00	0.00	0.00
组氨酸	0.15	0.15	0.14	0.13	0.13	0.14
异亮氨酸	0.26	0.26	0.25	0.24	0.24	0.25
亮氨酸	0.47	0.46	0.43	0.40	0.40	0.43
赖氨酸	0.45	0.45	0.42	0.40	0.40	0.42
蛋氨酸	0.13	0.13	0.12	0.11	0.12	0.12
蛋氨酸＋胱氨酸	0.30	0.31	0.30	0.29	0.30	0.31
苯丙氨酸	0.27	0.26	0.24	0.23	0.23	0.24
苯丙氨酸＋酪氨酸	0.45	0.44	0.42	0.40	0.41	0.43
苏氨酸	0.32	0.33	0.32	0.31	0.32	0.33
色氨酸	0.08	0.08	0.08	0.07	0.07	0.08
缬氨酸	0.31	0.30	0.28	0.27	0.27	0.28

（续）

	配种体重（kg）					
	125	150	175	200	200	200
	妊娠期体增重（kg）[b]					
	55	45	40	35	30	35
	预期窝产仔数					
	11	12	12	12	12	14
以总氨基酸为基础（%）						
精氨酸	0.06	0.03	0.00	0.00	0.00	0.00
组氨酸	0.19	0.18	0.17	0.16	0.17	0.17
异亮氨酸	0.33	0.32	0.31	0.30	0.30	0.31
亮氨酸	0.50	0.49	0.46	0.42	0.43	0.45
赖氨酸	0.58	0.57	0.54	0.52	0.52	0.54
蛋氨酸	0.15	0.15	0.14	0.13	0.13	0.14
蛋氨酸＋胱氨酸	0.37	0.38	0.37	0.36	0.36	0.37
苯丙氨酸	0.32	0.32	0.30	0.28	0.28	0.30
苯丙氨酸＋酪氨酸	0.54	0.54	0.51	0.49	0.49	0.51
苏氨酸	0.44	0.45	0.44	0.43	0.44	0.45
色氨酸	0.11	0.11	0.11	0.10	0.10	0.11
缬氨酸	0.39	0.38	0.36	0.34	0.34	0.36

注：a. 根据妊娠模型估计每日消化能和饲料摄入量及氨基酸需要量。

b. 体增重包括母体增重和妊娠产物增重两方面。

c. 假定代谢能为消化能的96%。

d. 粗蛋白质和总氨基酸需要量以玉米-豆粕型日粮为基础确定。

附表1-3　妊娠和泌乳母猪对日粮矿物质、维生素和脂肪酸的需要量（90%干物质）[a]

		妊娠	泌乳
日粮消化能含量（MJ/kg）		14.21	14.21
日粮代谢能含量（MJ/kg）[b]		13.65	13.65
估测消化能摄入量（MJ/d）		26.29	74.61
估测代谢能摄入量（MJ/d）[b]		25.25	71.62
采食量估测值（kg/d）		1.85	5.25
需要量（%或每千克日粮中含量）			
矿物质元素	钙（%）	0.75	0.75
	总磷（%）	0.60	0.60
	有效磷（%）	0.35	0.35
	钠（%）	0.15	0.20
	氯（%）	0.12	0.16
	镁（%）	0.04	0.04
	钾（%）	0.20	0.20
	铜（mg）	5.00	5.00
	碘（mg）	0.14	0.14
	铁（mg）	80	80
	锰（mg）	20	20
	硒（mg）	0.15	0.15
	锌（mg）	50	50

（续）

		妊娠	泌乳
维生素	维生素 A（IU）[c]	4 000	2 000
	维生素 D_3（IU）[c]	200	200
	维生素 E（IU）[c]	44	44
	维生素 K（μg）	0.50	0.50
	生物素（mg）	0.20	0.20
	胆碱（g）	1.25	1.00
	叶酸（mg）	1.30	1.30
	可利用尼克酸（mg）[d]	10	10
	泛酸（mg）	12	12
	核黄素（mg）	3.75	3.75
	维生素 B_1（mg）	1.00	1.00
	维生素 B_6（mg）	1.00	1.00
	维生素 B_{12}（μg）	15	15
亚油酸（%）		0.10	0.10

注：a. 需要量的制定分别以每天采食 1.85kg 和 5.25kg 饲料为基础。如果采食量较低，应提高这些养分在日粮中的比例。

b. 假设代谢能为消化能的 96%。

c. 换算：1IU 维生素 A=0.344μg 维生素 A 醋酸脂；1IU 维生素 D_3=0.025μg 胆钙化醇；1IU 维生素 E=0.67mgD-α-生育酚或 1mgDL-α-生育酚醋酸脂。

d. 玉米、高粱、小麦和大麦中的尼克酸不可利用，同样这些谷粒副产品中的尼克酸的利用率也很低，除非将这些副产品进行发酵或湿法研磨加工处理。

附表 1-4　泌乳母猪日粮氨基酸需要量（90%干物质）[a]

	母猪产后体重（kg）					
	175	175	175	175	175	175
	泌乳期体重变化（kg）[b]					
	0	0	0	−10	−10	−10
	猪只日增重（kg）[b]					
	150	200	250	150	200	250
日消化能含量（MJ/kg）	14.21	14.21	14.21	14.21	14.21	14.21
日粮代谢能含量（MJ/kg）[c]	13.65	13.65	13.65	13.65	13.65	13.65
摄入消化能估测值（MJ/d）	61.22	76.10	90.98	50.66	65.54	80.42
摄入代谢能估测值（MJ/d）[c]	58.77	73.05	87.34	48.63	62.93	77.20
采食量估测值（kg/d）	4.13	5.35	6.40	3.56	4.61	5.66
粗蛋白质（%）[d]	16.3	17.5	18.4	17.2	18.5	19.2

（续）

	母猪产后体重（kg）					
	175	175	175	175	175	175
	泌乳期体重变化（kg）[b]					
	0	0	0	−10	−10	−10
	猪只日增重（kg）[b]					
	150	200	250	150	200	250
氨基酸需要量						
回肠末端真可消化氨基酸需要量（%）						
精氨酸	0.36	0.44	0.49	0.35	0.44	0.50
组氨酸	0.28	0.32	0.34	0.30	0.34	0.36
异亮氨酸	0.40	0.44	0.47	0.44	0.48	0.50
亮氨酸	0.80	0.90	0.96	0.87	0.97	1.03
赖氨酸	0.71	0.79	0.85	0.77	0.85	0.90
蛋氨酸	0.19	0.21	0.22	0.20	0.22	0.23
蛋氨酸＋胱氨酸	0.35	0.39	0.41	0.39	0.42	0.43
苯丙氨酸	0.39	0.43	0.46	0.42	0.46	0.49
苯丙氨酸＋酪氨酸	0.80	0.89	0.95	0.88	0.97	1.02
苏氨酸	0.45	0.49	0.52	0.50	0.53	0.56
色氨酸	0.13	0.14	0.15	0.15	0.16	0.17
缬氨酸	0.60	0.67	0.72	0.66	0.73	0.77
以回肠末端表现为基础（%）[d]						
精氨酸	0.34	0.41	0.46	0.33	0.41	0.47
组氨酸	0.27	0.30	0.32	0.29	0.32	0.34
异亮氨酸	0.37	0.41	0.44	0.41	0.44	0.47
亮氨酸	0.77	0.86	0.92	0.83	0.92	0.98
赖氨酸	0.66	0.73	0.79	0.72	0.79	0.84
蛋氨酸	0.18	0.20	0.21	0.19	0.21	0.22
蛋氨酸＋胱氨酸	0.33	0.36	0.38	0.36	0.39	0.40
苯丙氨酸＋酪氨酸	0.76	0.80	0.89	0.82	0.90	0.96
苏氨酸	0.40	0.43	0.46	0.44	0.47	0.49
色氨酸	0.11	0.12	0.13	0.13	0.14	0.14
缬氨酸	0.55	0.61	0.66	0.61	0.67	0.71
以总氨基酸消化率为基础（%）						
精氨酸	0.40	0.48	0.54	0.39	0.49	0.55
组氨酸	0.32	0.36	0.38	0.34	0.38	0.40
异亮氨酸	0.45	0.50	0.53	0.50	0.54	0.57
亮氨酸	0.86	0.97	1.05	0.95	1.05	0.12
赖氨酸	0.82	0.91	0.97	0.89	0.97	1.03
蛋氨酸	0.21	0.23	0.24	0.22	0.24	0.26
蛋氨酸＋胱氨酸	0.40	0.44	0.46	0.44	0.47	0.49
苯丙氨酸	0.43	0.48	0.52	0.47	0.52	0.55
苯丙氨酸＋酪氨酸	0.90	1.00	1.07	0.98	1.08	0.14
苏氨酸	0.54	0.58	0.61	0.58	0.63	0.65
色氨酸	0.15	0.16	0.17	0.17	0.18	0.19
缬氨酸	0.68	0.76	0.82	0.76	0.83	0.88

注：a. 根据泌乳模型估计每日消化能和饲料及氨基酸需要量。

b. 假定每窝 10 头仔猪，哺乳期 21d。

c. 假定代谢能为消化能的 96%。在玉米-豆粕型日粮中，表中所列的蛋白质水平下，代谢能为消化能的 95%～96%。

d. 粗蛋白质和总氨基酸需要量以玉米-豆粕型日粮为基础确定。

附表 1-5 生长猪在自由采食情况下对日粮氨基酸的需要量（90%干物质）[a]

	体重（kg）					
	3～5	5～10	10～20	20～50	50～80	80～120
该范围的平均体重（kg）	4	7.5	15	35	65	100
日粮消化能含量（MJ/kg）	14.21	14.21	14.21	14.21	14.21	14.21
日粮代谢能含量（MJ/kg）[b]	13.65	13.65	13.65	13.65	13.65	13.65
消化能摄入量估测值（MJ/d）	3.57	7.06	14.21	26.35	36.62	43.68
代谢能摄入量估测值（MJ/d）[b]	3.428	6.77	13.65	25.29	35.15	41.93
采食量估测值（g/d）	250	500	1 000	1 855	2 575	3 075
粗蛋白质（%）[c]	26.0	23.7	20.9	18.0	15.5	13.2
氨基酸需要量[d]						
以真回肠可消化氨基酸为基础（%）						
精氨酸	0.54	0.49	0.42	0.33	0.24	0.16
组氨酸	0.43	0.38	0.32	0.26	0.21	0.16
异亮氨酸	0.73	0.65	0.55	0.45	0.37	0.29
亮氨酸	1.35	1.20	1.02	0.83	0.67	0.51
赖氨酸	1.34	1.19	1.01	0.83	0.66	0.52
蛋氨酸	0.36	0.32	0.27	0.22	0.18	0.14
蛋氨酸＋胱氨酸	0.76	0.68	0.58	0.47	0.39	0.31
苯丙氨酸	0.80	0.71	0.61	0.49	0.40	0.31
苯丙氨酸＋酪氨酸	1.26	1.12	0.95	0.78	0.63	0.49
苏氨酸	0.84	0.74	0.63	0.52	0.43	0.34
色氨酸	0.24	0.22	0.18	0.15	0.12	0.10
缬氨酸	0.91	0.81	0.69	0.56	0.45	0.35
以表观回肠可消化氨基酸为基础（%）						
精氨酸	0.51	0.46	0.39	0.31	0.22	0.14
组氨酸	0.40	0.36	0.31	0.25	0.20	0.16
异亮氨酸	0.69	0.61	0.52	0.42	0.34	0.36
亮氨酸	1.29	1.15	0.98	0.80	0.64	0.50
赖氨酸	1.26	1.11	0.94	0.77	0.61	0.47
蛋氨酸	0.34	0.30	0.26	0.21	0.17	0.13
蛋氨酸＋胱氨酸	0.71	0.63	0.53	0.44	0.36	0.29
苯丙氨酸	0.75	0.66	0.56	0.46	0.37	0.28
苯丙氨酸＋酪氨酸	1.18	1.05	0.89	0.72	0.58	0.45
苏氨酸	0.75	0.66	0.56	0.46	0.37	0.30
色氨酸	0.22	0.19	0.16	0.13	0.10	0.08
缬氨酸	0.84	0.74	0.63	0.51	0.41	0.32

（续）

	体重（kg）					
	3～5	5～10	10～20	20～50	50～80	80～120
以总氨基酸为基础（%）[e]						
精氨酸	0.59	0.54	0.46	0.37	0.27	0.19
组氨酸	0.48	0.43	0.36	0.30	0.24	0.19
异亮氨酸	0.83	0.73	0.63	0.51	0.42	0.33
亮氨酸	1.50	1.32	1.12	0.90	0.71	0.54
赖氨酸	1.50	1.35	1.15	0.95	0.75	0.60
蛋氨酸	0.40	0.35	0.30	0.25	0.20	0.16
蛋氨酸＋胱氨酸	0.86	0.76	0.65	0.54	0.44	0.35
苯丙氨酸	0.90	0.80	0.68	0.55	0.44	0.34
苯丙氨酸＋酪氨酸	1.41	1.25	1.06	0.87	0.70	0.55
苏氨酸	0.98	0.86	0.74	0.61	0.51	0.41
色氨酸	0.27	0.24	0.21	0.17	0.14	0.11
缬氨酸	1.04	0.92	0.79	0.64	0.52	0.40

注：a. 具有中-高瘦肉生长速度（体重 20～120kg 期间胴体无脂瘦肉增重 325g/d）的公母混养猪群（阉公猪和青年母猪各一半）。

b. 假定代谢能为消化能的 96%。在这些不同蛋白质水平的玉米-豆粕型日粮中，代谢能为消化能的 94%～96%。

c. 粗蛋白质水平适用于玉米-豆粕型日粮。在 3～10kg 体重仔猪日粮中使用血浆粉或奶粉时，蛋白质水平将比表中低 2%～3%。

d. 总氨基酸需要量是以下列类型日粮为基础：3～5kg 仔猪，含有 5%血浆粉和 25%～50%奶粉的玉米-豆粕型日粮；5～10kg 仔猪，含有 5%～25%奶粉的玉米-豆粕型日粮；10～120kg 猪，玉米-豆粕型日粮。

e. 3～20kg 猪的总赖氨酸百分比例是根据经验数据估测的。其他氨基酸的需要量是根据其与赖氨酸（以真可消化赖氨酸为基础）的比例估测的；但支持这些比例的经验数据很少。20～120kg 猪的氨基酸需要量是根据生长模型估测的。

附表 1-6　生长猪在自由采食情况下对日粮矿物质、维生素及脂肪酸的需要量（90%干物质）[a]

	体重（kg）					
	3～5	5～10	10～20	20～50	50～80	80～120
该范围的平均体重（kg）	4	7.5	15	35	65	100
日粮消化能含量（MJ/kg）	14.21	14.21	14.21	14.21	14.21	14.21
日粮代谢能含量（MJ/kg）[b]	13.65	13.65	13.65	13.65	13.65	13.65
消化能摄入量估测值（MJ/d）	3.57	7.06	14.21	26.35	36.62	43.68
代谢能摄入量估测值（MJ/d）[b]	3.43	6.77	13.65	25.29	35.15	41.93
采食量估测值（g/d）	250	500	1 000	1 855	2 575	3 075

（续）

		体重（kg）					
		3～5	5～10	10～20	20～50	50～80	80～120
需要量（%或每千克日粮中含量）							
矿物质	钙（%）[c]	0.90	0.80	0.70	0.60	0.50	0.45
	总磷（%）[c]	0.70	0.65	0.60	0.50	0.45	0.40
	有效磷（%）[c]	0.55	0.40	0.32	0.23	0.19	0.15
	钠（%）	0.25	0.20	0.15	0.10	0.10	0.10
	氯（%）	0.25	0.20	0.15	0.08	0.08	0.08
	镁（%）	0.04	0.04	0.04	0.04	0.04	0.04
	钾（%）	0.30	0.28	0.26	0.23	0.19	0.17
	铜（mg）	6.00	6.00	5.00	4.00	3.50	3.00
	碘（mg）	0.14	0.14	0.14	0.14	0.14	0.14
	铁（mg）	100	100	80	60	50	40
	锰（mg）	4.00	4.00	3.00	2.00	2.00	2.00
	硒（mg）	0.30	0.30	0.25	0.15	0.15	0.15
	锌（mg）	100	100	80	60	50	50
维生素	维生素 A（IU）[d]	2 200	2 200	1 750	1 300	1 300	1 300
	维生素 D_3（IU）[d]	220	220	200	150	150	150
	维生素 E（IU）[d]	16	16	11	11	11	11
	维生素 K（mg）	0.50	0.50	0.50	0.50	0.50	0.50
	生物素（mg）	0.08	0.05	0.05	0.05	0.05	0.05
	胆碱（g）	0.60	0.50	0.40	0.30	0.30	0.30
	叶酸（mg）	0.30	0.30	0.30	0.30	0.30	0.30
	可利用尼克酸（mg）[e]	20.00	15.00	12.50	10.00	7.00	7.00
	泛酸（mg）	12.00	10.00	9.00	8.00	7.00	7.00
	核黄素（mg）	4.00	3.50	3.00	2.50	2.00	2.00
	维生素 B_1（mg）	1.50	1.00	1.00	1.00	1.00	1.00
	维生素 B_6（mg）	2.00	1.50	1.50	1.00	1.00	1.00
	维生 B_{12} 素（μg）	20.00	17.50	15.00	10.00	5.00	5.00
亚油酸（%）		0.10	0.10	0.10	0.10	0.10	0.10

注：a. 阉公猪和青年母猪混合饲养（公母比例为 1∶1）。对于瘦肉生长速度快（胴体无脂瘦肉增重大于 325g/d）的猪而言，某些矿物质和维生素的需要量可能要高一些，但本处未予区分。

b. 假定代谢能为消化能的 96%。在玉米-豆粕型日粮中，代谢能一般为消化能的 94%～96%，这取决于粗蛋白质水平的高低。

c. 对于发育公猪和后备母猪，在体重 50～120kg 阶段，钙、总磷和有效磷的需要量应提高 0.05%～0.1%。

d. 换算关系：1IU 维生素 A＝0.344μg 维生素 A 醋酸脂；1IU 维生素 D_3＝0.025μg 胆钙化醇；1IU 维生素 E＝0.67mgD－α－生育酚或 1mgDL－α－生育酚醋酸脂。

e. 玉米、高粱、小麦和大麦中的尼克酸不可利用，同样这些谷粒副产品中的尼克酸的利用率也很低，除非将这些副产品进行发酵或湿法研磨加工处理。

附录 2　我国猪饲养标准

附表 2-1　瘦肉型生长肥育猪每千克饲粮养分含量

指标	体重（kg）				
	1～5	5～10	10～20	20～60	60～100
预期日增重（g）	160	280	420	550	700
日采食风干料量（kg）	0.20	0.40	0.91	1.60	2.71
消化能（MJ）	16.74	15.15	13.85	12.97	12.97
(Mcal)①	4.00	3.62	3.31	3.10	3.10
代谢能（MJ）	15.15	13.85	12.76	12.47	12.47
(Mcal)	3.62	3.31	3.05	2.98	2.98
粗蛋白（%）	27	22	19	16	14
赖氨酸（%）	1.40	1.00	0.78	0.75	0.63
蛋氨酸+胱氨酸（%）	0.80	0.59	0.51	0.38	0.32
苏氨酸（%）	0.80	0.59	0.51	0.45	0.38
异亮氨酸（%）	0.90	0.67	0.55	0.41	0.34
精氨酸（%）	0.36	0.26	0.23	0.23	0.18
钙（%）	1.00	0.83	0.64	0.60	0.50
磷（%）	0.80	0.63	0.54	0.50	0.40
食盐（%）	0.25	0.26	0.23	0.23	0.25
铁（mg）	165	146	78	110	90
锌（mg）	110	104	78	110	90
铜（mg）	6.50	6.30	4.90	4.36	3.75
锰（mg）	4.50	4.10	3.00	2.18	2.50
碘（mg）	0.15	0.15	0.14	0.14	0.14
硒（mg）	0.15	0.17	0.25	0.30	0.28
维生素 A（IU）	2 380	2 276	1 718	1 230	1 225
维生素 D（IU）	240	228	197	189	118
维生素 E（IU）	12	11	11	10	10
维生素 K（mg）	2.20	2.20	2.90	2.50	2.10
维生素 B_1（mg）	1.50	1.30	1.10	1.00	1.00
维生素 B_2（mg）	3.30	3.10	2.90	2.50	2.10
烟酸（mg）	24	23	18	13	9
泛酸（mg）	15.00	13.40	10.80	10.00	10.00
生物素（mg）	0.15	0.11	0.10	0.09	0.09
叶酸（mg）	0.65	0.68	0.59	0.57	0.57
维生素 B_{12}（μg）	24	23	15	10	10

① cal 为非法定计量单位，1cal=4.184 0J。

附表 2-2 瘦肉型生长肥育猪每日每头营养需要量

指 标	体重（kg）				
	1～5	5～10	10～20	20～60	60～100
预期日增重（g）	160	280	420	550	700
日采食风干料量（kg）	0.20	0.40	0.91	1.69	2.71
消化能（MJ）	3.35	7.00	12.59	21.92	35.15
（Mcal）	0.80	1.67	3.00	5.23	8.40
代谢能（MJ）	3.00	6.70	11.62	21.07	33.80
（Mcal）	0.72	1.60	2.78	5.04	8.08
粗蛋白（g）	54	101	173	270	379
赖氨酸（g）	2.80	4.60	7.10	12.70	17.10
蛋氨酸+胱氨酸（g）	1.60	2.70	4.60	6.40	8.70
苏氨酸（g）	1.60	2.70	4.60	7.60	10.30
异亮氨酸（g）	1.80	3.10	5.00	6.90	9.20
精氨酸（g）	0.70	1.20	2.09	3.90	4.90
钙（g）	2.00	3.80	5.80	10.10	13.60
磷（g）	1.60	2.90	4.90	8.50	10.80
食盐（g）	0.50	1.20	2.10	3.90	6.80
铁（mg）	33	67	71	101	136
锌（mg）	22	48	71	186	244
铜（mg）	1.30	2.90	4.50	7.90	10.20
锰（mg）	0.90	1.90	2.70	3.70	6.80
碘（mg）	0.03	0.07	0.13	0.24	0.38
硒（mg）	0.03	0.08	0.23	0.51	0.33
维生素 A（IU）	480	1 050	1 560	2 800	3 320
维生素 D（IU）	50	105	179	319	320
维生素 E（IU）	2.40	5.10	10.00	16.90	27.10
维生素 K（mg）	0.44	1.0	2.00	3.40	5.40
维生素 B_1（mg）	0.30	0.60	1.00	1.69	2.70
维生素 B_2（mg）	0.66	1.40	2.60	4.20	5.70
烟酸（mg）	4.80	10.60	16.40	22.00	24.90
泛酸（mg）	3.00	6.20	9.80	16.90	27.10
生物素（mg）	0.03	0.05	0.09	0.15	0.24
叶酸（mg）	0.13	0.30	0.54	0.96	1.54
维生素 B_{12}（μg）	4.80	10.60	13.70	16.90	27.10

附表 2-3　肉脂型生长肥育猪每千克饲粮养分含量

指　标	体重（kg）		
	20～35	35～60	60～90
预期日增重（g）	500	600	650
日采食风干料量（kg）	1.52	2.20	2.83
饲料/增重（kg）	3.04	3.67	4.35
增重/饲料（g/kg）	329	273	230
消化能（MJ）	12.97	12.97	12.97
（Mcal）	3.10	3.10	3.10
代谢能（MJ）	12.05	12.09	12.09
（Mcal）	2.88	2.89	2.89
粗蛋白（%）	16	14	13
赖氨酸（%）	1.64	0.56	0.52
蛋氨酸+胱氨酸（%）	0.42	0.37	0.28
苏氨酸（%）	0.41	0.36	0.34
异亮氨酸（%）	0.46	0.41	0.38
钙（%）	0.55	0.50	0.46
磷（%）	0.46	0.41	0.37
食盐（%）	0.30	0.30	0.30
铁（mg）	55	46	37
锌（mg）	55	46	37
铜（mg）	4	3	3
锰（mg）	2	2	2
碘（mg）	0.13	0.13	0.13
硒（mg）	0.15	0.15	0.10
维生素 A（IU）	1 192	1 192	1 187
维生素 D（IU）	183	137	114
维生素 E（IU）	10	10	10
维生素 K（mg）	1.8	1.8	1.8
维生素 B_1（mg）	1.0	1.0	1.0
维生素 B_2（mg）	2.4	2.0	2.0
烟酸（mg）	13.0	11.0	9.0
泛酸（mg）	10.0	10.0	10.0
生物素（mg）	0.09	0.09	0.09
叶酸（mg）	0.55	0.55	0.55
维生素 B_{12}（μg）	10.0	10.0	10.0

附表 2-4 肉脂型生长肥育猪每日每头营养需要量

指 标	体重（kg）		
	20～35	35～60	60～90
预期日增重（g）	500	600	650
日采食风干料量（kg）	1.52	2.20	2.83
饲料/增重（kg）	3.04	3.67	4.35
增重/饲料（g/kg）	329	273	230
消化能（MJ）	19.71	28.54	36.69
（Mcal）	4.71	6.82	8.77
代谢能（MJ）	18.33	26.61	34.23
（Mcal）	4.38	6.36	8.18
粗蛋白（g）	243	308	368
赖氨酸（g）	9.7	12.3	14.7
蛋氨酸＋胱氨酸（g）	6.4	8.1	7.9
苏氨酸（g）	6.1	7.9	9.6
异亮氨酸（g）	7.0	9.0	10.8
钙（g）	8.4	11.0	13.0
磷（g）	7.0	9.1	10.5
食盐（g）	4.6	6.6	8.5
铁（mg）	84	101	105
锌（mg）	84	101	105
铜（mg）	6	7	9
锰（mg）	3	4	6
硒（mg）	0.20	0.29	0.37
碘（mg）	0.23	0.33	0.28
维生素 A（IU）	1 812	2 622	3 359
维生素 D（IU）	278	301	323
维生素 E（IU）	15	22	28
维生素 K（mg）	2.7	4.0	5.1
维生素 B_1（mg）	1.5	2.0	2.8
维生素 B_2（mg）	3.6	4.4	5.7
烟酸（mg）	20.0	24.0	26.0
泛酸（mg）	15.0	22.0	28.0
生物素（mg）	0.14	0.30	0.36
叶酸（mg）	0.84	1.21	1.56
维生素 B_{12}（μg）	15.0	22.0	28.0

附录 3　无公害肉猪生产标准

附表 3-1　无公害畜禽饮用水水质标准

(NY 5027—2001)

项　目			标准值	
			畜	禽
感官性状及一般化学指标	色		色度不超过 30°	
	混浊度		不超过 20°	
	臭和味		不得有异臭、异味	
	肉眼可见物		不得含有	
	总硬度（以 $CaCO_3$ 计），mg/L	≤	1 500	
	pH	≤	5.5～9.0	6.8～8.0
	溶解性总固体，mg/L	≤	4 000	2 000
	氯化物（以 Cl^- 计），mg/L	≤	1 000	250
	硫酸盐（以 SO_4^{2-} 计），mg/L	≤	500	250
细菌学指标	总大肠菌群，个/100mL	≤	成年畜≤10，幼畜和禽≤1	
毒理学指标	氟化物（以 F^- 计），mg/L	≤	2.0	2.0
	氰化物，mg/L	≤	0.2	0.05
	总砷，mg/L	≤	0.2	0.2
	总汞，mg/L	≤	0.01	0.001
	铅，mg/L	≤	0.1	0.1
	铬（六价），mg/L	≤	0.1	0.05
	镉，mg/L	≤	0.05	0.01
	硝酸盐（以 N 计），mg/L	≤	30	30

附表 3-2 无公害肉猪生产允许使用的饲料添加剂目录

(NY 5032—2001)

类 别	饲料添加剂名称
饲料级氨基酸 7 种	L-赖氨酸盐酸盐，DL-蛋氨酸，DL-羟基蛋氨酸，DL-羟基蛋氨酸钙，N-羟甲基蛋氨酸，L-色氨酸，L-苏氨酸
饲料级维生素 25 种	β-胡萝卜素，维生素 A，维生素 A 乙酸酯，维生素 A 棕榈酸酯，维生素 D_3，维生素 E，维生素 E 乙酸酯，维生素 K_3（亚硫酸氢钠甲萘醌），二甲基嘧啶醇亚硫酸甲萘醌，维生素 B_1（盐酸硫胺），维生素 B_1（硝酸硫胺），维生素 B_2（核黄素），维生素 B_6，烟酸，烟酰胺，D-泛酸钙，DL-泛酸钙，叶酸，维生素 B_{12}（氰钴胺），维生素 C（L-抗坏血酸），L-抗坏血酸-2-膦酸酯，D-生物素，氯化胆碱，L-肉碱盐酸盐，肌醇
饲料级矿物质和微量元素 46 种	硫酸钠，氯化钠，磷酸二氢钠，磷酸氢二钠，磷酸二氢钾，磷酸氢二钾，碳酸钙，氯化钙，磷酸氢钙，磷酸二氢钙，磷酸三钙，乳酸钙，七水硫酸镁，一水硫酸镁，氧化镁，氯化镁，七水硫酸亚铁，一水硫酸亚铁，三水乳酸亚铁，六水柠檬酸亚铁，富马酸亚铁，甘氨酸铁，蛋氨酸铁，五水硫酸铜，一水硫酸铜，蛋氨酸铜，七水硫酸锌，一水硫酸锌，无水硫酸锌，氧化锌，蛋氨酸锌，一水硫酸锰，氯化锰，碘化钾，碘酸钾，碘酸钙，六水氯化钴，一水氯化钴，亚硒酸钠，酵母铜，酵母铁，酵母硒，酵母锰，吡啶铬，烟酸铬，酵母铬
饲料级酶制剂 12 种	蛋白酶（黑曲霉，枯草芽孢杆菌），淀粉酶（地衣芽孢杆菌，黑曲霉），支链淀粉酶（嗜酸乳杆菌），果胶酶（黑曲霉），脂肪酶，纤维素酶（reesei 木菌），麦芽糖酶（枯草芽孢杆菌），木聚糖酶（insolens 腐质酶），β-葡聚糖酶（枯草芽孢杆菌，黑曲霉），甘露聚糖酶（缓慢芽孢杆菌），植酸梅（黑曲霉，米曲霉），葡萄糖氧化酶（青酶）
饲料级微生物添加剂 11 种	干酪乳杆菌，植物乳杆菌，粪链球菌，乳酸片球菌，枯草芽孢杆菌，纳豆芽孢杆菌，嗜酸乳杆菌，乳链球菌，啤酒酵母菌，产朊假丝酵母，沼泽红假单孢菌
抗氧剂 4 种	乙氧基喹啉，二丁基羟基甲苯（BHT），丁基羟基茴香醚（BHA），没食子酸丙酯
防腐剂、电解质平衡剂 25 种	甲酸，甲酸钙，甲酸胺，乙酸，双乙酸钠，丙酸，丙酸钙，丙酸钠，丙酸胺，丁酸，乳酸，苯甲酸，苯甲酸钠，山梨酸，山梨酸钠，山梨酸钾，富马酸，柠檬酸，酒石酸，苹果酸，磷酸，氢氧化钠，碳酸氢钠，氯化钾，氢氧化胺
着色剂 7 种	β-阿扑-8′-胡萝卜素醛，辣椒红，β-阿扑-8′-胡萝卜素酸乙酯，虾青素，β-胡萝卜素-4，4-二酮（斑蝥黄），叶黄素（万寿菊花提取物）
调味剂、香料 6 种(类)	糖精钠，谷氨酸钠，5′-肌苷酸二钠，5′-鸟苷酸二钠，血根碱，食品用香料均可作饲料添加剂
黏结剂、抗结剂和稳定剂 13 种（类）	α-淀粉，海藻酸钠，羧甲基纤维素钠，丙二醇，二氧化硅，硅酸钙，三氧化二铝，蔗糖脂肪酸酯，山梨醇酐脂肪酸酯，甘油脂肪酸酯，硬脂酸钙，聚氧乙烯 20 山梨醇酐单油酸酯，聚丙烯酸树脂Ⅱ
其他 10 种	糖萜素，甘露低聚糖，肠膜蛋白素，果寡糖，乙酰氧肟酸，天然类固醇萨洒皂角酐（YUCCA），大蒜素，甜菜碱，聚乙烯聚吡咯烷酮（PVPP），葡萄糖山梨醇

附表 3-3　无公害肉猪生产允许使用的抗寄生虫药和抗菌药及使用规定

（NY 5030—2001）

类别	名　称	制剂	用法与用量	休药期(d)
抗寄生虫药	阿苯达唑	片剂	内服，一次量 5～10mg	
	双甲脒	溶液	0.025%～0.05%液，药浴、喷洒、涂擦	7
	硫双二氯酚	片剂	内服，一次量每千克体重 75～100mg	
	非班太尔	片剂	内服，一次量每千克体重 5mg	14
	芬苯达唑	粉、片剂	内服，一次量每千克体重 5～7.5mg	0
	氰戊菊酯	溶液	1∶1 000～2 000 加水稀释，喷雾	
	氟苯咪唑	预混剂	30mg/kg，连 5～10d	14
	伊维菌素	注射液	皮下注射，一次量每千克体重 0.3mg	18
		预混剂	33.0mg/kg，连 7d	5
	盐酸左旋咪唑	片剂	内服，一次量每千克体重 7.5mg	3
		注射液	皮下或肌内注射，一次量每千克体重 7.5mg	28
	奥芬达唑	片剂	内服，一次量每千克体重 4mg	
	丙氧苯咪唑	片剂	内服，一次量每千克体重 10mg	14
	枸橼酸哌嗪	片剂	内服，一次量每千克体重 250～300mg	21
	磷酸哌嗪	片剂	内服，一次量每千克体重 200～250mg	21
	吡喹酮	片剂	内服，一次量每千克体重 10～35mg	
	盐酸噻咪唑	片剂	内服，一次量每千克体重 10～35mg	3
抗菌药	氨苄西林钠	粉针	肌内或静脉注射，一次量每千克体重 10～20mg，每日 3 次，连 2～3d	
		注射液	皮下或肌内注射，一次量每千克体重 5～7mg	15
	硫酸安普（阿普拉）霉素	预混剂	80～100mg/kg，连 7d	21
		可溶粉	每 1L 水每千克体重 12.5mg 混饮，连 7d	21
	阿美拉霉素	预混剂	0～4 月龄 20～40mg/kg、4～6 月龄 10～20mg/kg	0
	杆菌肽锌	预混剂	4 月龄以下 4～40mg/kg	0
	杆菌肽锌、硫酸粘杆菌素	预混剂	4 月龄以下 2～20mg/kg、2 月龄以下 2～40mg/kg	7
	苄星青霉素	粉针	肌内注射，一次量每千克体重 3 万～4 万 IU	
	青霉素钠（钾）	注射用	肌内注射，一次量每千克体重 2 万～3 万 IU	
	硫酸小檗碱	注射用	肌内注射，一次量 50～100mg	
	头孢噻呋钠	粉针	肌内注射，每千克体重 3～5mg，每日 1 次，连 3d	
	硫酸黏杆菌素	预混剂	仔猪 2～20mg/kg	7
		可溶粉	混饮，每 1L 水 40～200mg	7
	达氟沙星	注射液	肌内注射，一次量每千克体重 1.25～2.5mg，每日 1 次，连 3d	25
	盐酸多西环素	片剂	内服，一次量每千克体重 3～5mg，每日 1 次，连 3d	
	越霉素 A	预混剂	5～10mg/kg 混饲	15
	盐酸二氟沙星	注射液	肌内注射，一次量每千克体重 5mg，每日 2 次，连用 3d	45

（续）

类别	名称	制剂	用法与用量	休药期（d）
抗菌药	恩诺沙星	注射液	肌内注射，一次量每千克体重2.5mg，每日1～2次，连用2～3d	10
	恩拉霉素	预混剂	2.5～20mg/kg混饲	7
	乳酸红霉素	粉针	静脉注射，一次量3～5mg，每日2次连3d	
	黄霉素	预混剂	生长育肥猪5mg/kg、仔猪10～25mg/kg混饲	0
	氟苯尼考	注射液	肌内注射，一次量每千克体重20mg，每2日1次，连用2次	30
		可溶粉	内服，每千克体重20～30mg，每日2次，连用3～5d	30
	氟甲喹	可溶粉	内服，一次量每千克体重5～10mg，首次加倍，每日2次，连用3～4d	
	硫酸庆大霉素	注射液	肌内注射，一次量每千克体重2～4mg	40
	硫酸庆大-小诺霉素	注射液	肌内注射，一次量每千克体重1～2mg，每日2次	
	潮霉素B	预混剂	10～13mg/kg混饲，连8周	15
	硫酸卡那霉素	粉针	肌内注射，一次量每千克体重10～15mg，每日2次，连2～3d	
	北里霉素	片剂	内服，一次量每千克体重20～30mg	
		预混剂	防治80～330mg/kg、促生长5～55g混饲	7
	酒石酸北里霉素	可溶粉	混饮，每1L水100～200mg，连1～5d	7
	盐酸林可霉素	片剂	内服一次量每千克体重10～15 mg，每日2次，连3～5d	1
		注射液	肌内注射，每千克体重10mg，每日2次连3～5d	2
		预混剂	44～77mg/kg混饲，连7～21d	5
	盐酸林可霉素、硫酸壮观霉素	可溶粉	混饮，每1L水每千克体重10mg	5
		预混剂	44mg/kg混饲，连7～21d	5
	博落回	注射液	肌内注射，体重10kg以下10～25mg、体重10～50kg，25～50mg，每日2次连3d	
	乙酰甲喹	片剂	内服，一次量每千克体重5～10mg	
	硫酸新霉素	预混剂	77～154mg/kg混饲，连5d	3
	呋喃妥因	片剂	内服每千克体重12～15mg，分2～3次	
	喹乙醇	预混剂	1 000～2 000mg/kg混饲，体重超过35kg者禁用	35
	牛至油	溶液剂	内服，预防2～3日龄每头50mg、8h后重复一次；治疗10kg以下每头50mg、100kg以上每头100mg，用药后7～8h腹泻未止时重复一次。	
	苯唑西林钠	粉针	肌内注射，每千克体重10～15mg，每日2～3次，连用2～3d	
	土霉素	片剂	口服每千克体重10～25mg，每日2～3次，连用3～5d	5
		注射液	肌内注射，一次量每千克体重10～20mg	28
	盐酸土霉素	粉针	静脉注射每千克体重5～10mg，每日2次连2～3d	26
	普鲁卡因青霉素	粉针、注射液	肌内注射，一次量2万～3万IU，每日1次，连2～3d	6

（续）

类别	名　称	制剂	用法与用量	休药期(d)
抗菌药	盐霉素钠	预混剂	25～75mg/kg 混饲	5
	盐酸沙拉沙星	注射液	肌内注射，每千克体重 2.5～5mg，每日 2 次连 3～5d	
	赛地卡霉素	预混剂	75mg/kg 混饲，连 15d	1
	硫酸链霉素	粉针	肌内注射，每千克体重 10～15mg，每日 2 次连 2～3d	
	磺胺二甲嘧啶钠	注射液	静脉注射，一次量每千克体重 50～100mg，每日 1～2 次，连 3～5d	7
	复方磺胺甲恶唑片	片剂	内服，首次每千克体重 20～25mg 每日 1～2 次，连 2～3d	
	磺胺对甲氧嘧啶	片剂	内服，一次量 20～100mg，维持 25～50mg，每日 1～2 次，连 3～5d	
	磺胺对甲氧嘧啶、二甲氧苄氨嘧啶片	片剂	内服，一次量每千克体重 20～25mg（以磺胺对甲氧嘧啶计），每 12h 一次	
	复方磺胺对甲氧嘧啶片	片剂	内服，一次量每千克体重 20～25mg（以磺胺对甲氧嘧啶计），每日 2 次连 3～5d	
	盐酸四环素	粉针	静脉注射，一次量每千克体重 5～10mg，每日 2 次，连 2～3d	
	甲砜霉素	片剂	内服，一次量，每千克体重 5～10mg，每日 2 次，连 2～3d	
	延胡索酸泰妙菌素	可溶粉	混饮，每 1L 水 45～60mg，连 5d	7
		预混剂	40～100mg/kg 混饲，连 10d	5
	磷酸替米考星	预混剂	400mg/kg 混饲，连 15d	14
	泰乐菌素	注射液	肌内注射，每千克体重 5～13mg，每日 2 次连 7d	14
	磷酸泰乐菌素、磺胺二甲氧嘧啶	预混剂	200mg/kg（100mg 泰乐菌素＋100mg 磺胺二甲氧嘧啶）混饲，连 5～7d	15

附表 3-4　无公害肉猪生产允许在饲料中使用的药物饲料添加剂

（NY 5032—2001）

名称	规格（含量）	用法用量（1 000kg 饲料中添加量）	休药期（d）	商品名
杆菌肽锌	10%、15%	4～40g（4 月龄以下），以有效成分计	0	
黄霉素预混剂	4%、8%	仔猪 10～25g，生长肥育猪 5g，以有效成分计	0	富乐旺
维吉尼亚霉素	50%	20～50g	1	速大肥
喹乙醇	5%	1 000～2 000g，体重超过 35kg 禁用	35	
阿美拉霉素	10%	4 月龄以下 200～400g，4～6 月龄 100～200g	0	效美素
盐霉素钠	5%、6%、	25～75g，以有效成分计	5	优素精
硫酸黏杆菌素	10%、12%、45%、50%	仔猪 2～20g，以有效成分计	7	抗敌素
牛至油预混剂	2.5%	预防 500～700g，治疗 1 000～1 300g，促生长 50～500g，连用 7d		诺必达
杆菌肽锌、硫酸黏杆菌素	杆菌肽锌 5%＋硫酸黏杆菌素 1%	2 月龄以下 2～40g，4 月龄以下 2～20g，以有效成分计	7	万能肥素

（续）

名称	规格（含量）	用法用量（1 000kg 饲料中添加量）	休药期（d）	商品名
土霉素钙	5%、10%、20%	10～50g（4 月龄以内），以有效成分计		
吉他霉素	2.2%、11%、55%、95%	防治 80～330g，促生长 5～55g，连用 5～7d，以有效成分计	7	
金霉素预混剂	10%、15%	25～75g（4 月龄以内），以有效成分计	7	
恩拉霉素	4%、8%	2.5～20g，以有效成分计	7	

注：①表中所列的商品名是由相应产品供应商提供。给出这一信息是为了方便本标准的使用者，并不表示对该产品的认可。如果其他等效产品具有相同的效果，则可以使用这些等效产品。

②摘自中华人民共和国农业部农牧发［2001］20 号“关于发布《饲料药物饲料添加剂使用规范》的通知”中《药物饲料添加剂使用规范》。

附表 3-5　无公害猪肉的理化指标和微生物指标

项　目			指　标
理化指标	解冻失水率，%	≤	8
	挥发性盐基氮，mg/100g	≤	15
	汞（以 Hg 计），mg/kg	≤	按 GB 2707
	铅（以 Pb 计），mg/kg	≤	0.50
	砷（以 As 计），mg/kg	≤	0.50
	镉（以 Cd 计），mg/kg	≤	0.10
	铬（以 Cr 计），mg/kg	≤	1.0
	六六六，mg/kg	≤	0.10
	滴滴涕，mg/kg	≤	0.10
	金霉素，mg/kg	≤	0.10
	土霉素，mg/kg	≤	0.10
	氯霉素		不得检出
	磺胺类（以磺胺类总量计），mg/kg	≤	0.10
	伊维菌素（脂肪中），mg/kg	≤	0.02
	盐酸克伦特罗		不得检出
微生物指标	菌落总数，cfu/g	≤	1×10^6
	大肠菌群，MPN/100g	≤	1×10^4
	沙门氏菌		不得检出

附录 4　《无公害食品——生猪饲养管理准则》

（NY/T 5033—2001）

1. 范围

本标准规定了无公害生猪生产过程中引种、环境、饲养、消毒、免疫、废弃物处理等涉及生猪饲养管理的各环节应遵循的准则。

本标准适用于生产无公害生猪猪场的饲养与管理，也可供其他养猪场参照执行。

2. 规范性引用文件

下列文件中的条款通过本标准的引用而成为本标准的条款。凡是注日期的引用文件，其随后所有修改单（不包括勘误的内容）或修订版均不适用于本标准，然而鼓励根据本标准达成协议的各方研究是否可使用这些文件的最新版本。凡是不注日期的引用文件，其最新版本用于标准。

GB 8471　猪的饲养标准

GB 16548　畜禽病害肉尸及其产品无害处理规程

GB 16549　畜禽产地检疫规范

GB 16567　种畜禽调运检疫技术规范

NY/T 388　畜禽场环境质量标准

NY 5027　无公害食品　畜禽饮用水水质

NY 5030　无公害食品　生猪饲养兽药使用准则

NY 5031　无公害食品　生猪饲养兽医防疫准则

NY 5032　无公害食品　生猪饲养饲料使用准则

3. 术语和定义

下列术语和定义适用于本标准。

3.1　净道 non-pollution road

猪群周转、饲养员行走、场内运送饲料的专用道路。

3.2　污道 pollution road

粪便等废弃物、外销猪出场的道路。

3.3　猪场废弃物 pig farm waste

主要包括猪粪、尿、污水、病死猪、过期兽药、残余疫苗和疫苗瓶。

3.4　全进全出制 all-in all-out system

同一猪舍单元只饲养同一批次的猪，同批进、出的管理制度。

4. 猪场环境与工艺

4.1　猪舍应建在地势高燥、排水良好、易于组织防疫的地方，场址用地应符合当地土地利用规划的要求。猪场周围 3km 无大型化工厂、矿厂、皮革、肉品加工、屠宰场或其他畜牧污染源。

4.2　猪场距离干线公路、铁路、城填、居民区和公共场所 1km 以上，猪场周围有围墙或防疫沟，并建立绿化隔离带。

4.3 猪场生产区布置在管理区的上风向或侧风向处，污水粪便处理设施和病死猪处理区应在生产区的下风向或侧风向处。

4.4 场区净道和污道分开，互不交叉。

4.5 推荐实行小单元式饲养，实施“全进全出制”饲养工艺。

4.6 猪舍应能保温隔热，地面和墙壁应便于清洗，并能耐酸、碱等消毒药液清洗消毒。

4.7 猪舍内温度、湿度环境应满足不同生理阶段猪的需求。

4.8 猪舍内通风良好，空气中有毒有害气体含量应符合 NY/T 388 要求。

4.9 饲养区内不得饲养其他畜禽动物。

4.10 猪场应设有废弃物储存设施，防止渗漏、溢流、恶臭对周围环境造成污染。

5. 引种

5.1 需要引进种猪时，应从具有种猪经营许可的种猪场引进，并按照 GB 16567 进行检疫。

5.2 只进行育肥的生产场，引进仔猪时，应首先从达到无公害标准的猪场引进。

5.3 引进的种猪，隔离观察 15～30d，经兽医检查确定为健康合格后，方可供繁殖使用。

5.4 不得从疫区引进种猪。

6. 饲养条件

6.1 饲料和饲料添加剂

6.1.1 饲料原料和添加剂应符合 NY 5032 的要求。

6.1.2 在猪的不同生长时期和生理阶段，根据营养需求，配制不同的配合饲料。营养水平不低于 GB 8471 要求，不应给肥育猪使用高铜、高锌日粮，建议参考使用饲养品种的饲养手册标准。

6.1.3 禁止在饲料中额外添加 β-兴奋剂、镇静剂、激素类、砷制剂。

6.1.4 使用含有抗生素的添加剂时，在商品猪出栏前，按有关准则执行休药期。

6.1.5 不使用变质、霉败、生虫或被污染的饲料。不应使用未经无害处理的泔水、其他畜禽副产品。

6.2 饮水

6.2.1 经常保持有充足的饮水，水质符合 NY 5027 的要求。

6.2.2 经常清洗清消毒饮水设备，避免细菌滋生。

6.3 免疫

6.3.1 猪群的免疫符合 NY 5031 的要求。

6.3.2 免疫用具在免疫前后彻底消毒。

6.3.3 剩余或废弃的疫苗以及使用过的疫苗瓶要做无害处理，不得乱扔。

6.4 兽药使用

6.4.1 保持良好的饲养管理，尽量减少疾病的发生，减少药物的使用量。

6.4.2 仔猪、生长猪必须治疗时，药物的使用要符合 NY 5030 要求。

6.4.3 育肥后期的商品猪，尽量不使用药物，必须治疗时，根据所用药物执行停药期，达不到停药期的不能作为无公害猪上市。

6.4.4　发生疾病的种公猪、种母猪必须用药治疗时，在治疗期或达不到停药期的不能作为食用淘汰猪出售。

7. 卫生消毒

7.1　消毒剂

消毒剂要选择对人和猪安全、没有残留毒性、对设备没有破坏、不会在猪体内产生有害积累的消毒剂。选用的消毒剂应符合 NY 5030 的规定。

7.2　消毒方法

7.2.1　喷雾消毒

用一定浓度的次氯酸盐、有机碘混合物、过氧乙酸、新洁尔灭等，用喷雾装置进行喷雾消毒，主要用于猪舍清洗完毕后的喷洒消毒、带猪消毒、猪场道路和周围、进入场区的车辆。

7.2.2　浸液消毒

用一定浓度的新洁尔灭、有机碘混合物或煤酚的水溶液，进行洗手、洗工作服或胶靴。

7.2.3　熏蒸消毒

每立方米用福尔马林（40%甲醛溶液）42mL、高锰酸钾 21g，21℃以上温度、70%以上相对湿度，封闭熏蒸 24h。甲醛熏蒸猪舍应在进猪前进行。

7.2.4　紫外线消毒

在猪场入口、更衣室，用紫外线灯照射，可以起到杀菌效果。

7.2.5　喷撒消毒

在猪舍周围、入口、产床和培育床下面撒生石灰或火碱可以杀死大量细菌或病毒。

7.2.6　火焰消毒

用酒精、汽油、柴油、液化气喷灯，在猪栏、猪床猪只经常接触的地方，用火焰依次瞬间喷射，对产房、培育舍使用效果更好。

7.3　消毒制度

7.3.1　环境消毒

猪舍周围环境每 2～3 周用 2%火碱消毒或撒生石灰 1 次；场周围及场内污水池、排粪坑、下水道出口，每月用漂白粉消毒 1 次。在大门口、猪舍入口设消毒池，注意定期更换消毒液。

7.3.2　人员消毒

工作人没进入生产区净道和猪舍要经过洗澡、更衣、紫外线消毒。

严格控制外来人员，必须进生产区时，勤洗澡，更换场区工作服和工作鞋，并遵守场内防疫制度，按指定路线行走。

7.3.3　猪舍消毒

每批猪只调出后，要彻底清扫干净，用高压水枪冲洗，然后进行喷雾消毒或熏蒸消毒。

7.3.4　用具消毒

定期对保温箱、补料槽、饲料车、料箱、针管等进行消毒，可用 0.1%新洁尔灭或 0.2%～0.5%过氧乙酸消毒，然后在密闭的室内进行熏蒸。

7.3.5　带猪消毒

定期进行带猪消毒，有利于减少环境中的病原微生物。可用于带猪消毒的消毒药有：

0.1%新洁尔灭，0.3%过氧乙酸，0.1%次氯酸钠。

8. 饲养管理

8.1 人员

8.1.1 饲养员应定期进行健康检查，传染病患者不得从事养猪工作。

8.1.2 场内兽医人员不准对外诊疗猪及其他动物的疾病，猪场配种人员不准对外开展猪的配种工作。

8.2 饲喂

8.2.1 饲料每次添加量要适当，少喂勤添，防止饲料污染腐败。

8.2.2 根据饲养工艺进行转群时，按体重大小强弱分群，分别进行饲养，饲养密度要适宜，保证猪只有充足的躺卧空间。

8.2.3 每天打扫猪舍卫生，保持料槽、水槽用具干净，地面清洁。经常检查饮水设备，观察猪群健康状态。

8.3 灭鼠、驱虫

8.3.1 定期投放灭鼠药，及时收集死鼠和残余鼠药，并做无害化处理。

8.3.2 选择高效、安全的抗寄生虫药进行寄生虫控制，控制程序符合 NY 5031 的要求。

9. 运输

9.1 商品猪上市前，应经兽医卫生检疫部门根据 GB 16549 检疫，并出具检疫证明，合格者方可上市屠宰。

9.2 运输车辆在运输前和使用后要用消毒液彻底消毒。

9.3 运输途中，不应在疫区、城镇和集市停留、饮水和饲喂。

10. 病、死猪处理

10.1 需要淘汰、处死的可疑病猪，应采取不会把血液和浸出物散播的方法进行扑杀，传染病猪尸体应按 GB 16548 进行处理。

10.2 猪场不得出售病猪、死猪。

10.3 有治疗价值的病猪应隔离饲养，由兽医进行诊治。

11. 废弃物处理

11.1 猪场废弃物处理实行减量化、无害化、资源化原则。

11.2 粪便经堆积发酵后应作农业用肥。

11.3 猪场污水应经发酵、沉淀后才能作为液体肥使用。

12. 资料记录

12.1 认真做好日常生产记录，记录的内容包括引种、配种、产仔、哺乳、断奶、转群、饲料消耗等。

12.2 种猪要有来源、特征、主要生产性能记录。

12.3 做好饲料来源、配方及各种添加剂使用情况的记录。

12.4 兽医人员应做好免疫、用药、发病和治疗情况记录。

12.5 每批出场的猪应有出场猪号、销售地记录，以备查询。

12.6 资料应尽可能长期保存，最少保留 2 年。

主要参考文献

陈清明，王连纯.1997. 现代养猪生产［M］. 北京：中国农业大学出版社.

郭秀山.2008. 生物发酵床猪舍的结构及设计［J］. 今日养猪业（3）：7－9.

霍登，恩斯明格.2007. 养猪学［M］.7版. 王爱国，译. 北京：中国农业大学出版社.

加拿大阿尔伯特农业局畜牧处等.1998. 养猪生产［M］. 刘海良，译. 北京：中国农业出版社.

靳胜福.2008. 畜牧业经济与管理［M］. 北京：中国农业出版社.

克劳斯，科尔.2003. 母猪与公猪的营养［M］. 王若军，译. 北京：中国农业大学出版社.

李宝林.2001. 猪生产［M］. 北京：中国农业出版社.

李立山，张周.2006. 养猪与猪病防治［M］. 北京：中国农业出版社.

刘凤华.2006. 家畜环境卫生学［M］. 北京：中国农业出版社.

刘孟洲.2007. 猪的配套系育种与甘肃猪种资源［M］. 兰州：甘肃科学技术出版社.

美国国家研究委员会.1998. 猪营养需要［M］. 谯仕彦等，译. 北京：中国农业大学出版社.

斯特劳等.2000.［美］猪病学［M］.8版. 赵德明等，译. 北京：中国农业大学出版社.

斯特劳等.2008.［美］猪病学［M］.9版. 赵德明等，译. 北京：中国农业大学出版社.

宋育.1995. 猪的营养［M］. 北京：中国农业出版社.

颜培实.2008. 因地制宜推广发酵床养猪技术［J］. 猪业科学（9）：25－27.

杨公社.2002. 猪生产学［M］. 北京：中国农业出版社.

赵书广.2001. 中国养猪大成［M］. 北京：中国农业出版社.

周开锋.2008. 发酵床养猪的技术原理和优点［J］. 今日养猪业（3）：6.

图书在版编目（CIP）数据

猪生产／李立山主编. —北京：中国农业出版社，2011.7（2017.6重印）

高等职业教育农业部“十二五”规划教材 项目式教学教材

ISBN 978-7-109-14681-5

Ⅰ.①猪… Ⅱ.①李… Ⅲ.①养猪学-高等职业教育-教材 Ⅳ.①S828

中国版本图书馆CIP数据核字（2011）第116496号

中国农业出版社出版

（北京市朝阳区农展馆北路2号）

（邮政编码 100125）

责任编辑 徐 芳

北京中新伟业印刷有限公司印刷 新华书店北京发行所发行

2011年8月第1版 2017年 6 月北京第3次印刷

开本：787mm×1092mm 1/16 印张：13.5

字数：323千字

定价：33.50元